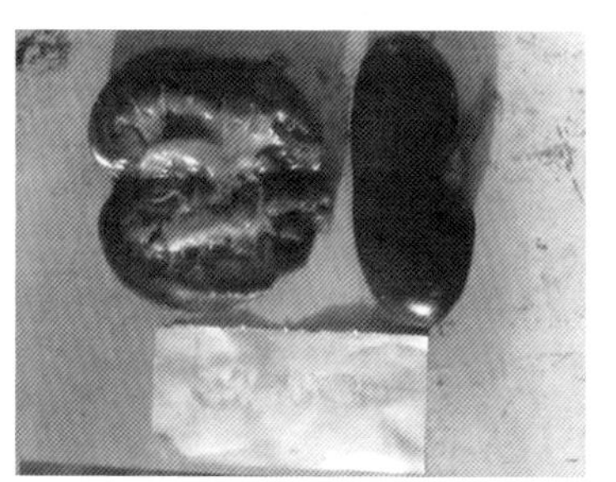

图 5－1 肾脏出血

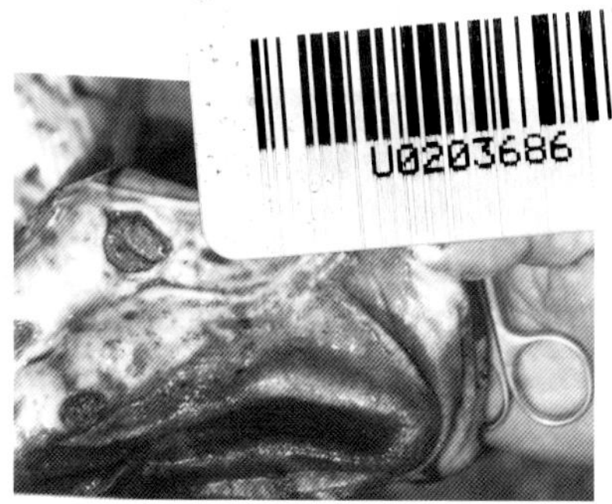

图 5－2 胃底出血

图 5－3 回盲口溃疡

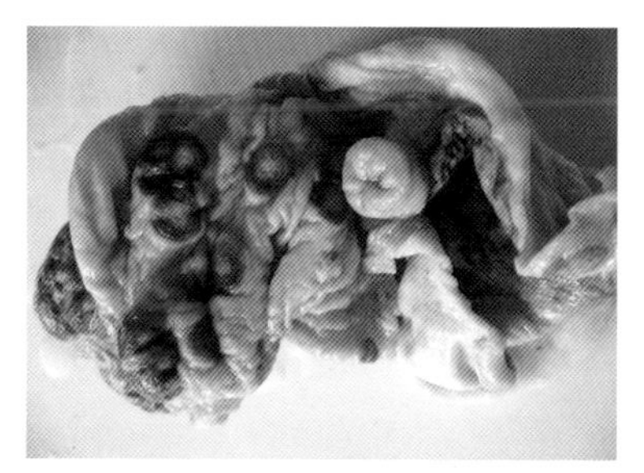

图 5－4 回盲瓣纽扣状溃疡

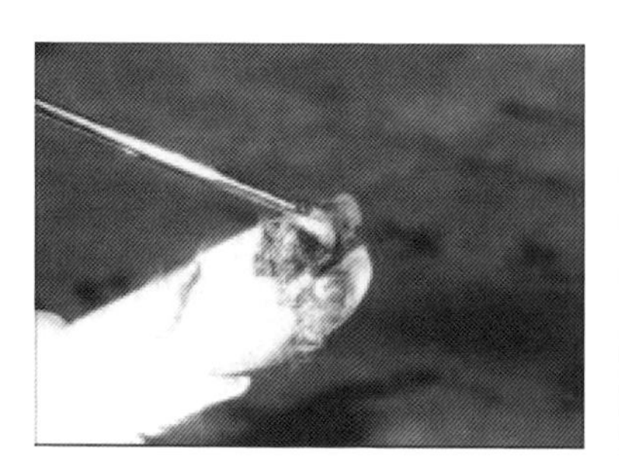

图 5－5 猪口蹄疫蹄部烂斑、溃烂

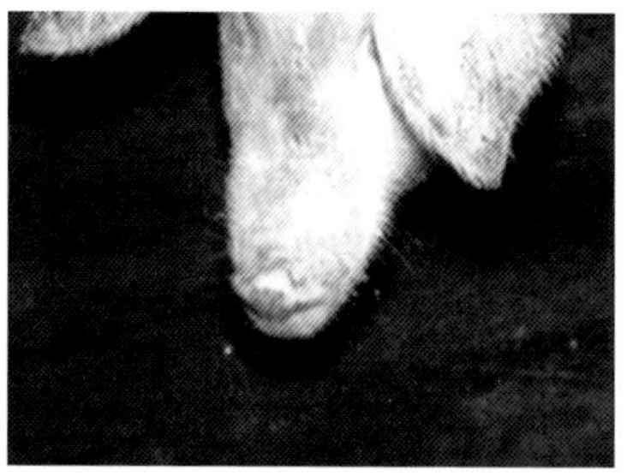

图 5－6 猪口蹄疫嘴角烂斑、溃烂

图 5－7 猪繁殖与呼吸障碍综合征死胎猪

图 5－8 患猪耳尖坏死脱落

图 5－9 仔猪皮肤发绀

图 5－10 肾脏肿大，有出血斑点、坏死灶

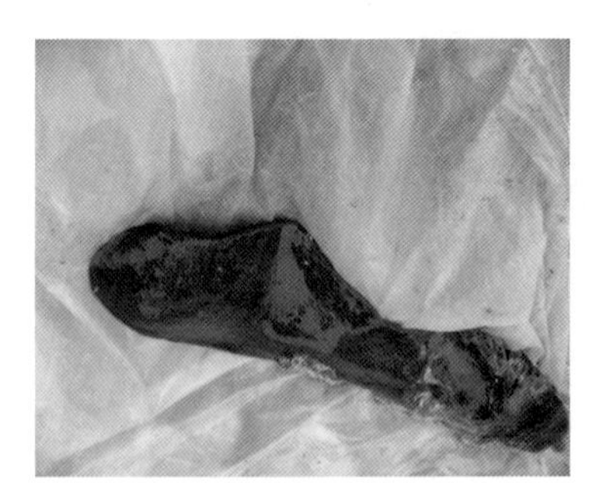

图 5－11 脾脏肿大，边缘有梗死灶

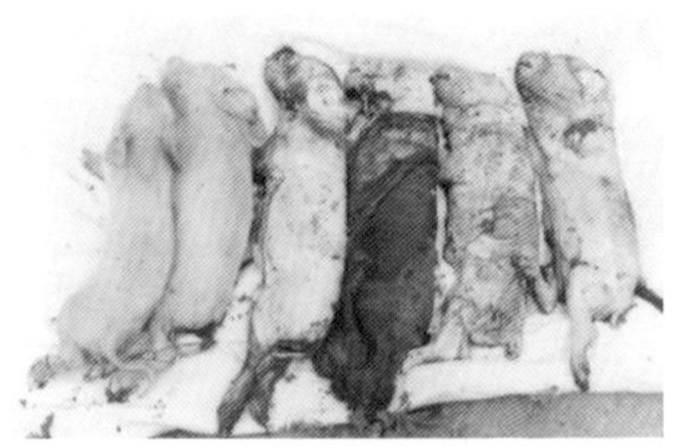

图 5－12 猪伪狂犬病造成的死胎

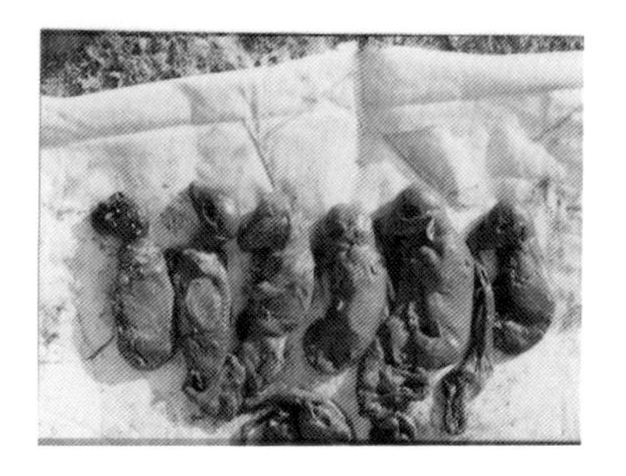

图 5－13　木乃伊胎

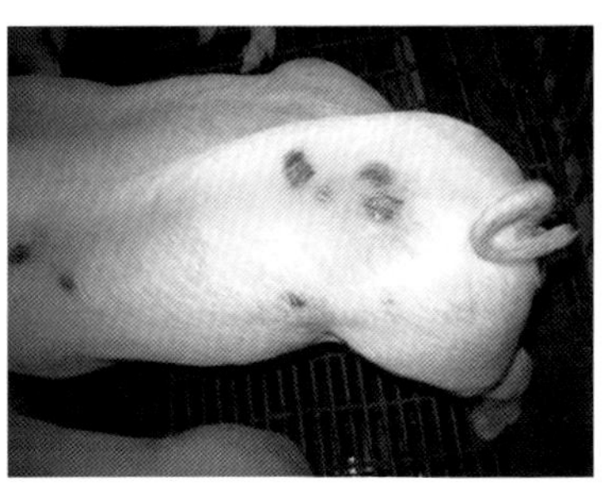

图 5－14　背部水疱破溃

图 5－15　疣状心内膜炎

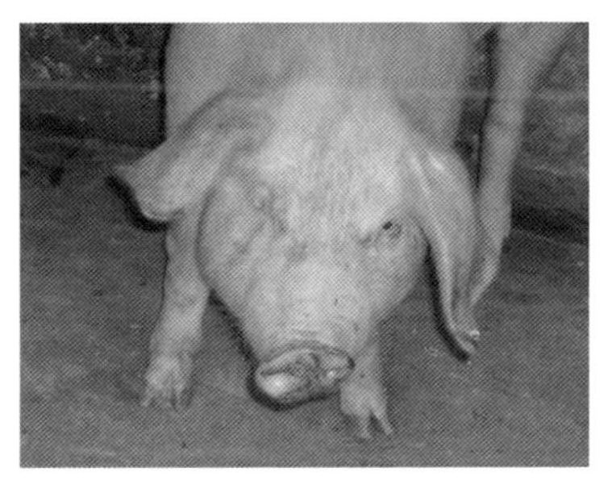

图 5－16　猪传染性萎缩性鼻炎，嘴向左侧偏斜

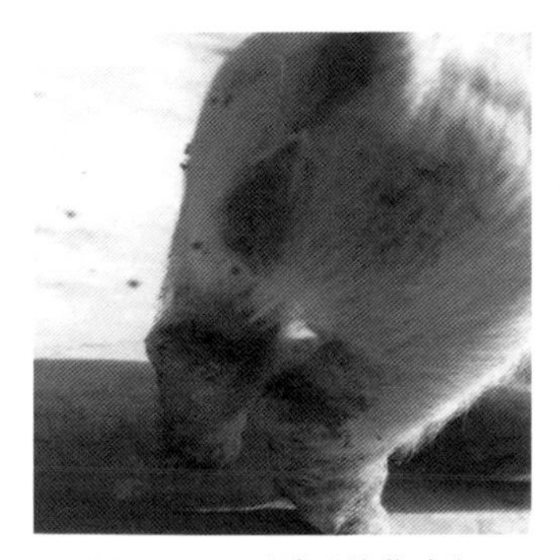

图 5－17　后肢跗关节肿胀

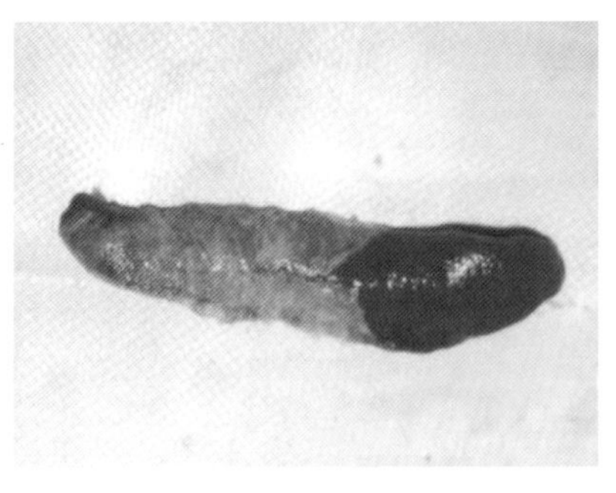

图 5－18　脾脏被纤维素性渗出物包裹

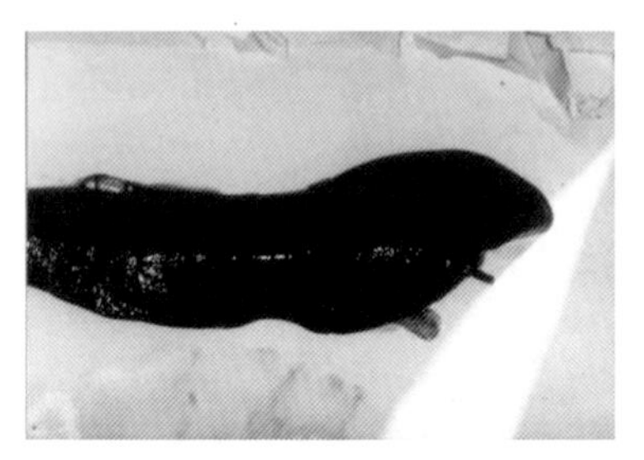

图 5－19　脾脏肿大

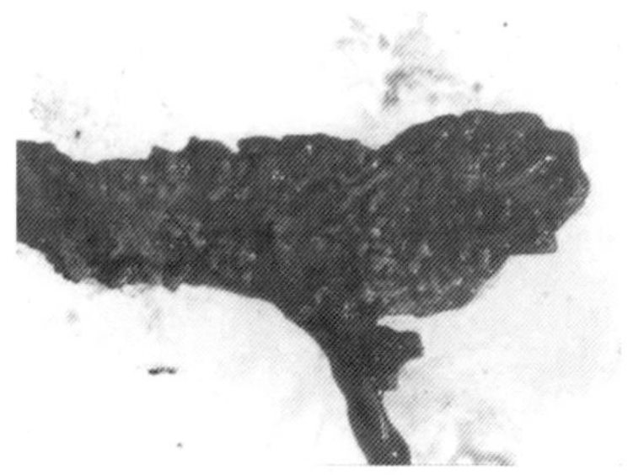

图 5－20　大肠黏膜表面有糠麸样的伪膜

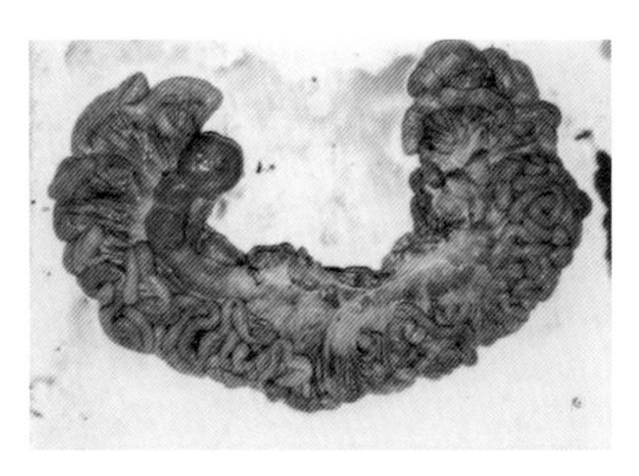

图 5－21　肠系膜淋巴结潮红、肿大、黄染

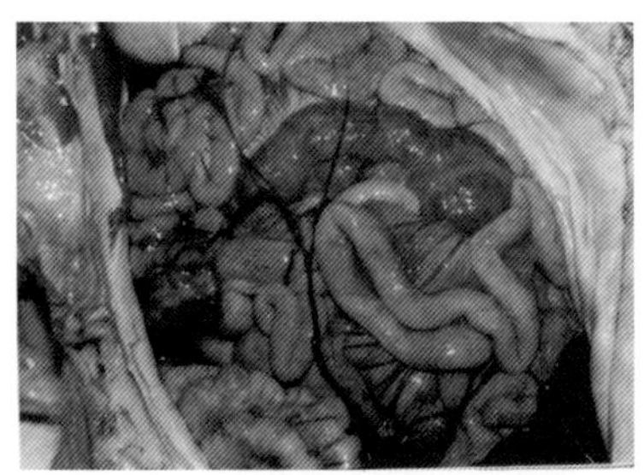

图 5－22　肠系膜弥漫性黄染

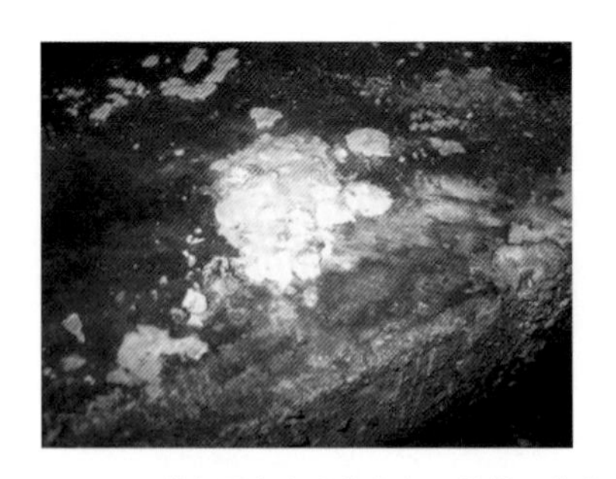

图 5－23　粪便呈灰白或黄白色，浆状、糊状

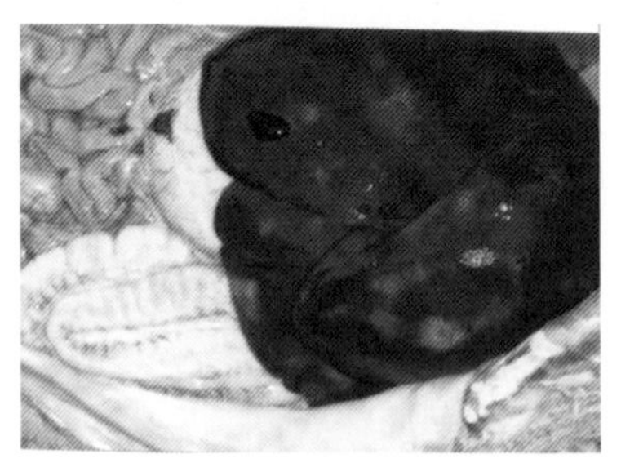

图 5－24 肝脏有坏死灶

畜禽场消毒防疫与疾病防制技术丛书

猪场消毒防疫与疾病防制

主编　闫益波

河南科学技术出版社

·郑州·

图书在版编目（CIP）数据

猪场消毒防疫与疾病防制/闫益波主编．—郑州：河南科学技术出版社，2017.11

（畜禽场消毒防疫与疾病防制技术丛书）

ISBN 978-7-5349-8998-8

Ⅰ.①猪…　Ⅱ.①闫…　Ⅲ.①养猪场-卫生防疫管理②猪病-防治　Ⅳ.①S858.28

中国版本图书馆 CIP 数据核字（2017）第 221267 号

出版发行：河南科学技术出版社

地址：郑州市经五路 66 号　　邮编：450002

电话：（0371）65737028　65788613

网址：www.hnstp.cn

策划编辑：陈　艳　陈淑芹

责任编辑：陈　艳

责任校对：尹凤娟

封面设计：张　伟

版式设计：栾亚平

责任印制：张艳芳

印　　刷：河南金雅昌文化传媒有限公司

经　　销：全国新华书店

幅面尺寸：140 mm×202 mm　　印张：9.5　　彩插：4　　字数：240 千字

版　　次：2017 年 11 月第 1 版　　2017 年 11 月第 1 次印刷

定　　价：29.80 元

本书编写人员名单

主　　编　闫益波

副 主 编　孙雅红　梁　静

编写人员　李连任　尹绪贵　侯和菊　李　童
　　　　　季大平　李　乐　刘　东　李长强

前　言

近年来，在我国建设农业生态文明的新形势下，规模化养殖得到较快发展，畜禽生产方式也发生了很大的变化，给动物防疫工作提出了更新、更高的要求。同时，随着市场经济体制的不断推进，国内外动物及其产品贸易日益频繁，给各种畜禽病原微生物的污染及传播创造了更多的机会和条件，加之畜禽养殖者对动物防疫及卫生消毒工作的认识普及和落实不够，疾病控制已成为制约畜禽养殖业前行的一个“瓶颈”，并对公众健康构成了潜在的威胁。人们不禁要问：为什么现在畜禽疾病难以治疗？

控制畜禽疾病的手段固然是多方面的，药物预防和治疗至关重要，但消毒、防疫、疫苗接种免疫更是不可忽视。现实生产中，有些养殖场户平时工作做得不细，思想上麻痹大意，认为做疫苗就是防疫工作的全部内容，注射完了疫苗就万事大吉了；有的则是无病不消毒，得病了手忙脚乱乱消毒，不停地消毒，药物浓度、消毒密度都超出了常规，不合理的消毒制度，给畜禽带来了更多的发病机会，让养殖工作步履艰难；疾病防制过程中，重“治”轻“防（制）”；防制技术落后，其后果是畜禽疾病多发，且难治疗。

正是基于以上认识，本书不使用“防治”而用“防制”，意在积极倡导消毒防疫、免疫防控、防重于治的理念。我们组织农科院专家学者、职业院校教授和常年工作在生产一线的技术服务人员编写了这套《畜禽场消毒防疫与疾病防制技术》丛书。本丛书以制约养殖场健康发展的畜禽疾病控制为切入点，分为鸡、鸭、鹅、兔、猪、牛、羊 7 个分册。本书介绍了猪场的消毒、防疫、常见病防制，并配有多幅精美彩图。书中重点介绍消毒基础知识、消毒常用药物和现场（环境、场地、圈舍、畜（禽）体、饲养用具、车辆、粪便及污水）的消毒技术、畜禽疾病的免疫防控、常见病的防制等知识，在关键技术操作过程、疾病诊断等解说中配有插图，形象直观，通俗易懂，内容丰富，理论阐述深入浅出，技术针对性、指导性和实用性强。

由于作者水平有限，加之时间仓促，因此对书中讹误之处，恳请广大读者不吝指正。

编　者

2016 年 11 月

目　录

第一章 猪场的消毒

第一节 消毒基础知识

当前，随着养殖业集约化程度的不断发展，畜禽大群体、高密度饲养已成常态。伴随着规模化饲养，畜禽所受到的应激越来越多，为疾病的传播提供了有利的环境条件，某些原来处在小群散养条件下危害性不大的疾病，也可能会给养殖业带来严重的损失。由于畜禽育种技术的发展，生产性能不断提高，生长发育迅速，育成期短，周转快，不同日龄之间的畜禽出现交叉感染的概率提高。同时，为了控制细菌病的继发或并发感染，有些养殖场户采用增加疫苗种类、免疫剂量和次数的方法以及滥用、过量使用抗生素，造成畜禽耐药性增强，发病后难以挑选有效药物，且机体内的有益微生物被杀死，菌群严重失调，更影响了畜禽的健康水平和生产性能的发挥。

为了保证畜禽免受这些微生物的侵袭，快速健康地生长，必须有严格的消毒措施以消除养殖环境中的各种致病微生物。只有秉持“预防为主，防治结合，防重于治”的理念，才能保证养殖生产顺利进行。

一、消毒的概念

微生物是广泛分布于自然界中的一群难以用肉眼观察到的微小生物的统称，包括细菌、真菌、霉形体、螺旋体、支原体、衣原体、立克次体和病毒等。其中有些微生物对畜禽是有益的，主要含有以乳酸菌、酵母菌、光合菌等为主的有益微生物，是畜禽正常生长发育所必需；另一些则是对动物有害的或致病的，如果这些病原微生物侵入畜禽机体，可引起人和畜禽各种各样的疾病，即传染病，有传染性和流行性，不仅可造成大批畜禽的死亡和畜禽产品的损失，某些人畜共患疾病还能对人的健康造成严重威胁。病原微生物的存在，是畜禽生产的大敌。

随着集约化畜牧业的发展，预防畜禽群体发病特别是传染病，已成为现阶段兽医工作的重点。要消灭和消除病原微生物，必不可少的办法就是消毒。

1. 消毒　消毒是指用物理的、化学的或生物的方法清除或杀灭外环境（各种物体、场所、饲料、饮水及动物体表、黏膜、浅体表）中的病原微生物及其他微生物，从而阻止和控制传染病的发生和蔓延。

消毒的含义有两点：消毒是针对病原微生物和其他有害微生物的，并不要求清除或杀灭所有病原微生物；消毒是相对的而不是绝对的，它只要求将有害微生物的数量减少到无害程度，而不要求把病原微生物全部杀死。

用于消毒的药物称为消毒剂，即用于杀灭传播媒介上的病原微生物，使其达到无害化要求的制剂。

2. 灭菌　灭菌是指用物理或化学的方法杀死物体及环境中一切活的微生物，包括致病性微生物、非致病性微生物及其芽孢、霉菌孢子等。灭菌的含义是绝对的，是指完全破坏或杀灭所有的微生物。因此，灭菌比消毒的要求高。消毒不一定能达到灭

菌的程度，而灭菌一定是达到消毒后的更高要求。

用于灭菌的化学药物叫灭菌剂。

3. 防腐　防腐是指阻断或抑制微生物（含致病性微生物和非致病性微生物）的生长繁殖，以防止活体组织受到感染或其他生物制品、食品、药品等发生腐败的措施。防腐只能抑制微生物的生长繁殖，并非必须杀灭微生物，与消毒的区别只是效力强弱的差异或灭菌、抑菌强度上的差异。

用于防腐的化学药品称为防腐剂或抑菌剂。一般常用的消毒剂在低浓度时就可以起到防腐剂的作用。

二、消毒的意义

当前饲养成本不断上升，养殖利润不断缩水。这种情况，除了饲料原料、饲料、人力成本增加等因素外，养殖成活率低、生产性能差也是最主要的因素之一。因此，增强消毒意识，加强消毒管理，提高成活率及生产性能，是养殖者亟须注意的问题。

1. 消毒是切断传播途径、预防传染病的重要手段　传染病是由各种病原体引起的能在人与人、动物与动物或人与动物之间相互传播的一类疾病。病原体中大部分是微生物，小部分为寄生虫，寄生虫引起者又称寄生虫病。传染病的特点是有病原体、传染性和流行性，感染后常有免疫性。其传播和流行必须具备三个环节，即传染源（能排出病原体的畜禽）、传播途径（病原体传染其他畜禽的途径）及易感畜禽群（对该种传染病无免疫力者）。若能完全切断其中的一个环节，即可防止该种传染病的发生和流行。其中，切断传播途径最有效的方法是消毒、杀虫和灭鼠。因此，消毒是消灭和根除病原体必不可少的手段，也是兽医卫生防疫工作中的一项重要工作，是预防和扑灭传染病的最重要的措施之一。

猪传染病的传播途径分为垂直传播和水平传播。

（1）垂直传播：是母亲传给子代的传播方式，是纵向传播。经胎盘传播，是指产前被感染的怀孕猪，通过胎盘将其体内的病原体传给胎儿的传播方式，如猪瘟、细小病毒病、乙型脑炎、伪狂犬病等，都可以经胎盘传播；经产道传播，是指存在于怀孕动物阴道和子宫颈口的病原体，在分娩的过程中，造成新生胎儿感染的现象，如大肠杆菌病、链球菌病、葡萄球菌病等。

（2）水平传播：是指动物群体之间或动物个体之间的横向传播，包括直接接触传播和间接接触传播。①直接接触传播是指在没有任何外界因素参与下，通过传染源和易感动物直接接触传播的方式，这种传播方式较少，当猪发病或携带病原体时，可通过交配、舔咬的方式传染给对方，最具有代表性的是狂犬病。如猪患口蹄疫时，病猪的水疱液中含有大量的口蹄疫病毒，如果别的猪舔或拱到病猪的水疱时，该猪就会被染上口蹄疫，这种传播特点是一个接一个地发生，由于传播受到限制，因而不易造成广泛的流行造成大的伤害与损失。②间接接触传播指病原体必须在外界因素的参与下，通过传播媒介侵入易感动物的方式。在猪的许多传染病中如猪瘟、猪丹毒、口蹄疫等，都可通过直接接触传播。

1）空气传播。主要是病猪在咳嗽、喷嚏和呼吸时引起感染。这类疾病有猪气喘病、猪肺疫、接触传染性胸膜肺炎等。某些在外界生存力较强的病原体，如结核杆菌、炭疽杆菌、丹毒杆菌及胸膜肺炎放线杆菌等，从病畜的分泌物、排泄物排出，或从处理不当的尸体上散布到地面和环境中，干燥后随灰尘一道飘扬于空气中，当易感猪吸入后可受感染。把病原体和分泌物从呼吸道中喷射出来，形成飞沫，在空气中飘移，易感动物直接接触到带有病原体的飞沫而发病，这种传播方式是空气传播。另外，当飞沫的水分蒸发后，就形成了由细菌、病毒以及飞沫中的干物质组成的飞沫核，易感动物接触到飞沫核而被感染，这种传播方式也

叫空气传播。所有的呼吸道疾病均可通过飞沫传播，而只有少数病能通过尘埃传播，如结核病、炭疽病、猪丹毒可通过尘埃传播。

2）经土壤传播。随患病动物的分泌物、排泄物或动物尸体中的病原体进入土壤，从而土壤被污染，而易感动物如果接触被污染的土壤，就可能会被感染。如炭疽杆菌病、破伤风、猪丹毒都可形成抵抗力很强的芽孢，在土壤中生存较长的时间，通过土壤传播。因此，对于能通过污染土壤而传播的传染病，要特别注意这类病畜的排泄物所污染的环境、物体和尸体的处理，防止病原体落入土壤，以免形成永久性的疫源地，其后患无穷。但由于现在绝大多数都采用水泥地面进行圈养，所以现在这种传播方式非常少见。

3）经污染的饲料和饮水传播。对以消化道为主要侵入途径的传染病有重要意义，即通常所说的病从口入，是易感猪采食了被污染的饲料、饲草或水源而被感染的传播方式。例如猪瘟、口蹄疫、仔猪黄痢、白痢、传染性胃肠炎等多种传染病均可通过这种方式传播。

4）经物品用具传播。如果医疗器械或其他物品被污染，而易感动物接触到了这些被污染的物品，也能被感染。例如注射针头、体温计等与病猪接触密切的物品，没经消毒或消毒不严，再给易感猪注射，易感猪就极易被感染，可引起人为的传播。在实践中这样的例子不少，教训颇为深刻。

5）经活的媒介传播。活的媒介包括人类、蚊、蝇、野生动物、鼠等。日本乙型脑炎的传播主要就是经活的媒介传播，如蚊、蝇叮咬患病的动物后，再去叮咬易感动物，就会使易感动物发病。老鼠可将伪狂犬病毒传播给易感动物。人虽不会得猪瘟，但人可将猪瘟病毒机械性地传播给易感动物。具体讲，可分为以下几种类型。

A. 节肢昆虫。包括蚊、蝇、蝶等。通过这些昆虫传播疾病的特点是有明显的季节性，如炎热的夏季，蚊子滋生，也是猪乙型脑炎、猪丹毒等疾病的流行高峰期，因为这些疾病可以通过蚊子的刺螫传播。家蝇虽不吸血，但活动于猪群与排泄物、病死尸体和饲料之间，可机械性地携带和传播病原。这些昆虫都能飞翔，不易控制，能将疾病传到较远的地区。

B. 野生动物和其他畜禽。可以感染多种动物的共患病，如伪狂犬病、李氏杆菌病、沙门杆菌病等，这些疾病也可传染给猪。有些猪病是由于机械性地携带病原而引起流行的，如猪瘟、猪口蹄疫等病，其中以鼠的危害最大。此外狗、猫及各种飞鸟、家禽也易进入猪场，可能传播弓形虫病、猪囊尾蚴病等。因此，要求猪场内禁止狗、猫、家禽等动物入内，重视灭鼠，避免飞鸟飞进猪舍。

C. 人也能传播猪病。饲养人员、猪场的管理人员、兽医人员以及参观者，若不遵守防疫卫生制度，随意进出猪场，都有可能将污染在手上、衣服上、鞋底上的病原体传给健康猪。有些人畜共患病如布氏杆菌病、结核病等，还能由病人直接传播给猪，所以猪场工作人员要定期进行体检。

从上述可知，传染病的传播多种多样，途径较多，也比较复杂，每种传染病都有自己的传播途径。有的传染病有一种传播途径，如皮肤霉菌病，只能通过破损的皮肤伤口感染。但大多数病有多种传播途径，即病猪和健康猪之间通过直接或间接接触在同一代猪之间的横向传播。比如猪瘟、猪传染性胃肠炎、仔猪白痢、猪丹毒等大多数传染病，既可垂直传播，又可水平传播；在水平传播中，既可直接接触传播，又可经空气、饲料、饮水或媒介动物传播，即病猪和健康猪之间通过直接或间接接触在同一代猪之间的横向传播。

消毒是切断传染病的传播途径，保护易感猪只，使传染病不

再发生或流行的重要手段。

2. 消除非常时期传染病的发生和流行　猪的疫病水平传播有两条途径，即消化道和呼吸道。消化道途径通常是指带有病原体的粪便污染饮水、用具、物品，主要指病原体对饲料、饮水、笼舍及用具的污染；呼吸道途径主要指通过空气和飞沫传播，被感染动物通过咳嗽、打喷嚏和呼吸等将病原体排入空气中，并可污染环境中的物体。非常时期传染病的流行主要就是通过这两种方式。因此，对空气和环境中的物体消毒具有重要的防病意义。动物门诊、兽医院等地方也是病原微生物比较集中的地方，做好这些地方的消毒工作，对防止动物群体之间传染病的流行也具有重要意义。

3. 预防和控制新发传染病的发生和流行　随着养猪业的迅速发展，从国外引进的种猪种类和数量显著增加，尤其是多渠道引进，又不了解被引进国疾病的发生情况，以及缺乏有效的监测手段和配套措施，在引进种猪的同时，不可避免地将疾病也引进来，使疾病流行出现了很多新的形势，即老病未除，新病又出；非典型化、混合感染占据主流；控制和净化难度增大。

面对猪病流行的新形势，消毒工作显得更为重要。有些疫病，在尚未确定具体传染源或流行特点的情况下，对有可能被病原微生物污染的物品、场所和动物体等进行消毒（预防性消毒），可以预防和控制新传染病的发生和流行。同时，一旦发现新的传染病，要立即对病猪的分泌物、排泄物、污染物、胴体、血污、居留场所、生产车间以及与病猪及其产品接触过的工具、饲槽以及工作人员的刀具、工作服、手套、胶鞋、病猪通过的道路等进行消毒（疫源地消毒），以阻止病原微生物的扩散，切断其传播途径。

4. 维护公共安全和人类健康　养殖环境不卫生，病原微生物种类多、含量高，不仅能引起猪群发生传染病，也直接影响到猪肉产品的质量，从而危害人的健康。从社会预防医学和公共卫生学的角度来看，兽医消毒工作在防止和减少人猪共患传染病的发生和蔓延中发挥着重要的作用，是人类环境卫生、身体健康的重要保障。通过全面彻底的消毒，可以阻止人猪共患病的流行，减少对人类健康的危害。

三、消毒的分类

（一）按消毒目的分类

根据消毒的目的不同，可分为疫源地消毒、预防性消毒。

1. 疫源地消毒 疫源地消毒是指对有传染源（病猪或病原携带者）存在的地区，进行消毒，以免病原体外传。疫源地消毒又分为随时消毒和终末消毒两种。

（1）随时消毒。随时消毒是指在猪场内存在传染源的情况下开展的消毒工作，其目的是随时、迅速杀灭刚排出体外的病原微生物。当猪群中有个别或少数猪发生一般性疫病或有突然死亡现象时，立即对所在栏舍进行局部强化消毒，包括对发病和死亡猪只的消毒及无害化处理，对被污染的场所和物体的立即消毒。这种情况的消毒需要多次反复地进行。

（2）终末消毒。终末消毒是采用多种消毒方法对全场或部分猪舍进行全方位的彻底清理与消毒。当被某些烈性传染病感染的猪群已经死亡、淘汰或痊愈，传染源已不存在，准备解除封锁前应进行大消毒。在全进全出生产系统中，当猪群全部从栏舍中转出后，对空栏及有关生产工具要进行大消毒。春秋季节气候温暖，适宜于各种病原微生物的生长繁殖，因此，春秋两季要进行常规大消毒。

2. 预防性消毒 预防性消毒也叫日常消毒，是指未发生传染病的安全猪场，为防止传染病的传入，结合平时的清洁卫生工作、饲养管理工作和门卫制度对可能受病原污染的猪舍、场地、

用具、饮水等进行的消毒。主要包括以下内容。

(1) 定期消毒。根据气候特点、本场生产实际，对栏舍、舍内空气、饲料仓库、道路、周围环境、消毒池、猪群、饲料、饮水等制定具体的消毒日期，并且在规定的日期进行消毒。例如，每周一次带猪消毒，安排在每周三下午；周围环境每月消毒一次，安排在每月初的某一晴天。

(2) 生产工具消毒。食槽、水槽（饮水器）、笼具、刺种针、注射器、针头。

(3) 人员、车辆消毒。任何人、任何车辆任何时候进入生产区均应严格消毒。

(4) 猪只转栏前对栏舍的消毒。转栏前对准备转入猪只的栏舍彻底清洗、消毒。

(5) 术部消毒。猪的免疫注射部位、手术部位应该消毒。

(二) 按消毒程度分类

1. 高水平消毒　高水平消毒是指杀灭一切细菌繁殖体包括分枝杆菌、病毒、真菌及其孢子和绝大多数细菌芽孢。达到高水平消毒常用的消毒剂包括氯制剂、二氧化氯、邻苯二甲醛、过氧乙酸、过氧化氢、臭氧、碘酊等，是在规定的条件下，以合适的浓度和有效的作用时间进行消毒的方法。

2. 中水平消毒　杀灭除细菌芽孢以外的各种病原微生物，包括分枝杆菌，即达到了中水平消毒。常用的消毒剂包括碘类（碘伏、氯己定碘等）、醇类和氯己定碘的复方、醇类和季铵盐类化合物的复方、酚类等，是在规定的条件下，以合适的浓度和有效的作用时间进行消毒的方法。

3. 低水平消毒　能杀灭细菌繁殖体（分枝杆菌除外）和亲脂类病毒的化学消毒方法以及通风换气、冲洗等机械除菌法，即低水平消毒。如采用季铵盐类（苯扎溴铵等）、双胍类消毒剂（氯己定）等，是在规定的条件下，以合适的浓度和有效的作用时间进行消毒的方法。

四、影响消毒效果的因素

消毒效果受许多因素的影响，了解和掌握这些因素，可以指导正确进行消毒工作，提高消毒效果；反之，处理不当，只会影响消毒效果，导致消毒失败。影响消毒效果的因素很多，概括起来主要有以下几个方面。

（一）消毒剂的种类

针对所要消毒的微生物特点，选择恰当的消毒剂很关键，如果要杀灭细菌芽孢或非囊膜病毒，则必须选用灭菌剂或高效消毒剂，也可选用物理灭菌法，才能取得可靠的消毒效果，若使用酚制剂或季铵盐类消毒剂则效果很差；季铵盐类是阳离子表面活性剂，有杀菌作用的阳离子具有亲脂性，杀灭革兰氏阳性菌和囊膜病毒效果较好，但对非囊膜病毒就无能为力了。龙胆紫对葡萄球菌的效果特别强，也对结核杆菌有很强的杀灭作用，但一般消毒剂对其作用要比对常见细菌繁殖体的作用差。所以，为了取得理想的消毒效果，必须根据消毒对象及消毒剂本身的特点科学地进行选择，采取合适的消毒方法使其达到最佳消毒效果。

（二）消毒剂的配方

良好的配方能显著提高消毒的效果。如用70%乙醇配制季铵盐类消毒剂比用水配制穿透力强，杀菌效果更好；苯酚若制成甲苯酚的肥皂溶液就可杀死大多数繁殖体微生物；超声波和戊二醛、环氧乙烷联合应用，具有协同效应，可提高消毒效力；另外，用具有杀菌作用的溶剂，如甲醇、丙二醇等配制消毒液时，常可增强消毒效果。当然，消毒药之间也会产生拮抗作用，如酚类不宜与碱类消毒剂混合，阳离子表面活性剂不宜与阴离子表面活性剂（肥皂等）及碱类物质混合，它们彼此会发生中和反应，产生不溶性物质，从而降低消毒效果。次氯酸盐和过氧乙酸会被

硫代硫酸钠中和。因此，消毒药不能随意混合使用，但可考虑选择几种产品轮换使用。

（三）消毒剂的浓度

任何一种消毒药的消毒效果都取决于其与微生物接触的有效浓度，同一种消毒剂的浓度不同，其消毒效果也不一样。大多数消毒剂的消毒效果与其浓度成正比，但也有些消毒剂的消毒效果与其浓度成反比，即随着浓度的增大消毒效果反而下降。各种消毒剂受浓度影响的程度不同，每一消毒剂都有它的最低有效浓度，要选择有效而又对人畜安全并对设备无腐蚀的杀菌浓度。消毒液浓度并不是越高越好，浓度过高，一是浪费，二会腐蚀设备，三还可能对猪造成危害。另外，有些消毒药浓度过高反而会使消毒效果下降，如乙醇在75%时消毒效果最好。消毒液用量方面，在喷雾消毒时按每立方米空间30毫升为宜，太大会导致舍内过湿，用量小又达不到消毒效果。一般应灵活掌握，在猪群发病、温暖天气等情况下应适当加大用量，而天气冷、肉猪育肥后期用量应减少。

（四）作用时间

消毒剂接触微生物后，一般要经过一定时间后才能杀死病原，只有少数能立即产生消毒作用，所以要保证消毒剂有一定的作用时间，消毒剂与微生物接触时间越长消毒效果越好，接触时间太短往往达不到消毒效果。被消毒物上微生物数量越多，完全灭菌所需时间越长。此外，大部分消毒剂在干燥后就失去消毒作用，溶液型消毒剂在溶液中才能有效地发挥作用。

（五）温度

一般情况下，消毒液温度高，药物的渗透能力也会增强，消毒效果也可增强，消毒所需要的时间也可以缩短。实验证明，消毒液温度每提高10℃，杀菌效力增加1倍，但配制消毒液的水温以不超过45℃为宜。一般温度按等差级数增加，则消毒剂杀菌效果按几何级数增加。许多消毒剂在温度低时，反应速度缓慢，影响消毒效果，甚至不能发挥消毒作用。如福尔马林在室温15℃以下用于消毒时，即使用其有效浓度，也不能达到很好的消毒效果，但在室温20℃以上时，则消毒效果很好。因此，在熏蒸消毒时，需将舍温提高到20℃以上，才能有较好的效果。

（六）湿度

湿度对许多气体消毒剂的作用有显著影响。这种影响来自两方面：一是消毒对象的湿度，它直接影响微生物的含水量。如用环氧乙烷消毒时，细菌含水量太多，则需要延长消毒时间；细菌含水量太少，消毒效果亦明显降低。二是消毒环境的相对湿度。每种气体消毒剂都有其适宜的相对湿度范围，如甲醛以相对湿度大于60%为宜，用过氧乙酸消毒时要求相对湿度不低于40%，以60%～80%为宜；熏蒸消毒时须将舍内相对湿度提高到60%～70%才有效果。直接喷洒消毒剂干粉处理地面时，需要有较高的相对湿度，使药物潮解后才能发挥作用，如生石灰单独用于消毒是无效的，须洒上水或制成石灰乳等。而紫外线消毒时，相对湿度增高，反而影响穿透力，不利于消毒处理。

（七）酸碱度（pH值）

pH值可从两方面影响消毒效果，一是对消毒的作用，pH值变化可改变其溶解度、离解度和分子结构；二是对微生物的影响，病原微生物的适宜pH值在6～8，过高或过低的pH值有利于杀灭病原微生物。酚类、次氯酸等是以非离解形式起杀菌作用，所以在酸性环境中杀灭微生物的作用较强，在碱性环境中作用较差。在偏碱性时，细菌带负电荷多，有利于阳离子型消毒剂作用；而对阴离子消毒剂来说，酸性条件下消毒效果更好些。新型的消毒剂常含有缓冲剂等成分，可以减少pH值对消毒效果的直接影响。

（八）表面活性和稀释用水的水质

非离子表面活性剂和大分子聚合物可以降低季铵盐类消毒剂的作用；阴离子表面活性剂会影响季铵盐类的消毒作用。因此，在用表面活性剂消毒时应格外小心。由于水中金属离子（如 Ca^{2+} 和 Mg^{2+}）对消毒效果也有影响，所以，在稀释消毒剂时，必须考虑稀释用水的硬度问题。如季铵盐类消毒剂在硬水环境中消毒效果不好，最好选用蒸馏水进行稀释。一种好的消毒剂应该能耐受各种不同的水质，不管是硬水还是软水，消毒效果都不受影响。

（九）污物、残料和有机物的存在

灰尘、残料等都会影响消毒液的消毒效果，料槽、饮水器等用具消毒时，一定要先清洗再消毒，不能清洗、消毒一步完成，否则污物或残料会严重影响消毒效果，使消毒不彻底。

消毒现场通常会遇到各种有机物，如血液、血清、培养基成分、分泌物、脓液、饲料残渣、泥土及粪便等，这些有机物的存在会严重干扰消毒剂的消毒效果。因为有机物覆盖在病原微生物表面，妨碍消毒剂与病原直接接触而延迟消毒反应，以至于对病原杀不死、杀不全。部分有机物可与消毒剂发生反应生成溶解度更低或杀菌能力更弱的物质，甚至产生的不溶性物质反过来与其他组分一起对病原微生物起到机械保护作用，阻碍消毒过程的顺利进行。同时有机物消耗部分消毒剂，降低了对病原微生物的作用浓度。如蛋白质能消耗大量的酸性或碱性消毒剂；阳离子表面活性剂等易被脂肪、磷脂类有机物所溶解吸收。因此，在消毒前要先清洁再消毒。当然各种消毒剂受有机物影响程度有所不同。在有机物存在的情况下，氯制剂消毒效果显著降低；季铵盐类、过氧化物类等消毒作用也明显地受有机物影响；但烷基化类、戊二醛类及碘伏类消毒剂则受有机物影响就比较小些。对大多数消毒剂来说，当有有机物影响时，需要适当加大处理剂量或延长作用时间。

（十）微生物的类型和数量

不同类型的微生物对消毒剂的敏感性不同，而且每种消毒剂有各自的特点，因此消毒时应根据具体情况科学地选用消毒剂。

为便于消毒工作的进行，往往将病原微生物对杀菌因子抗力分为若干级以作为选择消毒方法的依据。过去，在致病微生物中多以细菌芽孢的抗力最强，分枝杆菌其次，细菌繁殖体最弱。但根据近年来对微生物抗力的研究，微生物对化学因子抗力的排序依次为：感染性蛋白因子（牛海绵状脑病病原体）、细菌芽孢（炭疽杆菌、梭状芽孢杆菌、枯草杆菌等芽孢）、分枝杆菌（结核杆菌）、革兰氏阴性菌（大肠杆菌、沙门杆菌等）、真菌（念珠菌、曲霉菌等）、无囊膜病毒（亲水病毒）或小型病毒（腺病毒等）、革兰氏阳性菌繁殖体（金黄色葡萄球菌、绿脓杆菌等）、囊膜病毒（亲脂病毒等）或中型病毒（疱疹病毒、流感病毒等）。其中，抗力最强的不再是细菌芽孢，而是最小的感染性蛋白因子（朊粒）。因此，在选择消毒剂时，应根据这些新的排序加以考虑。

目前所知，对感染性蛋白因子（朊粒）的灭活只有 3 种方法效果较好：一是长时间的压力蒸汽处理，132℃（下排气）、30 分钟或 134~138℃（预真空）、18 分钟；二是浸泡于 1 摩尔/升氢氧化钠溶液作用 15 分钟，或在含 8.25%有效氯的次氯酸钠溶液内作用 30 分钟；三是先浸泡于 1 摩尔/升氢氧化钠溶液内作用 1 小时后以 121℃压力蒸汽处理 60 分钟。杀芽孢类消毒剂目前公认的主要有戊二醛、甲醛、环氧乙烷及氯制剂和碘伏等。本分类制剂、阳离子表面活性剂、季铵盐类等消毒剂对畜禽常见囊膜病毒有很好的消毒效果，但其对无囊膜病毒的效果就很差；无囊膜病毒必须用碱类、过氧化物类、醛类、氯制剂和碘伏类等高效消毒剂才能确保有效杀灭。

消毒对象的病原微生物污染数量越多，则消毒越困难。因此，对严重污染物品或高危区域，如孵化室及伤口等破损处应加强消毒，加大消毒剂的用量，延长消毒剂作用时间，并适当增加消毒次数，这样才能达到良好的消毒效果。

五、消毒过程中存在的误区

养猪户在消毒过程中存在许多误区，致使消毒达不到理想效果。常见消毒误区主要表现为以下几点。

（一）未发生疫病可以不进行消毒

消毒的主要目的是杀灭传染源的病原体，猪传染病的发生要有3个基本环节：传染源、传播途径、易感动物。在畜禽养殖中，有时没有疫病发生，但外界环境存在传染源，传染源会释放病原体，病原体就会通过空气、饲料、饮水等途径，入侵易感猪群，引起疫病发生。如果没有及时消毒，净化环境，环境中的病原体就会越积越多，达到一定程度时，就会引起疫病的发生。因此，未发生疫病地区的养殖户更应进行消毒，防患于未然。

（二）消毒前环境不进行彻底清扫

由于养殖场存在大量的有机物，如粪便、饲料残渣、畜禽分泌物、体表脱落物，以及鼠粪、污水或其他污物，这些有机物中藏匿有大量病原微生物，这会消耗或中和消毒剂的有效成分，严重降低消毒剂对病原微生物的作用浓度，所以说彻底清扫是有效消毒的前提。这里要引起注意的是，就清扫消毒在清除病原中的分量来看，清扫占70%，消毒只占30%。也就是说，要重视清扫，要清扫之后再消毒。

（三）消毒过的猪群就不会再得传染病

尽管进行了消毒，但并不一定就能收到彻底的消毒效果，这与选用的消毒剂品种、消毒剂质量及消毒方法有关。而且，即便已经彻底规范消毒，短时间内很安全，但许多病原体可以通过空气、飞禽、老鼠等媒介传播，养殖动物自身不断污染环境，也会使环境中的各种致病微生物大量繁殖，所以必须定时、定位、彻底、规范消毒，同时结合有计划地免疫接种，才能做到猪只不得病或少得病。

（四）消毒剂气味越浓、效果越好

消毒效果的好坏，主要和它的杀菌能力、杀菌谱有关。目前市场上一些先进的、好的消毒剂没有什么气味，如季铵盐络合碘溶液、聚维酮碘、聚醇醚碘、过硫酸盐等；相反有些气味浓、刺激性大的消毒剂，存在着消毒盲区，且气味浓、刺激性大的消毒剂对猪只呼吸道、体表等有一定的伤害，反而易引起呼吸道疾病。

（五）长期固定使用单一消毒剂

长期固定使用单一消毒剂，细菌、病毒也可能会产生抗药性；同时由于杀菌谱的宽窄，可能不能杀灭某种致病菌，使其大量繁殖，对消毒剂也可能产生抗药性；因此最好用几种不同类型的消毒剂轮换使用。

（六）饮水消毒的误区

饮水消毒实际是要把饮水中的微生物杀灭或者减少，以控制猪体内的病原微生物。如果任意加大消毒药物的浓度或让猪长期饮用，除可引起猪只急性中毒外，还可杀死或抑制肠道内的正常菌群，对猪只健康造成危害。所以饮水消毒要严格控制配比浓度和饮用时间。

（七）带猪喷雾消毒的误区

随着规模化养猪的不断发展，带猪消毒已成为规模化猪场常规的生物安全防控措施之一。但在实际应用过程中，猪场存在很多带猪消毒的误区，如果操作不当，不但不会降低疫病风险，反而会损害猪群健康。常见的猪场带猪消毒误区有：

1. 带猪消毒就是将猪舍中的病原微生物全部杀死 从“带

猪消毒”的字面意义上理解，很容易让人认为，带猪消毒就是要将猪生存环境中的病原微生物全部杀死。但猪是活的生命体，生命体喜欢的是自然、清新的环境，而自然环境中最重要的组成部分就是无处不在的微生物。生命体如果脱离微生物环境，就像生活在沙漠或真空里，很难长期生存。由于规模化猪场的饲养密度大，猪舍内环境质量非常差，各种微生物的数量严重超标。有数据显示，在正常无疫情的情况下，密闭式猪舍在寒冷季节和温暖季节舍内空气中细菌浓度分别是舍外空气的 1 100 倍和 500 倍，半开放式猪舍空气中的细菌浓度是舍外的 110 倍和 580 倍。因此带猪消毒的目的是要降低环境中病原微生物的数量，使其不能够对猪群的健康造成危害，而不是要将猪舍中的所有病原微生物全部杀死。在实际生产应用中，我们也能认识到，不论多么高效的消毒剂，都不能 100%地杀灭环境中的所有微生物，也不可能 24 小时连续进行带猪消毒。所以，猪场应该重新认识带猪消毒的目的，避免陷入误区。

猪场带猪消毒的目的除了要降低舍内病原微生物的数量外，还应包括降低舍内有害气体的含量。特别是猪场冬季时为了保温，猪舍内的氨气、二氧化碳、硫化氢以及悬浮颗粒物含量大幅增加，这些有害物质会破坏猪的呼吸道屏障，增加呼吸道及其他疾病发病概率。所以猪场在选择消毒剂时还应考虑到消毒剂的空气清新作用。比如可以选择弱酸性的消毒剂，以中和舍内的氨气。中药消毒剂一般选用具有芳香化浊类的名贵中药，提取物的 pH 值多在 6 左右，除了可以中和舍内氨气，还具有芳香、化浊的作用，可明显改善猪舍内空气质量。

2. 带猪消毒应选择杀菌效果最好的消毒剂　市面上消毒剂的种类非常繁多，猪场在选择消毒剂时，不仅要看消毒剂的杀菌效果，还要看其对猪体自身造成损害的程度。比如强酸、强碱类的过氧乙酸和氢氧化钠（火碱），对猪的皮肤、呼吸道黏膜会造成严重的损伤；戊二醛对眼睛、皮肤、黏膜有强烈的刺激作用，吸入可引起喉、支气管的炎症、化学性肺炎、肺水肿等；季铵盐类消毒剂长期使用会使皮肤表皮老化，通过皮肤进入机体后产生慢性中毒并积聚，难以降解。从严格意义上来说，所有的化学消毒剂都会对猪体自身造成损害，特别是对猪呼吸道黏膜造成损伤，只是损害的程度有所不同。因此，猪场在选择带猪消毒剂时除了看杀菌效果，还要看消毒剂的毒性，应选择既可以杀灭病原微生物，又不会对猪群健康造成损害的消毒剂。

3. 带猪消毒频率随意调整 很多养猪者认为，既然消毒不能将猪舍中的病原微生物全部杀死，就没有必要经常消毒，只是每月偶尔象征性地消毒 1 次，或者听到外面有传染病疫情时再进行消毒，其实这些做法是非常错误的。猪群每天都通过呼吸、粪尿向体外排出大量的病原体，我们必须通过消毒来降低环境中致病微生物的数量，如果任由环境中病原微生物繁殖，当其超过猪群自身的抵抗能力时，就会造成猪群发病。所以规模化猪场应该每 2 天带猪消毒 1 次最好，至少做到每周 2 次。这样才能确保环境中的病原微生物不会对猪群健康造成严重影响。北方有些猪场的保温设施比较落后，舍内温度较低，这种情况下带猪消毒不但会降低舍内温度，同时会增加舍内湿度。这时猪场应采用灵活的应对措施，比如选择在中午温暖的时候进行消毒；在过道地面铺撒白灰，以降低舍内湿度；选择具有挥发性的中药消毒剂悬挂到舍内，适当降低带猪喷雾频率等。

（八）消毒浓度越高，消毒效果越好

消毒浓度是决定消毒液杀菌（毒）力的首要因素，但也不是唯一因素，也不是浓度越高越好，如 96%以上乙醇不如 70%乙醇的杀菌效果好。影响消毒效果的因素很多，要根据不同的消毒对象和消毒目的选择不同的消毒剂，选择合适的浓度和消毒方法等。消毒剂对动物多少有点影响，浓度越高对动物越不安全，搞

好消毒工作的同时还应时刻关注动物的安全。

第二节 常用消毒设备

根据消毒方法、消毒性质不同，消毒设备也有所不同。消毒工作中，由于消毒方法的种类很多，除了要根据具体消毒对象的特点和消毒要求选择适当的消毒剂外，还要了解消毒时采用的设备是否适当，以及操作中的注意事项等。同时还需注意，无论采取哪种消毒方式，都要做好消毒人员的自身防护。

常用消毒设备可分为物理消毒设备、化学消毒设备和生物消毒设备。

一、物理消毒常用设备

物理消毒灭菌技术在动物养殖和生产中具有独特的特点和优势。物理消毒灭菌一般不改变被消毒物品的形状与原有组分，能保持饲料和食物固有的营养价值；不产生有毒有害物质残留，不会造成被消毒灭菌物品的二次污染；一般不影响被消毒物品的形状；对周围环境的影响较小。但是，大多数物理消毒灭菌技术往往操作比较复杂，需要大量的机械设备，而且成本较高。

养猪场物理消毒主要有紫外线照射、机械清扫、洗刷、通风换气、干燥、煮沸、蒸汽、火焰焚烧等。依照消毒的对象、环节等，需要配备相应的消毒设备。

（一）机械清扫、冲洗设备

机械清扫、冲洗设备主要是高压清洗机，是通过动力装置使高压柱塞泵产生高压水来冲洗物体表面的机器。它能将污垢剥离、冲走，达到清洗物体表面的目的。因为是使用高压水柱清理污垢，所以高压清洗也是世界公认最科学、经济、环保的清洁方式之一。主要用途是冲洗养殖场场地、畜禽圈舍建筑、养殖场设施设备、车辆和喷洒药剂等。

高压清洗机可分为冷水高压清洗机、热水高压清洗机。两者最大的区别在于，热水清洗机加了一个加热装置，利用燃烧缸把水加热。

1. 分类

（1）按驱动引擎不同，可分为电动机驱动高压清洗机、汽油机驱动高压清洗机和柴油机驱动清洗机三大类。顾名思义，这三种清洗机都配有高压泵，不同的是它们分别采用与电机、汽油机或柴油机相连，由此驱动高压泵运作。汽油机驱动高压清洗机和柴油驱动清洗机的优势在于它们不需要电源就可以在野外作业。

（2）按用途不同，可分为家用、商用和工业用三大类。第一，家用高压清洗机，一般压力、流量和寿命比较低一些（一般100小时以内），追求携带轻便、移动灵活、操作简单。第二，商用高压清洗机，对参数的要求更高，且使用次数频繁，使用时间长，所以一般寿命比较长。第三，工业用高压清洗机，除了一般的要求外，往往还会有一些特殊要求，水切割就是一个很好的例子。

2. 产品原理　由于水的冲击力大于污垢与物体表面的附着力，高压水就会将污垢剥离并冲走，以此来达到清洗物体表面的目的。使用高压水柱清理污垢时，除非是很顽固的油渍才需要加入一点清洁剂，一般情况下强力水压所产生的泡沫就足以将污垢带走。

（二）紫外线灯

紫外线是一种低能量电磁波，具有较好的杀菌作用。紫外线消毒仅需几秒钟即可对细菌、病毒、真菌、芽孢、衣原体等达到灭活效果，而且运行操作简便，基建投资及运行费用低，因此被

广泛应用于畜禽养殖场消毒。

1. 紫外线的消毒原理　利用紫外线照射，使菌体蛋白发生光解、变性，菌体的氨基酸、核酸、酶遭到破坏死亡。同时紫外线通过空气时，使空气中的氧电离产生臭氧，加强了杀菌作用。

2. 紫外线的消毒方法　紫外线多用于空气及物体表面的消毒，波长257.3纳米。用于空气消毒，有效距离不超过2米，照射时间30~60分钟；用于物体表面消毒，有效距离为25~60厘米，照射时间20~30分钟，从灯亮5~7分钟开始计时（灯亮需要预热一定时间，才能使空气中的氧电离产生臭氧）。

3. 紫外线的消毒措施

（1）空气消毒均采用紫外线照射时，采用固定式安装，将灯固定吊装在天花板或墙壁上，离地面2.5米左右。灯管下安装金属反射罩，使紫外线反射到天花板上，安装在墙壁上的，反光罩斜向上方，使紫外线照射在与水平面呈3~8度角范围内，这样使上部空气受到紫外线的直接照射，而当上下层空气对流交换（人工或自然）时，整个空气都会受到消毒。通常每6~15立方米空间用1支15瓦的紫外线灯。

对实验室、更衣室空气的消毒，在直接照射时每9平方米地板面积需要1支30瓦的紫外线灯。人员进出场区要通过消毒间，经过紫外线照射消毒。

空气消毒时，室内所有的柜门、抽屉等都要打开，保证消毒室所有空间充分暴露，都能得到紫外线的照射，做到消毒无死角。

（2）关灯后立即开灯会减少灯管寿命，应冷却3~4分钟后再开，可以连续使用4小时，通风散热要好，以保持灯管寿命。

（3）应随时保持消毒室的清洁干燥，每天用消毒液浸泡后的专用抹布擦拭消毒室。用专用拖把拖地。

（4）规范紫外线灯日常检测登记，必须做到分室、分盏进行登记，登记簿中有灯管启用日期、每天消毒时间、累计时间、执行者签名等内容，要求消毒后如实做好记录。

（5）紫外线也可对水进行消毒，优点是水中不必添加其他消毒剂或提高温度。紫外线在水中的穿透力随深度的增加而降低。水中杂质对紫外线穿透力的影响更大。对水消毒的装置，可呈管道状，使水由一侧流入，另一侧流出；紫外线灯管不能浸于水中，以免降低灯管温度，减少输出强度；流过的水层不宜超过2厘米。直流式紫外线水液消毒器，使用30瓦灯管1支，每小时可处理约2 000升水；套管式紫外线水液消毒器，使水沿外管壁形成薄层流到底部，接受紫外线的充分照射，每小时可生产150升无菌水。

（6）在进行紫外线消毒的时候，还要注意保护好个人的眼睛和皮肤，因为紫外线会损伤角膜、皮肤上皮。在进行紫外线消毒的时候，最好不要进入正在消毒的房间。如果必须进入，最好戴上防紫外线的护目镜。

4. 使用紫外线消毒灯注意事项　紫外线灯灯管表面应经常用乙醇棉球轻轻擦拭（一般2周1次），除去上面的灰尘和油垢，减少对紫外线穿透力的影响；紫外线肉眼看不见，有条件的场应定期测量灯管的输出强度，没有条件的可逐日记录使用时间，以判断是否达到使用期限；消毒时，房间内应保持清洁、干燥，空气中不应有灰尘和水雾，温度保持在20℃以上，相对湿度不宜超过60%；紫外线不能穿透的表面（如纸、布等），只有直接照射的一面才能达到消毒目的，因而要按时翻动，使各面都能受到有效照射；人员进场需要进行紫外线消毒时，消毒时间不能过长，以每次消毒5分钟为宜；不能让紫外线直接长期照射人的体表和眼睛。

（三）干热灭菌设备

干热灭菌法是热力消毒、灭菌常用的方法之一，包括焚烧、

烧灼和热空气法。

焚烧是用于传染病畜禽尸体、病畜禽垫草、病料以及污染的杂草、地面等的灭菌，可直接点燃或在炉内焚烧；烧灼是直接用火焰进行灭菌，适用于微生物实验室的接种针、接种环、试管、玻璃片等耐热器材的灭菌；热空气法是利用干热空气进行灭菌，主要用于各种耐热玻璃器皿，如试管、吸管、烧瓶及培养皿等实验器材的灭菌。这种灭菌法是在一种特制的电热干燥器内进行的。由于干热的穿透力低，因此，箱内温度上升到160℃后，保持2小时才可保证杀死所有的细菌及其芽孢。

1. 干热灭菌器

（1）构造：干热灭菌器也就是烤箱，是由双层铁板制成的方形金属箱，外壁内层装有隔热的石棉板。箱底下放置大型火炉，或在箱壁中装置电热线圈。内壁上有数个孔，供流通空气用。箱前有铁门及玻璃门，箱内有金属箱板架数层。电热烤箱的前下方装有温度调节器，可以保持所需的温度。

（2）干热灭菌器的使用方法：将培养皿、吸管、试管等玻璃器材包装后放入箱内，闭门加热。当温度上升至160～170℃时，保持温度2小时，到达时间后，停止加热，待温度自然下降至40℃以下，方可开门取物，否则冷空气突然进入，易引起玻璃炸裂；且热空气外溢，往往会灼伤取物者的皮肤。一般吸管、试管、培养皿、凡士林、液状石蜡等均可用本法灭菌。

2. 火焰灭菌设备 火焰灭菌法是指用火焰直接烧灼的灭菌方法。该方法灭菌迅速、可靠、简便，适合于耐火材料（如金属、玻璃及瓷器等）与用具的灭菌，不适合药品的灭菌。

所用的设备包括火焰专用型和喷雾火焰兼用型两种。

（1）专用型：特点是使用轻便，适用于大型机种无法操作的地方；便于携带，适用于室内外和小、中型面积处，方便快捷；操作容易，打气、按电门，即可发动，按气门钮，即可停止；全部采用不锈钢材料，机件坚固耐用。

（2）兼用型：除上述特点外，还具有以下特点：一是节省药剂，可根据被使用的场所和目的不同，用旋转式药剂开关来调节药量；二是节省人工费，用1台烟雾消毒器能达到10台手压式喷雾器的作业效率；三是消毒彻底，消毒器喷出的直径5~30微米的小粒子形成雾状浸透在每个角落，可达到最大的消毒效果。

（四）湿热灭菌设备

湿热灭菌法是热力消毒和灭菌的一种常用方法。包括煮沸消毒法、流通蒸汽消毒法和高压蒸汽灭菌法，其常用设备如下。

1. 消毒锅 消毒锅用于煮沸消毒，适用于一般器械如刀剪、注射器等金属和玻璃制品及棉织品等的消毒。这种方法简单、实用、杀菌能力比较强、效果可靠，是最古老的消毒方法之一。消毒锅一般使用金属容器，煮沸消毒时要求水沸腾后5~15分钟。一般水温达到100℃，细菌繁殖体、真菌、病毒等可立即死亡。而细菌芽孢需要的时间比较长，要15~30分钟，有的要几小时才能杀灭。

煮沸消毒时，要注意以下几个问题：

（1）煮沸消毒前，应将物品洗净。易损坏的物品用纱布包好再放入水中，以免沸腾时互相碰撞。不透水物品应垂直放置，以利水的对流。水面应高于物品。消毒器应加盖。

（2）消毒时，应自水沸腾后开始计算时间，一般需15~20分钟，各种器械煮沸消毒时间见表1-1。对注射器或手术器械灭菌时，应煮沸30~40分钟。加入2%碳酸钠，可防锈，并可提高沸点（水中加入1%碳酸钠，沸点可达105℃），加速微生物死亡。

表 1-1　各种器械煮沸消毒参考时间

消毒对象	消毒参考时间（分钟）
玻璃类器材	20~30
橡胶类及电木类器材	5~10
金属类及搪瓷类器材	5~15
接触过传染病料的器材	>30

（3）对棉织品煮沸消毒时，一次放置的物品不宜过多。煮沸时应略加搅拌，以利于水的对流。物品加入较多时，煮沸时间应延长到30分钟以上。

（4）消毒时，物品间勿贮留气泡；勿放入能增加黏稠度的物质。消毒过程中，水应保持连续煮沸，中途不得加入新的污染物品，否则消毒时间应从水再次沸腾后重新计算。

（5）消毒时，物品因无外包装，事后取出和放置时谨防再污染。对已灭菌的无包装医疗器材，取用和保存时应严格按无菌操作要求进行。

2. 高压蒸汽灭菌器

（1）高压蒸汽灭菌器的结构。高压蒸汽灭菌器是一个双层的金属圆筒，两层之间盛水，外层坚固厚实，其上方有金属厚盖，盖旁附有螺旋，借以紧闭盖门，使蒸汽不能外溢，因而蒸汽压力升高，随之其温度亦相应地增高。

高压蒸汽灭菌器上装有排气阀门、安全活塞，以调节蒸汽压力。有温度计及压力表，以表示内部的温度和压力。灭菌器内装有带孔的金属搁板，用以放置要灭菌物体。

（2）高压蒸汽灭菌器的使用方法。加水至外筒内，被灭菌物品放入内筒。盖上灭菌器盖，拧紧螺旋使之密闭。灭菌器下用煤气或电炉等加热，同时打开排气阀门，排净其中冷空气，否则压力表上所示压力并非全部是蒸汽压力，灭菌将不完全。

待冷空气全部排出后（即水蒸气从排气阀中连续排出时），关闭排气阀。继续加热，待压力表渐渐升至所需压力时（一般是101.53千帕，即15磅/英寸^2，温度为121.3℃），调节炉火，保持压力和温度（注意压力不要过大，以免发生意外），维持15~30分钟。灭菌时间到达后，停止加热，待压力降至0时，慢慢打开排气阀，排除余气，开盖取物。切不可在压力尚未降为零时突然打开排气阀门，以免灭菌器中液体喷出。

高压蒸汽灭菌法为湿热灭菌法，其优点有三：一是湿热灭菌时菌体蛋白容易变性，二是湿热穿透力强，三是蒸汽变成水时可放出大量热增强杀菌效果。因此，它是效果最好的灭菌方法。凡耐高温和潮湿的物品，如培养基、生理盐水、衣服、纱布、棉花、敷料、玻璃器材、传染性污物等都可应用本法灭菌。

3. 流通蒸汽灭菌器 流通蒸汽消毒设备的种类很多，比较理想的是流通蒸汽灭菌器。

流通蒸汽灭菌器由蒸汽发生器、蒸汽回流、消毒室和支架等构成。蒸汽由底部进入消毒室，经回流罩再返回到蒸汽发生器内，这种蒸汽消耗少，只需维持较小火力即可。

流通蒸汽消毒时，消毒时间应从水沸腾后有蒸汽冒出时算起，消毒时间同煮沸法，消毒物品包装不宜过大、过紧，吸水物品不要浸湿后放入；因在常压下，蒸汽温度只能达到100℃，维持30分钟只能杀死细菌的繁殖体，不能杀死细菌芽孢和霉菌孢子，所以有时必须使用间歇灭菌法，即用蒸汽灭菌器或用蒸笼加热至约100℃维持30分钟，每天进行1次，连续3天。每天消毒完后都必须将被灭菌的物品取出放在室温或37℃温箱中过夜，提供芽孢发芽所需的条件。对不具备芽孢发芽条件的物品不能用此法灭菌。

二、化学消毒常用设备

化学消毒时常用的设备是喷雾器。喷雾器有背负式喷雾器和机动喷雾器。背负式喷雾器又有压杆式喷雾器和充电式喷雾器，使用于小面积环境消毒。机动喷雾器按其所使用的动力来划分，主要有电动（交流电或直流电）和气动两种，每种又有不同的型号，适用于猪舍外环境和空舍消毒，在实际应用时要根据具体情况选择合适的喷雾器。

在使用喷雾器进行消毒时要注意：固体消毒剂有残渣或溶化不全时，容易堵塞喷嘴，因此不能直接在喷雾器的容器内配制消毒剂，而应在其他容器内配制好以后经喷雾器的过滤网装入喷雾器的容器内。压杆式喷雾器容器内药液不能装得太满，否则不易打气。配制消毒剂的水温不宜太高，否则易使喷雾器的塑料桶身变形，而且喷雾时不顺畅。使用完毕，将剩余药液倒出，用清水冲洗干净，倒置，打开一些零部件，等晾干后再装起来。

喷雾时，房舍应密闭，关闭门、窗和通风口，减少空气流动。在喷雾完后 15~20 分钟再开启门窗。如选用直径为 59 微米以下的喷雾器时，喷雾枪口应在猪头上方约 30 厘米处喷射，使猪体周围形成良好的雾化区，并且雾滴粒子不立即沉降而可在空间悬浮适当时间。

三、消毒防护

无论采取哪种消毒方式，都要注意消毒人员的自身防护。消毒防护，首先要严格遵守操作规程和注意事项，其次要注意消毒人员以及消毒区域内其他人员的防护。防护措施要根据消毒方法的原理和操作规程有针对性。例如，进行喷雾消毒和熏蒸消毒就应穿上防护服，戴上眼镜和口罩；进行紫外线直接照射消毒，室内人员都应该离开，避免直接照射，进出养殖场人员通过消毒室进行紫外线照射消毒时，眼睛不能看紫外线灯，避免眼睛受到灼伤。

常用的个人防护用品可以参照国家标准进行选购，防护服应该配帽子、口罩和鞋套。

（一）防护服要求

防护服应做到防酸碱、防水、防寒、挡风、透气等。

1. 防酸碱 在消毒过程中，要求防护服能防酸碱、耐腐蚀。在工作完毕或离开疫区时，能用消毒液高压喷淋、洗涤消毒。

2. 防水 防水好的防护服材料，在每平方米的防水布料薄膜上就有14亿个微细孔，一颗水珠比这些微细孔大2万倍，因此，水珠不能穿过薄膜层而湿润布料，不会被弄湿，可保证操作中的防水效果。

3. 防寒、挡风 防护服材料极小的微细孔应呈不规则排列，可阻挡冷风及寒气的侵入。

4. 透气 材料微孔直径应大于汗液分子700~800倍，汗气可以穿透面料，即使在工作量大、体液蒸发较多时也感到干爽舒适。

（二）防护用品规格

1. 防护服 一次性使用的防护服应符合《医用一次性防护服技术要求》(GB 19082—2003)。外观应干燥、清洁、无尘、无霉斑，表面不允许有斑疤、裂孔等缺陷；针线缝合采用针缝加胶合或作折边缝合，针距要求每3厘米缝合8~10针，针次均匀、平直，不得有跳针。

2. 防护口罩 防护口罩应符合《医用防护口罩技术要求》(GB 19083—2003)。

3. 防护眼镜 防护眼镜应视野宽阔，透亮度好，有较好的防溅性能，佩戴有弹力带。

4. 手套 手套为医用一次性乳胶手套或橡胶手套。

5. 鞋及鞋套　鞋及鞋套为防水、防污染鞋套，如长筒胶鞋。

（三）防护用品的使用

1. 穿戴防护用品顺序

步骤1：戴口罩。平展口罩，双手平拉推向面部，捏紧鼻夹使口罩紧贴面部；左手按住口罩，右手将护绳绕在耳根部；右手按住口罩，左手将护绳绕向耳根部；双手上下拉口边沿，使其盖至眼下和下巴。

戴口罩的注意事项：佩戴前先洗手；摘戴口罩前，要保持双手洁净，尽量不要触碰口罩内侧，以免手上的细菌污染口罩；口罩每隔4小时更换1次；佩戴面纱口罩要及时清洗，并且高温消毒后晾晒，最好在阳光下晒干。

步骤2：戴帽子。戴帽子时注意双手不要接触面部，帽子的下沿应遮住耳的上沿，头发尽量不要露出。

步骤3：穿防护服。

步骤4：戴防护眼镜。注意双手不要接触面部。

步骤5：穿鞋套或胶鞋。

步骤6：戴手套。将手套套在防护服袖口外面。

2. 脱掉防护用品顺序

步骤1：摘下防护镜，放入消毒液中。

步骤2：脱掉防护服，将反面朝外，放入黄色塑料袋中。

步骤3：摘掉手套，一次性手套应将反面朝外，放入黄色塑料袋中，橡胶手套放入消毒液中。

步骤4：将手指反掏进帽子，将帽子轻轻摘掉，反面朝外，放入黄色塑料袋中。

步骤5：脱下鞋套或胶鞋，将鞋套反面朝外，放入黄色塑料袋中，将胶鞋放入消毒液中。

步骤6：摘口罩，一手按住口罩，另一只手将口罩带摘下，放入黄色塑料袋中，注意双手不要接触面部。

（四）防护用品使用后的处理

消毒结束后，执行消毒的人员需要进行自洁处理，必要时更换防护服对其做消毒处理。有些废弃的污染物包括使用后的一次性隔离衣裤、口罩、帽子、手套、鞋套等不能随便丢弃，应有一定的消毒处理方法，这些方法应该安全、简单、经济。

基本要求：污染物应装入盒或袋内，以防止操作人员接触；防止污染物接近人、鼠或昆虫；不应污染表层土壤、表层水及地下水；不应造成空气污染。污染废弃物应当严格清理检查，清点数量，根据材料性质进行分类，分成可焚烧处理和不可焚烧处理两大类。干性可燃污染废物进行焚烧处理；不可燃废物浸泡消毒。

（五）培养良好的防护意识和防护习惯

作为消毒人员，不仅应该熟悉各种消毒方法、消毒程序、消毒器械和常用消毒剂的使用，还应该熟悉微生物和传染病检疫防疫知识，能够对疫源地的污染菌做出判断。

由于动物防疫检疫人员或消毒人员长期暴露于病原体污染的环境下，因此，从事消毒工作的人员应该具备良好的防护意识，养成良好的防护习惯，加强消毒人员自身防护，防止和控制人畜共患病的发生。例如，在干热灭菌时防止燃烧；压力蒸汽灭菌时防止爆炸事故及操作人员的烫伤事故；使用气体化学消毒时，防止有毒消毒气体的泄露，经常检测消毒环境中气体的浓度，对环氧乙烷气体还应防止燃烧、爆炸事故；接触化学消毒灭菌时，防止过敏和对皮肤黏膜的伤害等。

第三节　常用的消毒剂

利用化学药品杀灭传播媒介上的病原微生物以达到预防感

染、控制传染病的传播和流行的方法称为化学消毒法。化学消毒法具有适用范围广，消毒效果好，无须特殊仪器和设备，操作简便易行等特点，是目前兽医消毒工作中最常用的方法。

一、化学消毒剂的分类

用于杀灭传播媒介上病原微生物的化学药物称为消毒剂。化学消毒剂的种类很多，分类方法也有多种。

（一）按杀菌能力分类

消毒剂按照其杀菌能力可分为高效消毒剂、中效消毒剂、低效消毒剂等三类。

1. 高效消毒剂　可杀灭各种细菌繁殖体、病毒、真菌及其孢子等，对细菌芽孢也有一定杀灭作用，达到高水平消毒要求，包括含氯消毒剂、臭氧、甲基乙内酰脲类化合物、双链季铵盐等。其中可使物品达到灭菌要求的高效消毒剂又称为灭菌剂，包括甲醛、戊二醛、环氧乙烷、过氧乙酸、过氧化氢、二氧化氯等。

2. 中效消毒剂　能杀灭细菌繁殖体、分枝杆菌、真菌、病毒等微生物，达到消毒要求，包括含碘消毒剂、醇类消毒剂、酚类消毒剂等。

3. 低效消毒剂　仅可杀灭部分细菌繁殖体、真菌和有囊膜病毒，不能杀死结核杆菌、细菌芽孢和较强的真菌和病毒，达到消毒剂要求，包括苯扎溴铵等季铵盐类消毒剂、氯己定（洗必泰）等双胍类消毒剂，汞、银、铜等金属离子类消毒剂及中草药消毒剂。

（二）按化学成分分类

常用的化学消毒剂按其化学性质不同可分为以下几类。

1. 卤素类消毒剂　这类消毒剂有含氯消毒剂类、含碘消毒剂类及卤化海因类消毒剂等。

（1）含氯消毒剂：可分为有机氯消毒剂和无机氯消毒剂两类。目前常用的有二氯异氰尿酸钠及其复方消毒剂、氯化磷酸三钠、液氯、次氯酸钠、三氯异氰尿酸、氯尿酸钾、二氯异氰尿酸等。

（2）含碘消毒剂：可分为无机碘消毒剂和有机碘消毒剂，如碘伏、碘酊、碘甘油、PVP 碘、洗必泰碘等。碘伏对各种细菌繁殖体、真菌、病毒均有杀灭作用，受有机物影响大。

（3）卤化海因类消毒剂：为高效消毒剂，对细菌繁殖体及芽孢、病毒真菌均有杀灭作用。目前国内外使用的这类消毒剂有三种：二氯海因（二氯二甲基乙内酰脲，DCDMH）、二溴海因（二溴二甲基乙内酰脲，DBDMH）、溴氯海因（溴氯二甲基乙内酰脲，BCDMH）。

2. 氧化剂类消毒剂　常用的有过氧乙酸、过氧化氢、臭氧、二氧化氯、酸性氧化电位水等。

3. 烷基化气体类消毒剂　这类化合物中主要有环氧乙烷、环氧丙烷和乙型丙内酯等，其中以环氧乙烷应用最为广泛，杀菌作用强大，灭菌效果可靠。

4. 醛类消毒剂　常用的有甲醛、戊二醛等。戊二醛是第三代化学消毒剂的代表，被称为冷灭菌剂，灭菌效果可靠，对物品腐蚀性小。

5. 酚类消毒剂　这是一类古老的中效消毒剂，常用的有石炭酸、来苏儿、复合酚类（农福）等。由于酚类消毒剂对环境有污染，目前有些国家限制使用酚类消毒剂。这类消毒剂在我国的应用也趋向逐步减少，有被其他消毒剂取代的趋势。

6. 醇类消毒剂　主要用于皮肤术部消毒，如乙醇、异丙醇等消毒剂。这类消毒剂可以杀灭细菌繁殖体，但不能杀灭芽孢，属中效消毒剂。近来的研究发现，醇类消毒剂与戊二醛、碘伏等配伍，可以增强消毒效果。

7. 季铵盐类消毒剂　单链季铵盐类消毒剂是低效消毒剂，一般用于皮肤黏膜的消毒和环境表面消毒，如新洁尔灭、度米芬等。双链季铵盐阳离子表面活性剂，不仅可以杀灭多种细菌繁殖体而且对芽孢有一定杀灭作用，属于高效消毒剂。

8. 二胍类消毒剂　这是一类低效消毒剂，不能杀灭细菌芽孢，但对细菌繁殖体的杀灭作用强大，一般用于皮肤黏膜的防腐，也可用于环境表面的消毒，如氯已定等。

9. 酸碱类消毒剂　常用的酸类消毒剂有乳酸、醋酸、硼酸、水杨酸等；常用的碱类消毒剂有氢氧化钠（苛性钠）、氢氧化钾（苛性钾）、碳酸钠（石碱）、氧化钙（生石灰）等。

10. 重金属盐类消毒剂　主要用于皮肤黏膜的消毒防腐，有抑菌作用，但杀菌作用不强。常用的有红汞、硫柳汞、硝酸银等。

（三）按性状分类

消毒剂按性状可分为固体消毒剂、液体消毒剂和气体消毒剂三类。

二、化学消毒剂的选择与使用

（一）选择适宜的消毒剂

化学消毒是生产中最常用的方法。但市场上的消毒剂种类繁多，其性质与作用不尽相同，消毒效力千差万别。所以，消毒剂的选择至关重要，关系到消毒效果和消毒成本，必须选择适宜的消毒剂。

1. 优质消毒剂的标准　优质的消毒剂应具备如下条件：

（1）杀菌谱广，有效浓度低，作用速度快。

（2）化学性质稳定，且易溶于水，能在低温下使用。

（3）不易受有机物、酸、碱及其他理化因素的影响。

（4）毒性低，刺激性小，对人畜危害小，不残留在畜禽产品中，腐蚀性小，使用无危险。

（5）无色、无味、无臭，消毒后易于去除残留药物。

（6）价格低廉，使用方便。

2. 适宜消毒剂的选择

（1）考虑消毒病原微生物的种类和特点。不同种类的病原微生物，如细菌、细菌芽孢、病毒及真菌等，它们对消毒剂的敏感性有较大差异，即其对消毒剂的抵抗力有强有弱。消毒剂对病原微生物也有一定选择性，其杀菌、杀病毒力也有强有弱。针对病原微生物的种类与特点，选择合适的消毒剂，这是消毒工作成败的关键。例如，要杀灭细菌芽孢，就必须选用高效的消毒剂，才能取得可靠的消毒效果；季铵盐类是阳离子表面活性剂，因其杀菌作用的阳离子具有亲脂性，而革兰氏阳性菌的细胞壁含类脂多于革兰氏阴性菌，故革兰氏阳性菌更易被季铵盐类消毒剂灭活；如为杀灭病毒，应选择对病毒消毒效果好的碱类消毒剂、季铵盐类消毒剂及过氧乙酸等；同一种类病原微生物所处的不同状态，对消毒剂的敏感性也不同。同一种类细菌的繁殖体比其芽孢对消毒剂的抵抗力弱得多，生长期的细菌比静止期的细菌对消毒剂的抵抗力也低。

（2）考虑消毒对象。不同的消毒对象，对消毒剂有不同的要求。选择消毒剂时既要考虑对病原微生物的杀灭作用，又要考虑消毒剂对消毒对象的影响。不同的消毒对象选用不同的消毒药物。

（3）考虑消毒的时机。平时消毒，最好选用对广范围的细菌、病毒、霉菌等均有杀灭效果，而且是低毒、无刺激性和腐蚀性，对畜禽无危害，产品中无残留的常用消毒剂。在发生特殊传染病时，可选用任何一种高效的非常用消毒剂，因为是在短期间内应急防疫的情况下使用，所以无需考虑其对消毒物品有何影响，而是把防疫灭病的需要放在第一位。

（4）考虑消毒剂的生产厂家。目前生产消毒剂的厂家和产品种类较多，产品的质量参差不齐，效果不一。所以选择消毒剂时应注意消毒剂的生产厂家，选择生产规范、信誉度高的厂家的产品。同时要防止购买假冒伪劣产品。

（二）化学消毒剂的使用

1. 化学消毒剂的使用方法　化学消毒剂的使用方法很多，常用的方法有以下几种。

（1）浸泡法。指选用杀菌谱广、腐蚀性弱、水溶性消毒剂，将物品浸没于消毒剂内，在标准的浓度和时间内，达到消毒灭菌目的。浸泡消毒时，消毒液在连续使用过程中，消毒有效成分不断消耗，因此需要注意有效成分浓度变化，应及时添加或更换消毒液。当使用低效消毒剂浸泡时，需注意消毒液被污染的问题，从而避免疫源性的感染。

（2）擦拭法。指选用易溶于水、穿透性强的消毒剂，擦拭物品表面或动物体表皮肤、黏膜、伤口等处。在标准的浓度和时间里达到消毒灭菌目的。

（3）喷洒法。指将消毒液均匀喷洒在被消毒物体上。如用5%来苏儿溶液喷洒消毒畜禽舍地面等。

（4）喷雾法。指将消毒液通过喷雾形式对物体表面、畜禽舍或动物体表进行消毒。

（5）发泡（泡沫）法。此法是自体表喷雾消毒后开发的又一新的消毒方法。所谓发泡消毒，是把高浓度的消毒液用专用的发泡机制成泡沫散布在畜禽舍内面及设施表面。主要用于水资源贫乏的地区或为了避免消毒后的污水进入污水处理系统破坏活性污泥的活性以及自动环境控制的畜禽舍，一般用水量仅为常规消毒法的1/10。采用发泡消毒法，对一些形状复杂的器具、设备进行消毒时，由于泡沫能较好地附着在消毒对象的表面，故能得到较为一致的消毒效果，且由于泡沫能较长时间附着在消毒对象

表面，延长了消毒剂的作用时间。

（6）洗刷法。指用毛刷等蘸取消毒剂溶液在消毒对象表面洗刷。如外科手术前术者的手用洗手刷在0.1%新洁尔灭溶液中洗刷消毒。

（7）冲洗法。指将配制好的消毒液冲入直肠、瘘管、阴道等部位或冲湿物体表面进行消毒。这种方法消耗大量的消毒液，一般较少使用。

（8）熏蒸法。指通过加热或加入氧化剂，使消毒剂呈气体或烟雾，在标准的浓度和时间里达到消毒灭菌目的。适用于畜禽舍内物品及空气消毒精密贵重仪器和不能蒸、煮、浸泡消毒的物品的消毒。环氧乙烷、甲醛、过氧乙酸以及含氯消毒剂均可通过此种方式进行消毒，熏蒸消毒时环境湿度是影响消毒效果的重要因素。

（9）撒布法。指将粉剂型消毒剂均匀地撒布在消毒对象表面。如含氯消毒剂可直接用药物粉剂进行消毒处理，通常用于地面消毒。消毒时，需要较高的湿度使药物潮解才能发挥作用。

化学消毒剂的使用方法应依据化学消毒剂的特点、消毒对象的性质及消毒现场的特点等因素合理选择。多数消毒剂既可以浸泡、擦拭消毒，也可以喷雾处理，根据需要选用合适的消毒方法。如只在液体状态下才能发挥出较好消毒效果的消毒剂，一般采用液体喷洒、喷雾、浸泡、擦拭、洗刷、冲洗等方式。对空气或空间进行消毒时，可使用部分消毒剂进行熏蒸。同样消毒方法对不同性质的消毒对象，效果往往也不同。如光滑的表面，喷洒药液不易停留，应以冲洗、擦拭、洗刷、冲洗为宜。较粗糙表面易使药液停留，可用喷洒、喷雾消毒。消毒还应考虑现场条件。在密闭性好的室内消毒时，可用熏蒸消毒，密闭性差的则应用消毒液喷洒、喷雾、擦拭、洗刷的方法。

2. 化学消毒法的选择

（1）根据病原微生物选择。由于各种微生物对消毒因子的

抵抗力不同，所以要有针对性地选择消毒方法。一般认为，微生物对消毒因子的抵抗力从低到高的顺序为：亲脂病毒（乙肝病毒、流感病毒）、细菌繁殖体、真菌、亲水病毒（甲型肝炎病毒、脊髓灰质炎病毒）、分枝杆菌、细菌芽孢、朊病毒。对于一般细菌繁殖体、亲脂性病毒、螺旋体、支原体、衣原体和立克次体等，可用煮沸消毒或低效消毒剂等常规消毒方法，如用新洁尔灭、洗必泰等；对于结核杆菌、真菌等耐受力较强的微生物，可选择中效消毒剂与热力消毒方法；对于污染抗力很强的细菌芽孢需采用热力、辐射及高效消毒剂的方法，如过氧化物类、醛类与环氧乙烷等。另外真菌孢子对紫外线抵抗力强，季铵盐类对肠道病毒无效。

（2）根据消毒对象选择。同样的消毒方法对不同性质的物品消毒效果往往不同。例如，物体表面可擦拭、喷雾，而触及不到的表面可用熏蒸，小物体还可以浸泡。在消毒时，还要注意保护被消毒物品，使其不受损害。如皮毛制品不耐高温，对于食、餐具、茶具和饮水等不能使用有毒或有异味的消毒剂消毒等。

（3）根据消毒现场选择。进行消毒的环境往往是复杂的，对消毒方法的选择及效果的影响也是多样的。如进行居室消毒，房屋密闭性好的，可以选用熏蒸消毒；密闭性差的最好用液体消毒剂处理。对物品表面消毒时，耐腐蚀的物品用喷洒的方法好，怕腐蚀的物品要用无腐蚀或低腐蚀的化学消毒剂擦拭的方法消毒。对垂直墙面的消毒，光滑表面药物不易停留，使用冲洗或药物擦拭方法效果较好；粗糙表面较易濡湿，以喷雾处理较好。进行室内空气消毒时，通风条件好的可以利用自然换气法；若通风不好，污染空气长期滞留在建筑物内的，可以使用药物熏蒸或气溶胶喷洒等方法处理。又如对空气的紫外线消毒，当室内有人时只能用反向照射法（向上方照射），以免对人和猪造成伤害。

用普通喷雾器喷雾时，地面喷雾量为200~300毫升/米^2，其

他消毒剂溶液喷洒至表面湿润，要湿而不流，一般用量50~200毫升/米^2。应按照先上后下、先左后右的方法，依次进行消毒。超低容量喷雾只适用于室内使用，喷雾时，应关好门窗，消毒剂溶液要均匀覆盖在物品表面上。喷雾结束60分钟后，打开门窗，散去空气中残留的消毒剂。

喷洒有刺激性或腐蚀性消毒剂时，消毒人员应戴防护口罩和眼镜。所用清洁消毒工具（抹布、拖把、容器）每次用后清水冲洗，悬挂晾干备用，有污染时用250~500毫克/升有效氯消毒液浸泡30分钟，用清水清洗干净，晾干备用。

（4）根据安全性选择。选用消毒方法应考虑安全性，例如，在人群集中的地方，不宜使用具有毒性和刺激性的气体消毒剂，在距火源（50米以内）的场所，不能使用大量环氧乙烷气体消毒。

（5）根据卫生防疫要求选择。在发生传染病的重点地区，要根据卫生防疫要求，选择合适的消毒方法，加大消毒剂量和消毒频次，以提高消毒质量和效率。

（6）根据消毒剂的特性选择。应用化学消毒剂，应严格注意药物性质、配置浓度，消毒剂量和配置比例应准确，应随配随用，防止过期。应按规定保证足够的消毒时间，注意温度、湿度、pH值，特别是有机物以及被消毒物品性质和种类对消毒的影响。

3. 化学消毒剂使用注意事项　化学消毒剂使用前应认真阅读说明书，搞清消毒剂的有效成分及含量，看清标签上的标示浓度及稀释倍数。消毒剂均以含有效成分的量表示，如含氯消毒剂以有效氯含量表示，60%二氯异氰尿酸钠为原粉中含60%有效氯，20%过氧乙酸指原液中含20%的过氧乙酸，5%新洁尔灭指原液中含5%的新洁尔灭。对这类消毒剂稀释时不能将其当成100%计算使用浓度，而应按其实际含量计算。使用量以稀释倍

数表示时，表示1份的消毒剂以若干份水稀释而成，如配制稀释倍数为1 000倍时，即在每升水中加1毫升消毒剂。

使用量以“%”表示时，消毒剂浓度稀释配制计算公式为：$C_1V_1=C_2V_2$（C_1为稀释前溶液浓度，C_2为稀释后溶液浓度，V_1为稀释前溶液体积，V_2为稀释后溶液体积）。

应根据消毒对象的不同，选择合适的消毒剂和消毒方法，联合或交替使用，以使各种消毒剂的作用优势互补，做到全面彻底地消灭病原微生物。

不同消毒剂的毒性、腐蚀性及刺激性均不同，如含氯消毒剂、过氧乙酸、二氧化氯等对金属制品有较大的腐蚀性，对织物有漂白作用，慎用于这种材质物品，如果使用，应在消毒后用水漂洗或用清水擦拭，以减轻对物品的损坏。预防性消毒时，应使用推荐剂量的低限。盲目、过度使用消毒剂，不仅造成物品浪费损坏，也会大量地杀死许多有益微生物，而且残留在环境中的化学物质越来越多，成为新的污染源，对环境造成严重后果。

大多数消毒剂有效期为1年，少数消毒剂不稳定，有效期仅为数月，如有些含氯消毒剂溶液。有些消毒剂原液比较稳定，但稀释成使用液后不稳定，如过氧乙酸、过氧化氢、二氧化氯等消毒液，稀释后不能放置时间过长。有些消毒液只能现生产现用，不能储存，如臭氧水、酸性氧化电位水等。

配制和使用消毒剂时应注意个人防护，注意安全，必要时应戴防护眼镜、口罩和手套等。消毒剂仅用于物体及外环境的消毒处理，切忌内服。

多数消毒剂在常温下于阴凉处避光保存。部分消毒剂易燃易爆，保存时应远离火源，如环氧乙烷和醇类消毒剂等。千万不要用盛放食品、饮料的空瓶灌装消毒液，如使用必须撤去原来的标签，贴上一张醒目的消毒剂标签。消毒液应放在儿童拿不到的地方，不要将消毒液放在厨房或与食物混放。万一误用了消毒剂，应立即采取紧急救治措施。

4. 化学消毒剂误用或中毒后的紧急处理 大量吸入化学消毒剂时，要迅速从有害环境撤到空气清新处，更换被污染的衣物，对手和其他暴露皮肤进行清洗，如大量接触或有明显不适的要尽快就近就诊；皮肤接触高浓度消毒剂后要及时用大量流动清水冲洗，用淡肥皂水清洗，如皮肤仍有持续疼痛或刺激症状，要在冲洗后就近就诊；化学消毒剂溅入眼睛后应立即用流动清水持续冲洗不少于 15 分钟，如仍有严重的眼部疼痛、畏光、流泪等症状，要尽快就近就诊；误服化学消毒剂中毒时，成年人要立即口服牛奶 200 毫升，也可服用生鸡蛋清 3~5 个。一般还要催吐、洗胃。含碘消毒剂中毒可立即服用大量米汤、淀粉浆等，出现严重胃肠道症状者，应立即就近就诊。

三、常用化学消毒剂

20 世纪 50 年代以来，世界上出现了许多新型化学消毒剂，逐渐取代了一些古老的消毒剂。碘释放剂、氯释放剂、长链季铵、双长链季铵、戊二醛、二氧化氯等都是 50~70 年代逐渐发展起来的。进入 90 年代后，消毒剂在类型上没有重大突破，但组配复方制剂增多。国际市场上消毒剂商品名目繁多。美国人医与兽医用的消毒剂品名 1 400 多种，但其中 92%是由 14 种成分配制而成。我国消毒剂市场的发展也很快，消毒剂的商品名已达 50~60 种，但按成分分类只有 7~8 种。

（一）醛类消毒剂

醛类消毒剂是使用最早的一类化学消毒剂，这类消毒剂抗菌谱广、杀菌作用强，具有杀灭细菌、芽孢、真菌和病毒的作用；性能稳定、容易保存和运输、腐蚀性小，而且价格便宜。广泛应用于畜禽舍的环境、用具、设备的消毒，尤其对疫源地芽孢消毒。近年来，利用醛类与其他消毒剂的协同作用以减低或消除其

刺激性，提高其消毒效果和稳定性，研制出了以醛类为主要成分的复方消毒剂。如由广东农业科学院兽医研究所研制的长效清（主要成分为甲醛和三羟甲基硝基甲烷）便是一种复方甲醛制剂，对各类病原体有快速杀灭作用，在消毒池内可持续效力达7天以上。

1. 甲醛　甲醛又称蚁醛，有刺激性，特臭，久置发生混浊。易溶于水和醇，水中有较好的稳定性。37%～40%的甲醛溶液又称为福尔马林。制剂主要有福尔马林和多聚甲醛（91%～94%甲醛）。适用于环境、笼舍、用具、器械、污染物品等的消毒；常用的方法为喷洒、浸泡、熏蒸。一般以2%的福尔马林消毒器械，浸泡1～2小时。5%～10%福尔马林溶液喷洒畜禽舍环境或每立方米空间用福尔马林25毫升，水12.5毫升，加热（或加等量高锰酸钾）熏蒸12～24小时后开窗通风。本品对眼睛和呼吸道有刺激作用，消毒时穿戴防护用具（口罩、手套、防护服等），熏蒸时人员、动物不可停留于消毒空间。

2. 戊二醛　戊二醛为无色挥发性液体，其主要产品有碱性戊二醛、酸性戊二醛和强化中性戊二醛。杀菌性能优于甲醛2～3倍，可高效、广谱、快速杀灭细菌繁殖体、细菌芽孢、真菌、病毒等微生物。适用于器械、污染物品、环境、粪便、圈舍、用具等的消毒。可采取浸泡、冲洗、清洗、喷洒等方法。2%的碱性水溶液用于消毒诊疗器械，熏蒸用于消毒物体表面。2%的碱性水溶液杀灭细菌繁殖体及真菌需10～20分钟，杀灭芽孢需4～12小时，杀灭病毒需10分钟。使用戊二醛消毒灭菌后的物品应用清水及时去除残留物质；保证足够的浓度（不低于2%）和作用时间；灭菌处理前后的物品应保持干燥；本品对皮肤、黏膜有刺激作用，亦有致敏作用，应注意对操作人员的保护；注意防腐蚀；可以带动物使用，但空气中最高允许浓度为0.05毫克/千克；戊二醛在pH值小于5时最稳定，在pH值为7～8.5时杀菌

作用最强，可杀灭金黄色葡萄球菌、大肠杆菌、肺炎双球菌和真菌，作用时间只需1~2分钟。兽医诊疗中不能加热消毒的诊疗器械均可采用戊二醛消毒（浓度为0.125%~2.0%）。本品对环境易造成污染，英国现已停止使用。

（二）卤素及含卤化合物类消毒剂

卤素及含卤化合物类消毒剂主要包括含氯消毒剂（包括次氯酸盐，各种有机氯消毒剂）、含碘消毒剂（包括碘酊、碘仿及各种不同载体的碘伏）和海因类卤化衍生物消毒剂。

1. 含氯消毒剂　含氯消毒剂是指在水中能产生具有杀菌作用的活性次氯酸的一类消毒剂，包括传统使用的无机含氯消毒剂，如次氯酸钠（10%~12%）、漂白粉（25%）、粉精（次氯酸钙为主，80%~85%）、氯化磷酸三钠（3%~5%）等和有机含氯消毒剂，如二氯异氰尿酸钠（60%~64%）、三氯异氰尿酸（87%~90%）、氯铵T（24%）等，品种达数十种。

由于无机氯制剂的性质不稳定、难储存、强腐蚀等缺点，近年来国内外研究开发出性质稳定、易储存、低毒、含有效氯达60%~90%的有机氯，如二氯异氰尿酸钠、三氯异氰尿酸、三氯异氰尿酸钠、氯异氰尿酸钠，它们是世界卫生组织公认的消毒剂。随着畜牧养殖业的飞速发展，以二氯异氰尿酸钠为原料制成的多种类型的消毒剂已得到了广泛地开发和利用。国内同类产品有优氯净（河北）、百毒克（天津）、威岛牌消毒剂（山东）、菌毒净（山东）、得克斯消毒片（山东）、氯杀宁（山西）、消毒王（江苏）、宝力消毒剂（上海）、万毒灵、强力消毒灵等，有效氯含量有40%、20%及10%等多种规格的粉剂。

含氯消毒剂的优点是广谱、高效、价格低廉、使用方便，对细菌、芽孢和多种病毒均有较好的灭菌能力，其杀菌效果取决于有效氯的含量，含量越高，杀菌力越强。含氯消毒剂在低浓度时即可有效地杀灭牛结核分枝杆菌、肠杆菌、肠球菌、金黄色葡萄

球菌。含氯复合制剂可以对多种病毒，如口蹄疫病毒、猪传染性水疱病病毒、猪轮状病毒、猪传染性胃肠炎病毒等具有较强的杀灭作用。其缺点是在养殖场应用时受有机质、还原物质和 pH 值的影响大。在 pH 值为 4 时，杀菌作用最强；pH 值 8.0 以上，可失去杀菌活性。受日光照射易分解，温度每升高 10℃，杀菌时间可缩短 50%~60%。含氯消毒剂的广泛使用也带来了环境保护问题，有研究表明有机氯有致癌作用。

（1）漂白粉，又称含氯石灰、氯化石灰。白色颗粒状粉末，主要成分是次氯酸钙，含有效氯 25%~32%，在一般保存过程中，有效氯每月可减少 1%~3%。杀菌谱广，作用强，对细菌、芽孢、病毒等均有效，但不持久。漂白粉干粉可用于地面和人、畜排泄物的消毒，其水溶液用于厩舍、畜栏、饲槽、车辆、饮水、污水等消毒。饮水消毒用 0.03%~0.15%，喷洒、喷雾用 5%~10%乳液，也可以用干粉撒布。用漂白粉配制水溶液时应先加少量水，调成糊状，然后边加水边搅拌配成所需浓度的乳液使用，或静置沉淀，取澄清液使用。漂白粉应保存在密闭容器内，放在阴凉、干燥、通风处。漂白粉对织物有漂白作用，对金属制品有腐蚀性，对组织有刺激性，操作时应做好防护。

漂粉精为白色粉末，比漂白粉易溶于水且稳定，成分为次氯酸钙，含杂质少，含有效氯 80%~85%。使用方法、范围与漂白粉相同。

（2）次氯酸钠，无色至浅黄绿色液体，存在铁时呈红色，含有效氯 10%~12%。为高效、快速、广谱消毒剂，可有效杀灭各种微生物，包括细菌、芽孢、病毒、真菌等。饮水的消毒，每立方米水加药 30~50 毫克，作用 30 分钟；环境消毒，每立方米水加药 20~50 克搅匀后喷洒、喷雾或冲洗；食槽、用具等的消毒，每立方米加药 10~15 克搅匀后刷洗并作用 30 分钟。本品对皮肤、黏膜有较强的刺激作用。水溶液不稳定，遇光和热都会加速分解，闭光密封保存有利于其稳定性。

（3）氯胺T，又称氯亚明，化学名为对甲基苯磺酰氯胺钠。荷兰英特威公司在我国注册的这种消毒剂，商品名为海氯（halamid）。消毒作用温和持久，对组织刺激性和受有机物影响小。0.5%~1%溶液，用于食槽、器皿消毒；3%溶液，用于排泄物与分泌物消毒；0.1%~0.2%溶液用于黏膜、阴道、子宫冲洗；1%~2%溶液用于创伤消毒；饮水消毒，每立方米用2~4毫克。与等量铵盐合用，可显著增强消毒作用。

（4）二氯异氰尿酸钠，又称优氯净，商品名为抗毒威。白色晶体，性质稳定，含有效氯60%~64%，本品广谱、高效、低毒、无污染、储存稳定、易于运输、水溶性好、使用方便、使用范围广，为氯化异氰尿酸类产品的主导品种。20世纪90年代以来，二氯异氰尿酸钠在剂型和用途方面已出现了多样化，由单一的水溶性粉剂发展为烟熏剂、溶液剂、烟水两用剂（如得克斯消毒散）。烟碱、强力烟熏王等就是综合了国内现有烟雾消毒剂的特点，发展其烟雾量大，扩散渗透力强的优势，从而达到杀菌快速、全面的效果。二氯异氰尿酸钠能有效快速地杀灭各种细菌、真菌、芽孢、霉菌、霍乱弧菌，用于养殖业各种用具的消毒，乳制品业的用具消毒及乳牛的乳头浸泡，防止链球菌或葡萄球菌感染的乳腺炎；兽医诊疗场所、用具、垃圾和空间消毒，化验器皿、器具的无菌处理和物体表面消毒。饮水消毒，每立方米水用药10毫克；环境消毒，每立方米加药1~2克搅匀后，喷洒或喷雾地面、厩舍；粪便、排泄物、污物等消毒，每立方米水加药5~10克搅匀后浸泡30~60分钟；食槽、用具等消毒，每立方米水加药2~3克搅匀后刷洗作用30分钟；非腐蚀性兽医用品消毒，每立方米加药2~4克搅匀后浸泡15~30分钟。可带畜、禽喷雾消毒；本品水溶液不稳定，有较强的刺激性，对金属有腐蚀性，对纺织品有损坏作用。

(5) 三氯异氰尿酸，白色结晶粉末，微溶于水，易溶于丙酮和碱溶液，是一种高效的消毒杀菌漂白剂，含有效氯 89.7%。具有强烈的消毒杀菌与漂白作用，其效率高于一般的氯化剂，特别适合于水的消毒杀菌。水中溶解后，水解为次氯酸和氰尿酸，无二次污染，是一种高效、安全的杀菌消毒剂和漂白剂。用于饮用水的消毒杀菌处理及畜牧、水产、传染病疫源地的消毒杀菌。

2. 含碘消毒剂　含碘消毒剂包括碘及以碘为主要杀菌成分制成的各种制剂。常用的有碘、碘酊、碘甘油、碘伏等。常用于皮肤、黏膜消毒和手术器械的灭菌。

(1) 碘酒，又称碘酊，是一种温和的碘消毒剂溶液，兽医上一般配成 5%（*W/V*)。常用于免疫、注射部位、外科手术部位皮肤以及各种创伤或感染的皮肤或黏膜消毒。

碘甘油含有效碘 1%，常用于鼻腔黏膜、口腔黏膜及幼畜的皮肤和母畜的乳房皮肤消毒和清洗脓腔。

(2) 碘伏，由于碘水溶性差，易升华、分解，对皮肤黏膜有刺激性和较强的腐蚀性等缺点，限制了其在畜牧兽医上的广泛应用。因此，20 世纪 70~80 年代国外发明了一种碘释放剂，我国称碘伏，即将碘伏载在表面活性剂（非离子、阳离子及阴离子)、聚合物如聚乙烯吡咯烷酮（PVP)、天然物（淀物、糊精、纤维素）等载体上，其中以非离子表面活性剂最好。目前，国内已有多个厂家生产同类产品，如爱迪伏、碘福（天津)、爱好生(湖南)、威力碘、碘伏（北京)、爱得福、消毒劲、碘仿以及美国打入大陆市场的百毒消等。百毒消具有获世界专利的独特配方，有零缺点消毒剂的美称，多年来一直是全球畜牧行业首选的消毒剂。碘伏高效、快速、低毒、广谱，兼有清洁剂之作用。对各种细菌繁殖体、芽孢、病毒、真菌、结核分枝杆菌、螺旋体、衣原体及滴虫等有较强的杀灭作用。在兽医临床常用于：饮水消毒，每立方米水加 5%碘伏 0.2 克即可饮用；黏膜消毒，用 0.2%

碘伏溶液直接冲洗阴道、子宫、乳室等；清创处理，用浓度0.3%~0.5%碘伏溶液直接冲洗创口，清洗伤口分泌物、腐败组织。也可以用于临产前母畜乳头、会阴部位的清洗消毒。碘伏要求在pH值2~5范围内使用，如pH值为2以下则对金属有腐蚀作用。其灭菌浓度10毫升/升（1分钟），常规消毒浓度15~75毫克/升。碘伏易受碱性物质及还原性物质影响，日光也能加速碘的分解，因此环境消毒受到限制。

3. 海因类卤化衍生物消毒剂 近年来，在寻找新型消毒剂时发现，二甲基海因（5，5-二甲基乙内酰脲，DMH）的卤化衍生物均有很好的杀菌作用，对病毒、藻类和真菌也有杀灭作用。常用的有二氯海因、二溴海因、溴氯海因等，其中以二溴海因为最好。本类消毒剂应储存在阴凉、干燥的环境中，严禁与有毒、有害物品混放，以免污染。

（1）二溴海因（DBDMH），为白色或淡黄色结晶性粉末，微溶于水，溶于氯仿、乙醇等有机溶剂，在强酸或强碱中易分解，干燥时稳定，有轻微的刺激气味。本品是一种高效、安全、广谱杀菌消毒剂，具有强烈杀灭细菌、病毒和芽孢的效果，且具有杀灭水体不良藻类的功效。可广泛用于畜禽饲养场所及用具、水产养殖业、饮水、水体消毒。一般消毒，250~500毫克/升，作用10~30分钟；特殊污染消毒，500~1 000毫克/升，作用20~30分钟；诊疗器械用1 000毫克/升，作用1小时；饮水消毒，根据水质情况，加溴量2~10毫克/升；用具消毒，用1 000毫克/升，喷雾或超声雾化10分钟，作用15分钟。

（2）二氯海因（DCDMH），为白色结晶粉末，微溶于水，溶于多种有机溶剂与油类，在水中加热易分解，工业品有效氯含量70%以上，氯气味比三氯异氰尿酸或二氯异氰尿酸钠小得多，其消毒最佳pH值为5~7，消毒后残留物可在短时间内生物降解，对环境无任何污染。主要作为杀菌、灭藻剂，可有效杀灭各

种细菌、真菌、病毒、藻类等，可广泛用于水产养殖、水体、器具、环境、工作服及动物体表的消毒杀菌。

（3）溴氯海因（BCDMH），为淡琥珀色结晶性粉末，可进一步加工成片剂，气味小，微溶于水，稍溶于某些有机溶剂，干燥时稳定，吸潮时易分解。本产品主要用作水处理剂、消毒杀菌剂等，具有高效、广谱、安全、稳定的特点，能强烈杀灭真菌、细菌、病毒和藻类。在水产养殖中也有广泛的运用。使用本品后，能改善水质，使水中氨、氮下降，溶解氧上升，维护浮游生物优良种群，且残留物短期内可生物降解完全，无任何环境污染。使用本品时不受水体 pH 值和水质肥瘦影响，且具有缓释性，有效作用时间持续长。

（三）氧化剂类消毒剂

此类消毒剂具有强氧化能力，各种微生物对其十分敏感，可将所有微生物杀灭，是一类广谱、高效的消毒剂，特别适合饮水消毒。主要有过氧乙酸、过氧化氢、臭氧、二氧化氯、高锰酸钾等。它们的优点是消毒后在物品上不留残余毒性，由于化学性质不稳定须现用现配，且因其氧化能力强，高浓度时可刺激、损害皮肤黏膜，腐蚀物品。

1. 过氧乙酸　过氧乙酸是一种无色或淡黄色的透明液体，易挥发、分解，有很强的刺激性醋酸味，易溶于水和有机溶剂。市售有一元包装和二元包装两种规格，一元包装可直接使用；二元包装，它是指由 A、B 两个组分分别包装的过氧乙酸消毒剂，A 液为处理过的冰醋酸，B 液为一定浓度的过氧化氢溶液。临用前一天，将 A 和 B 按 A∶B = 10∶8（*W/W*）或 12∶10（*V/V*）混合后摇匀，第二天过氧乙酸的含量高达 18%～20%。若温度在 30℃左右混合后 6 小时浓度可增大 20%，使用时按要求稀释用于浸泡、喷雾、熏蒸消毒。配制液应在常温下 2 天内用完，4℃下使用不得超过 10 天。

过氧乙酸常用于被污染物品或皮肤消毒，用0.2%～0.5%过氧乙酸溶液，喷洒或擦拭表面，保持湿润，消毒30分钟后，用清水擦净。手、皮肤消毒，用0.2%过氧乙酸溶液擦拭或浸洗1～2分钟。在无动物环境中可用于空气消毒时，用0.5%过氧乙酸溶液，每立方米20毫升，气溶胶喷雾，密闭消毒30分钟；或用15%过氧乙酸溶液，每立方米7毫升，置瓷或玻璃器皿内，加入等量的水，加热蒸发，密闭熏蒸（室内相对湿度在60%～80%），2小时后开窗通风。用于带猪消毒时，不要直接对着猪头部喷雾，防止伤害猪的眼睛。车、船等运输工具内外表面和空间，可用0.5%过氧乙酸溶液喷洒至表面湿润，作用15～30分钟。温度越高杀菌力越强，但温度降至-20℃时，仍有明显杀菌作用。过氧乙酸稀释后不能放置时间过长，须现用现配，因其有强腐蚀性、较大的刺激性，配制、使用时应戴防酸手套、防护镜，严禁用金属制容器盛装。成品消毒剂须避光4℃左右保存，容器不能装满，严禁暴晒。在搬运、移动时，应注意小心轻放，不要拖拉、摔碰、摩擦、撞击。

2. 过氧化氢 过氧化氢又称双氧水，为强腐蚀性、微酸性、无色透明液体，深层时略带淡蓝色，能与水任何比例混合，具有漂白作用。可快速灭活多种微生物，如致病性细菌、细菌芽孢、酵母、真菌孢子、病毒等，并分解成无害的水和氧。气雾用于空气、物体表面消毒，溶液用于饮水器、饲槽、用具、手等消毒。畜禽舍空气消毒时使用1.5%～3%过氧化氢喷雾，每立方米20毫升，作用30～60分钟，消毒后进行通风。10%过氧化氢可杀灭芽孢。温度越高杀菌力越强。空气的相对湿度在20%～80%时，湿度越大，杀菌力越强；相对湿度低于20%，杀菌力较差；浓度越高杀菌力越强。过氧化氢有强腐蚀性，避免用金属制容器盛装；配制、使用时应戴防护手套、防护镜，须现用现配；成品消毒剂避光保存，严禁暴晒。

3. 臭氧　臭氧是一种强氧化剂，具有广谱杀灭微生物的作用，溶于水时杀菌作用更为明显，能有效地杀灭细菌、病毒、芽孢、包囊、真菌孢子等，对原虫及其卵囊也有很好的杀灭作用，还兼有除臭、增加畜禽舍内氧气含量的作用，用于空气、水体、用具等的消毒。饮水消毒时，臭氧浓度为0.5~1.5毫克/升，水中余臭氧量0.1~0.5毫克/升，维持5~10分钟可达到消毒要求，在水质较差时，用3~6毫克/升。国外报告，臭氧对病毒的灭活程度与臭氧浓度高度相关，而与接触时间关系不大。随浓度的升高，臭氧的杀菌作用加强。但与其他消毒剂相比，臭氧的消毒效果受浓度影响较小。臭氧在人医上已广泛使用，但在兽医上则是一种新型的消毒剂。在常温和空气相对湿度82%的条件下，臭氧对在空气中的自然菌的杀灭率为96.77%，对物体表面的大肠杆菌、金黄色葡萄球菌等的杀灭率为99.97%。臭氧的稳定性差，有一定腐蚀性的毒性，受有机物影响较大，但使用方便、刺激性低、作用快速、无残留污染。

4. 二氧化氯　二氧化氯在常温下为黄绿色气体或红色爆炸性结晶，具有强烈的刺激性，对温度、压力和光均较敏感。20世纪70年代末期，美国Bio-Cide国际有限公司找到一种方法将二氧化氯制成水溶液，这种二氧化氯水溶液就是百合兴，被称为稳定性二氧化氯。该消毒剂为无色、无味、无臭、无腐蚀作用的透明液体，是目前国际上公认的高效、广谱、快速、安全、无残留、不污染环境的第四代灭菌消毒剂。美国环境保护部门在20世纪70年代就进行过反复检测，证明其杀菌效果比一般含氯消毒剂高2.5倍，而且在杀菌消毒过程中还不会使蛋白质变性，对人、畜、水产品无害，无致癌、致突变性，是一种安全可靠的消毒剂。美国食品药品管理局和美国环境保护署批准广泛应用于工农业生产、畜禽养殖、动物、宠物的卫生防疫中。目前，发达国家已将二氧化氯应用到几乎所有需要杀菌消毒领域，二氧化氯被

世界卫生组织列为AI级高效安全灭菌消毒剂，是世界粮农组织推荐使用的优质环保型消毒剂，正在逐步取代醛类、酚类、氯制剂类、季铵类，为一种高效消毒剂。国外20世纪80年代在畜牧业上推广使用，国内已有此类产品生产、出售，如氧氯灵、超氯（菌毒王）等。

本品适用于畜禽活动场所的环境、场地、栏舍、饮水及饲喂用具等方面消毒。能杀灭各种细菌、病毒、真菌等微生物及藻类和原虫，目前尚未发现能够抵抗其氧化性而不被杀灭的微生物；本品兼有去污、除腥、除臭之功能，是养殖行业理想的灭菌消毒剂，现已较多地用于牛奶场、家禽养殖场的消毒。用于环境、空气、场地、笼具喷洒消毒，浓度为200毫克/升；禽畜饮水消毒，浓度为0.5毫克/升；饲料防霉，每吨饲料用浓度100毫克/升的消毒液100毫升，喷雾；笼物、动物体表消毒，浓度为200毫克/升，喷雾至种蛋微湿；牲畜产房消毒，浓度为500毫克/升，喷雾至垫草微湿；预防各种细菌、病毒传染，浓度为500毫克/升，喷洒；烈性传染病及疫源地消毒，浓度为1 000毫克/升，喷洒。

5. 酸性氧化电位水 酸性氧化电位水是由日本于20世纪80年代中后期发明的高氧化还原电位（+1 100毫伏）、低pH值（2.3~2.7）、含少量次氯酸（溶解氯浓度20~50毫克/升）的一种新型消毒水。我国在20世纪90年代中期引进了酸性氧化电位水，我国第一台酸性氧化电位水发生器已由清华紫光研制成功。酸性氧化电位水最先应用于医药领域，以后逐步扩展到食品加工、农业、餐饮、旅游、家庭等领域。酸性氧化电位水杀菌谱广，可杀灭一切病原微生物（细菌、芽孢、病毒、真菌、螺旋体等）；作用速度快，数十秒钟完全灭活细菌，使病毒完全失去抗原性；使用方便，取之即用，无须配制；无色、无味、无刺激；无毒、无害、无任何毒副作用，对环境无污染；价格低廉；对易

氧化金属（铜、铝、铁等）有一定腐蚀性，对不锈钢和碳钢无腐蚀性，因此浸泡器械时间不宜过长；在一定程度上受有机物的影响，因此，清洗创面时应大量冲洗或直接浸泡，消毒时最好事先将被消毒物用清水洗干净；稳定性较差，遇光和空气及有机物可还原成普通水（室温开放保存4天；室温密闭保存30天；冷藏密闭保存可达90天），最好近期配制使用；储存时最好选用不透明、非金属容器；应密闭、遮光保存，40℃以下使用。

6. 高锰酸钾　高锰酸钾又称锰酸钾或灰锰氧，是一种强氧化剂的消毒药，它能氧化微生物体内的活性基，可有效杀灭细菌繁殖体、真菌、细菌芽孢和部分病毒。实际应用：常配成0.1%~0.2%浓度，用于猪的皮肤、黏膜消毒，主要是对临产前母猪乳头、会阴以及产科局部消毒用。

（四）烷基化气体消毒剂

烷基化气体消毒剂是一类主要通过对微生物的蛋白质、DNA和RNA的烷基化作用而将微生物灭活的消毒灭菌剂。对各种微生物均可杀灭，包括细菌繁殖体、芽孢、分枝杆菌、真菌和病毒；杀菌力强；对物品无损害。主要包括环氧乙烷、乙型丙内酯、环氧丙烷、溴化甲烷等，其中环氧乙烷应用比较广泛，其他在兽医消毒上应用不广。

环氧乙烷在常温常压下为无色气体，具有芳香的醚味，当温度低于10.8℃时，气体液化。环氧乙烷液体无色透明，极易溶于水，遇水产生有毒的乙二醇。环氧乙烷可杀灭所有微生物，而且细菌繁殖体和芽孢对环氧乙烷的敏感性差异很小，穿透力强，对大多数物品无损害，属于高效消毒剂。常用于皮毛、塑料、医疗器械、用具、包装材料、畜禽舍、仓库等的消毒或灭菌，而且对大多数物品无损害。杀灭细菌繁殖体，每立方米空间用300~400克作用8小时；杀灭污染霉菌，每立方米空间用700~950克作用8~16小时；杀灭细菌芽孢，每立方米空间用800~1 700克

作用16~24小时。环氧乙烷气体消毒时，最适宜的相对湿度是30%~50%，温度以40~54℃为宜，不应低于18℃。消毒时间越长，消毒效果越好，一般为8~24小时。

消毒过程中注意防火防爆，防止消毒袋、柜泄露，控制温、湿度，不用于饮水和食品消毒。工作人员发生头晕、头痛、呕吐、腹泻、呼吸困难等中毒症状时，应立即移离现场，脱去污染衣物，注意休息、保暖，加强监护。如环氧乙烷液体沾染皮肤，应立即用大量清水或3%硼酸溶液反复冲洗。皮肤症状较重或不缓解者，应去医院就诊。眼睛污染者，于清水冲洗15分钟后点四环素可的松眼膏。

（五）酚类消毒剂

酚类消毒剂为一种最古老的消毒剂，19世纪末出现的商品名为来苏儿的消毒剂，就是酚类消毒剂。目前国内兽医消毒用酚类消毒剂的代表品种是20世纪80年代我国从英国引进的复合酚类消毒剂——农福，国内也出现了许多类似产品，如菌毒敌（湖南）、农富复合酚（陕西）、菌毒净（江苏）、菌毒灭（广东）、畜禽安等。其有效成分是烷基酚，是从煤焦油中高温分离出的焦油酸，焦油酸中含的酚是混合酚类，所以又称复合酚。由广东省农业科学院兽医研究所研制的消毒灵是国内第一个符合农福标准的复合酚消毒药。这类消毒剂适用于禽舍、畜舍环境消毒，对各种细菌灭菌力强，对带膜病毒具有灭活能力，但对结核分枝杆菌、芽孢、无囊膜病毒（如口蹄疫病毒）和霉菌杀灭效果不理想。酚类消毒剂受有机物影响小，适用于养殖环境消毒。酚类消毒剂的pH值越低，消毒效果越好，遇碱性物质则影响效力。由于酚类化合物有气味滞留，对人畜有毒，不宜用作养殖期间消毒，对畜禽体表消毒也受到限制。

1. 石炭酸　石炭酸又称苯酚，为带有特殊气味的无色或淡红色针状、块状或三棱形结晶，可溶于水或乙醇。性质稳定，可

长期保存。可有效杀灭细菌繁殖体、真菌和部分亲脂性病毒。用于物体表面、环境和器械浸泡消毒，常用浓度为3%~5%。本品具有一定毒性和不良气味，不可直接用于黏膜消毒；能使橡胶制品变脆变硬；对环境有一定污染。近年来，由于许多安全、低毒、高效的消毒剂问世，石炭酸这种古老的消毒剂已很少应用。

2. 煤酚皂溶液 煤酚皂溶液又称来苏儿，黄棕色至红棕色黏稠液体，为甲醛、植物油、氢氧化钠的皂化液，含甲酚50%。可溶于水及醇溶液，能有效杀灭细菌繁殖体、真菌和大部分病毒。1%~2%溶液用于手、皮肤消毒3分钟，目前已较少使用；3%~5%溶液用于器械、用具、畜禽舍地面、墙壁消毒；5%~10%溶液用于环境、排泄物及实验室废弃细菌材料的消毒。本品对黏膜和皮肤有腐蚀作用，需稀释后应用。因其杀菌能力相对较差，且对人畜有毒，有气味滞留，有被其他消毒剂取代的趋势。

3. 复合酚 复合酚是一种新型、广谱、高效、无腐蚀的复合酚类消毒剂，国内同类商品较多。主要用于环境消毒，常规预防消毒稀释配比为1∶300，病原污染的场地及运载车辆可用1∶100喷雾消毒。严禁与碱性药品或其他消毒液混合使用，以免降低消毒效果。

（六）季铵盐类消毒剂

季铵盐类消毒剂为阳离子表面活性剂，具有除臭、清洁和表面消毒的作用。季铵盐消毒剂的发展已经历了五代。第一代是洁尔灭；第二代是在洁尔灭分子结构上加烷基或氯取代基；第三代为第一代与第二代混配制剂，如日本的Pacoma、韩国的Save等；第四代为苯氧基苄基铵，国外称Hyamine类；第五代是双长链二甲基铵。早期有台湾派斯德生化有限公司的百毒杀（主剂为溴化二甲基二癸基铵），北京的敌菌杀，国外商品有Deciquam222、Bromo-Sept50、以色列ABIC公司的Bromo-Sept百乐水等。后期又发展有氯盐，即氯化二甲基二癸基铵，日本商品名为Astop

(DDAC)，欧洲商品名为 Bardac。国内也已有数种同类产品，如畜禽安、铵福、K 西安（天津）、瑞得士（山西）、信得菌毒杀(山东)、1210 消毒剂（北京、山西、浙江）等。

季铵盐类消毒剂性能稳定，pH 值在 6~8 时，受 pH 值变化影响小，碱性环境能提高药效，还有低腐蚀、低刺激性、低毒等特点，对有机质及硬水还有一定抵抗力。早期季铵盐对病毒灭活力差，但是双长链季铵盐，除对各种细菌有效外，对某些病毒也有良好的效果。但季铵盐对芽孢及无囊膜病毒（如口蹄疫病毒等）效力差。此类消毒剂的配伍禁忌多，使用范围受限制。季铵盐类消毒剂如果与其他消毒剂科学组成复方制剂，可弥补上述不足，形成一种既能杀灭细菌又能杀灭病毒的安全无刺激性的复方消毒制剂。目前，季铵盐类多复合戊二醛，制成复合消毒剂，从而克服了季铵盐的不足，将在兽医上有广泛的应用前景。

1. 苯扎溴铵 苯扎溴铵又称新洁尔灭或溴苄烷铵，为淡黄色胶状液体，具有芳香气味，极苦，易溶于水和乙醇，溶液无色透明，性质较稳定，价格低廉，市售产品的浓度为 5%。0.05%~0.1%的水溶液用于手术前洗手消毒、皮肤消毒和黏膜消毒，0.15%~2%的水溶液用于畜禽舍空间喷雾消毒，0.1%用于种蛋消毒等。本品现配现用，确保容器清洁，不可用作器械消毒，不宜用作污染物品、排泄物的消毒。

2. 度米芬 度米芬又称消毒宁，为白色或微黄色的结晶片剂或粉剂，味微苦而带皂味，能溶于水或乙醇，性能稳定。其杀菌范围及用途与新洁尔灭相似。

3. 百毒杀 百毒杀为双链季铵盐类消毒剂，双长链季铵盐代表性化合物主要有溴化二甲基二癸基铵（百毒杀）和氯化二甲基二癸基铵（1210 消毒剂），具有毒性低，无刺激性，无不良气味，推荐使用剂量对人、畜禽绝对无毒，对用具无腐蚀性，消毒力可持续 10~14 天。饮水消毒，预防量按有效药量 10 000~

20 000倍稀释；疫病发生时可按5 000~10 000倍稀释。畜禽舍及环境、用具消毒，预防消毒按3 000倍稀释，疫病发生时按1 000倍稀释；猪体喷雾消毒、种蛋消毒可按3 000倍稀释；孵化室及设备可按2 000~3 000倍稀释喷雾消毒。

（七）醇类消毒剂

醇类消毒剂具有杀菌作用，随着相对分子质量的增加，杀菌作用增强，但相对分子质量过大水溶性降低，反而难以使用，实际工作中应用最广泛的是乙醇。

1. 乙醇　乙醇又称酒精，为无色透明液体，有较强的酒气味，在室温下易挥发、易燃。可快速、有效地杀灭多种微生物，如细菌繁殖体、真菌和多种病毒，但不能杀灭细胞芽孢。市售的医用乙醇浓度，按重量计算为92.3%（*W/W*），按体积计算为95%（*V/V*）。乙醇最佳使用浓度为70%（*W/W*）或75%（*V/V*）。配制75%（*V/V*）乙醇方法：取一适当容量的量杯（筒），量取95%（*V/V*）乙醇75毫升，加蒸馏水至总体积为95毫升，混匀即成；配制70%（*W/W*）乙醇方法：取一容器，称取92.3%（*W/W*）乙醇70克，加蒸馏水至总重量为92.3克，混匀即成。常用于皮肤消毒、物体表面消毒、皮肤消毒脱碘、诊疗器械和器材擦拭消毒。近年来，较多使用70%（*W/W*）乙醇与氯己定、新洁尔灭等复配的消毒剂，效果有明显的增强作用。

2. 异丙醇　异丙醇为无色透明易挥发可燃性液体，具有类似乙醇与丙酮的混合气味。其杀菌效果和作用机制与乙醇类似，杀菌效力比乙醇强，但毒性比乙醇高，只能用于物体表面及环境消毒。可杀灭细菌繁殖体、真菌、分枝杆菌及灭活病毒，但不能杀灭细菌芽孢。常用50%~70%（*V/V*）水溶液擦拭或浸泡5~60分钟。国外常将其与洗必泰配伍使用。

（八）胍类消毒剂

此类消毒剂中，氯己定已得到广泛的应用。近年来，国外又报道了一种新的胍类消毒剂，即盐酸聚六亚甲基胍消毒剂。

1. 氯已定 氯已定又称洗必泰，为白色结晶粉末，无臭但味苦，微溶于水和乙醇，溶液呈碱性。杀菌谱与季铵盐类相似，具有广谱抑菌作用，对细菌繁殖体、真菌有较强的杀灭作用，但不能杀灭细菌芽孢、结核分枝杆菌和病毒。因其性能稳定、无刺激性、腐蚀性低、使用方便，是一种用途较广的消毒剂。0.02%~0.05%水溶液用于饲养人员、手术前洗手消毒浸泡3分钟；0.05%水溶液用于冲洗创伤；0.01%~0.1%水溶液可用于阴道、膀胱等冲洗。氯已定（0.5%）在乙醇（70%）作用及碱性条件下可使其灭菌效力增强，可用于术部消毒。但有机质、肥皂、硬水等会降低其活性。配制好的水溶液最好7天内用完。

2. 盐酸聚六亚甲基胍 盐酸聚六亚甲基胍为白色无定形粉末，无特殊气味，易溶于水，水溶液无色至淡黄色。对细菌和病毒有较强的杀灭作用，作用快速，稳定性好，无毒、无腐蚀性，可降解，对环境无污染。用于饮水、水体消毒除藻及皮肤黏膜和环境消毒，一般浓度为2 000~5 000毫克/升。

（九）其他化学消毒剂

1. 乳酸 乳酸是一种有机酸，为无色澄明或微黄色的黏性液体，能与水或醇任意混合。本品对伤寒杆菌、大肠杆菌、葡萄球菌及链球菌具有杀灭和抵制作用。黏膜消毒浓度为200毫克/升，空气熏蒸消毒为1 000毫克/升。

2. 醋酸 为无色透明液体，有强烈酸味，能与水或醇任意混合。其杀菌和抑菌作用与乳酸相同，但比乳酸弱，可用于空气消毒。

3. 氢氧化钠 氢氧化钠为碱性消毒剂的代表产品。浓度为1%时主要用于玻璃器皿的消毒，2%~5%时，主要用于环境、污物、粪便等的消毒。本品具有较强的腐蚀性，消毒时应注意防护，消毒12小时后用水冲洗干净。

4. 生石灰　生石灰又称氧化钙，为白色块状或粉状物，加水后产热并形成氢氧化钙，呈强碱性。是消毒力好、无不良气味、价廉易得、无污染的消毒药。使用时，加入相当于生石灰重量70%~100%的水，即生成疏松的熟石灰，也即氢氧化钙，只有这种离解出的氢氧根离子具有杀菌作用。本品可杀死多种病原菌，但对芽孢无效，常用20%石灰乳溶液进行环境、圈舍、地面、垫料、粪便及污水沟等的消毒。生石灰应干燥保存，以免潮解失败；石灰乳应现用现配，最好当天用完。

有的场、户在入场或畜禽入口池中，堆放厚厚的干石灰，让鞋踏而过，这起不到消毒作用。也有的用放置时间过久的熟石灰用作消毒剂，但它已吸收了空气中的二氧化碳，成了没有氢氧根离子的碳酸钙，已完全丧失了杀菌消毒作用，所以也不能使用。有的将石灰粉直接撒在舍内地面上一层，或上面再铺一薄层垫料，这样常造成幼仔猪的蹄爪灼伤，或舔食而灼伤口腔及消化道。有的将石灰直接撒在猪舍内，致使石灰粉尘大量飞扬，猪吸入呼吸道内，引起咳嗽、打喷嚏、呼噜等一系列症状，人为造成了呼吸道炎症。

第四节　猪场常用消毒方法

一、清洁法

消毒前，彻底的清洁工作很重要。

潮湿肮脏的地面，有机物的存在加大了猪场消毒的难度（图1-1）；猪舍顶部结满蜘蛛网，给细菌、病毒的繁殖提供了条件（图1-2）。

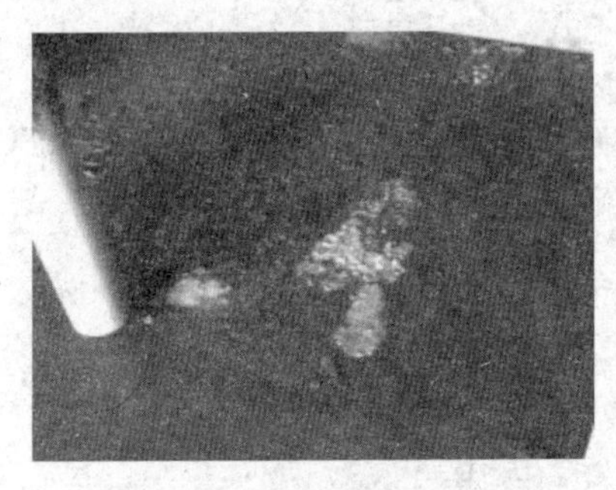
图 1-1　潮湿肮脏的地面

图 1-2　猪舍顶部结满蜘蛛网

生锈的猪舍、肮脏的母猪，很容易感染细菌，不仅对母猪的健康有影响，同时威胁到仔猪的健康（图 1-3、图 1-4）。

图 1-3　生锈的猪舍

图 1-4　肮脏的母猪

许多养猪场只是空栏清扫后用清水简单冲洗，就开始消毒，这种方法不可取。经过简单冲洗的消毒现场或多或少存在血液、胎衣、羊水、体表脱落物、动物分泌物和排泄物中的油脂等，这些有机物会对微生物具有机械性的保护作用，因而影响杀菌效果。另外，一些清洁不彻底的角落藏匿着大量病原微生物，这种情况下消毒药是难以渗透其中发挥作用的。用机械的方法如清扫、洗刷、通风等清除病原体，是最普通、常用的方法。如畜舍

地面的清扫和洗刷、畜体被毛的刷洗等，可以使畜舍内的粪便、垫草、饲料残渣清除干净，并将家畜体表的污物去掉。随着这些污物的消除，大量病原体也被清除，随后的化学消毒剂对病原体能发挥更好的杀灭作用。

日常清洁是保证消毒效果的重要条件，因此如何在猪群日常管理工作中做好猪舍日常清洁工作，方法尤为重要。

（一）一般清洁（小清洁）

1. 清除杂草　场区杂草丛生的地方，是鼠和蚊蝇的藏身之地，鼠和蚊蝇都是疾病的传播者。例如，乙脑的主要传播者就是蚊子，附红细胞体的传播者一部分就是鼠和蚊蝇。因此，彻底清理生产场区的杂草，对养殖场防病起到了积极的作用，杜绝蚊蝇和鼠害。

2. 清理垃圾和杂物　垃圾和杂物的堆积也有利于蚊蝇和鼠害存在。一些猪场建筑完工后不及时清理杂物，或平时的垃圾及杂物堆积如山，从而给蚊蝇和老鼠提供了生长繁殖的有利条件。

因此，每天要定时打扫清理圈舍垃圾、栏内粪便、尿液等，猪粪定点堆放、尿液进入污水收集池。每月清理圈舍外环境。使用过的药盒、疫苗瓶、一次性输精瓶等物品应立即进行掩埋或焚烧无害化处理。

3. 彻底冲洗　按照养殖进度，产房每断奶一批、保育舍每转栏一批、育肥舍每出栏一批，都必须彻底冲洗（包括顶棚、门窗、走廊等平时不易打扫的地方），同时对猪舍场地进行喷雾或喷洒消毒和熏蒸消毒。

（二）圈舍彻底清洁（大清洁）

（1）清洁前，舍内应无猪、无饲料、无推车、无加热设备等，防止漏电。

（2）使用高压水枪将粪尿、污泥、料槽内残留饲料彻底冲掉（图 1-5）。

图 1-5 高压枪冲洗

（3）设备表面，猪栏、地面可用肥皂或洗衣粉等去污剂消毒：先喷洒或预浸泡→用含有一定浓度、价格便宜的冲洗水进行彻底清洁→熏蒸消毒→做好消毒记录。

二、通风换气法

猪舍通风换气的目的有两个：一是在气温高的情况下，通过加大气流使猪感到舒适，以缓和高温对猪的不良影响；二是在猪舍封闭的情况下，引进舍外新鲜空气，排出舍内污浊空气和湿气，以改善猪舍的空气环境，并减少猪舍内空气的微生物数量。通风分为自然通风和机械通风两种。自然通风不需要专门设备，不需动力、能源，而且管理简便，所以在实际生产中，开放舍和半开放舍以自然通风为主，在夏季炎热时辅以机械通风。在密闭猪舍中，以机械通风为主。

生猪在生长、发育、繁殖等各种生命活动中，都需要消耗能量。生猪是依赖摄入糖、脂类和蛋白质而获得能量的，而氧是新陈代谢的关键物质。因此，良好的通风是保证氧气供给，进而满

足生猪生长、发育、繁殖等各种生命活动的需要。生猪在各种生命活动中会排出大量排泄物，其中含有大量的氨气、二氧化碳、硫化氢。这些有害气体在猪舍内蓄积会对生猪健康产生不同程度的影响，如在低浓度氨的长期作用下，猪体质变弱，采食量、日增重、生殖能力都会下降；较高浓度氨能刺激黏膜，引起黏膜充血、喉头水肿、支气管炎，严重时引起肺水肿、出血；氨还能引起中枢神经系统麻痹，中毒性肝病等。通风是改善猪舍内空气质量的有效措施。

另外，猪场发生传染病后，良好的通风可以迅速降低猪舍内外病原微生物数量，不仅可以防止其他猪只发病，而且可能会使其他猪只获得一定的特异免疫力。

1. 创造良好的通风环境

（1）合理选择场址。理想的猪场场址应背靠西北山，这样既可以防止冬季冷风对猪舍的不良影响，夏季还可充分利用东南风。若在空旷地带建猪场，虽通风理想，但冬季保温难度大。另外，选址时尽量选择南北长、东西短的地形，这样猪场通风效果会更佳。

（2）科学进行猪舍布局。理想的猪舍排列方向应该为东西走向，即猪舍长轴为东西向，这样既有利于猪舍采光，又能保证猪场内通风畅通无阻。猪舍的横向间距应大于 10 米，纵向间距应在 5 米以上；连体猪舍应将东西走向的猪舍横面（即南、北墙）连在一起，各个连体之间距离应大一些，保持在 30~50 米。

（3）搞好绿化。绿化可以防止阳光直射，降低舍外温度，增加舍内外温差，但绿化时除隔离带外，猪场栽植树木不宜过密，宜种植大量草坪，栽植少量较矮树木，否则易阻挡风力，影响整个猪场通风。紧靠猪舍可以栽植泡桐等高大阔叶树木，其顶端会对猪舍形成良好遮阳效果，下端则保证良好的通风。

2. 采用利于通风的设施设备

（1）猪床和猪栏。漏缝猪床通风条件比较好，如果再辅以猪床下通风口和天窗，可以产生良好的通风效果。钢管猪栏非常有利于猪床水平通风，而实地面和砖砌猪栏则不利于通风，应避免在实地面上建造砖砌猪栏。

（2）完善通风设施。通风设施主要包括排气孔、窗和换气扇。理想的猪舍应该有3层空气流动通道，只有这样才能形成全方位通风。第一层是地面通风口，它对排出长期滞留在地面的二氧化碳等有害气体至关重要；第二层是窗户，它既是采光通道，又是通风主要通道；第三层是天窗，它对排出氨气等有害气体至关重要。换气扇是实行强制通风的常用设施，不管采用正压或负压通风方式，在安装时换气扇的风力方向应与暖季主风向一致。对于传统实地面猪床，建议应在靠近地面的位置加装排气扇，以加速二氧化碳等有害气体和湿气的排放。

（3）供暖和降温设施。冬季通风易造成猪舍内温度下降，因此，要保证冬季合理通风，必须配备热风炉、地热管、热水散热片、电地暖等供暖设施，以保持猪舍内温度的稳定；夏季为了提高通风降温效果，可以配备水帘等降温设施。

3. 实行合理的通风模式 通风模式主要包括3种：一是自然通风，通过门、窗等自然通风口进行空气和热量交换，主要适应于猪舍面积小、存栏密度低和生猪日龄小的猪舍，是冬、春气温较低季节常用的通风模式；二是强制通风，借助风机通过正压或负压作用进行空气和热量交换，主要适应于猪舍面积大、存栏密度高和生猪日龄大的猪舍，是一年四季通风常用模式；三是降温水帘+强制通风，通过负压通风交换空气和促使水分蒸发带走大量热量，从而达到降温作用，主要适应于猪舍面积大、存栏密度高和生猪日龄大的猪舍，是夏季通风降温的较好模式。

4. 统筹兼顾，规范操作 一到冬季，猪舍的通风、保温就

非常矛盾，通风不足，舍内空气质量达不到要求；通风过度，舍内温度过低。因此，在进行通风时，首先要完善供暖设施，保证暖气供应，最好配备气体测定仪和温度计，根据测定结果进行调整，既要保证有害气体低于临界值（猪舍内氨浓度应控制在0.003%以内，二氧化碳浓度不应超过0.15%，硫化氨浓度不应超过0.001%），又要保证猪舍温度尽量达到适宜温度。一般哺乳仔猪舍的适宜温度为28～35℃，保育仔猪舍适宜温度为22～28℃，其他猪舍适宜温度为16～22℃。

三、辐射消毒法

辐射消毒主要分为两类，一类是紫外线消毒，另一类是电离辐射消毒。

（一）紫外线辐射消毒

紫外线能量较低，不能引起被照射物体原子的电离，仅产生激发作用。紫外线照射使微生物诱变和致死的主要作用是引起核酸组成中胸腺嘧啶（T）发生化学转化作用。紫外线作用DNA的胸腺嘧啶与相邻链上的一条DNA链上的胸腺嘧啶化学链相结合形成二聚体，这种二聚体成为一种特殊的连接，从而使微生物DNA失去应有的活性（转录、转译）功能，导致微生物的死亡。关于紫外线对微生物RNA的作用，可能会对RNA产生水化作用和引起尿嘧啶（U）的二聚体，使RNA灭活。值得注意的是，经紫外线照射后，引起微生物DNA和RNA变性，可在可见光线（3 300～4 800A）照射下，修复或复性而恢复正常结构。因此，紫外线消毒具有可逆性。另外，不同类别的微生物对紫外线的抗力不同，其中细菌芽孢对紫外线抗力最强，支原体、革兰氏阴性菌对紫外线抗力最弱，基本次序为：芽孢>革兰氏阳性菌>革兰氏阴性菌。其主要应用在对空气、水及污染表面的消毒。

（二）电离辐射灭菌

利用Y射线、伦琴射线或电子辐射能穿透物品，杀死其中微生物的一种低温灭菌方法被称为电离辐射灭菌。目前，在养猪业中主要用于饲料的消毒。

四、热力消毒技术

（一）热力消毒的机制

热杀灭微生物的基本机制是通过破坏微生物蛋白质、核酸的活性导致微生物的死亡。蛋白质是各种微生物的重要组成成分，构成微生物的结构蛋白和功能蛋白。结构蛋白主要包括构成微生物细胞壁、细胞膜和细胞浆内含物等。功能蛋白构成细菌的酶类。干热和湿热对细菌蛋白质的破坏机制是不同的。湿热是通过使蛋白质分子运动加速，互相撞击，致使肽链连接的副键断裂，使其分子由有规律的紧密结构变为无秩序的散漫结构，大量的疏水基暴露于分子表面，并互相结合成为较大的聚合体而凝固、沉淀。干热灭菌主要通过热对细菌细胞蛋白质的氧化作用，并不是蛋白质的凝固，因为干燥的蛋白质加热到100℃也不会凝固。细菌在高温下死亡加速是氧化速率增加的缘故。无论是干热还是湿热对细菌和病毒的核酸均有破坏作用，加热能使RNA单链的磷酸二酯键断裂；而单股DNA的灭活是通过脱嘌呤。实验证明，单股RNA的敏感性高于单股的DNA对热的敏感性，但都随温度的升高而升高。

（二）热力消毒的分类

热力消毒的方法主要分为两类：干热消毒和湿热消毒。由于微生物的种类、含水量及环境水分的不同，所以两种消毒方法所需要的温度和时间也不尽相同。

1. 干热消毒　主要包括焚烧、烧灼、干烤及红外线四种方法。

（1）焚烧，主要是对病猪尸体、垃圾、污染的杂草、地面和不可利用的物品采用的消毒方法。

（2）烧灼，是指直接用火焰灭菌，主要适用于猪栏、地面、墙壁及一些兽医用品的消毒。

（3）红外线消毒，是通过红外线的热效应来起到消毒的效果，但现在应用有一定的局限。

（4）干烤，本方法是在特定的干烤箱内进行的，适用于在高温条件下不损坏、不变质、不蒸发的物品的消毒，如玻璃制品、金属制品、陶瓷制品等。不适用对纤维织物、塑料制品的灭菌。

2. 湿热消毒

（1）煮沸消毒，是使用最早的消毒方法之一，方法简单、方便、安全、经济、实用，效果比较可靠。适用于养猪场检验室器材及兽医室医疗用品的消毒。

（2）流通蒸汽消毒，又称为常压蒸汽消毒。是在约0.1兆帕（1个标准大气压）下，用100℃的水蒸气进行消毒，常用于一些不耐高温的物品消毒；通过间歇灭菌法可以杀灭芽孢。

（3）巴氏消毒法，在猪场应用较少，主要用于血清、疫苗的消毒。

（4）低温蒸汽消毒法，主要用于对一些怕高温的物品及房屋的消毒。

（5）高压蒸汽灭菌，具有灭菌速度快、效果可靠、温度高、穿透力强等特点，是目前猪场兽医室最常用的一种消毒灭菌方法。

五、生物消毒法

利用某种生物来杀灭或清除病原微生物的方法称为生物消毒法。在养猪业中常用的有地面泥封发酵消毒法和坑式堆肥发酵法等。

（一）地面泥封发酵消毒法

堆肥地点应选择在距离畜舍、水池、水井较远处。挖一宽3米，两侧深25厘米向中央稍倾斜的浅坑，坑的长度据粪便的多少而定。坑底用黏土夯实。用小树枝条或小圆棍横架于中央沟上，以利于空气流通。沟的两端冬天关闭，夏天打开。在坑底铺一层30~40厘米的干草或非传染病的畜禽粪便。然后将要消毒的粪便堆积于上。粪便堆放时要疏松，掺10%的马粪或稻草。干粪需加水浸湿，冬天应加热水。粪堆高1.2米。粪堆好后，在粪堆的表面覆盖一层厚10厘米的稻草或杂草，然后在草外面封盖一层10厘米厚的泥土。这样堆放1~3个月后即达消毒目的。

（二）坑式堆肥发酵法

坑式堆肥发酵法是指在适当的场所设粪便堆放坑池若干个，坑池的数量和大小视粪便的多少而定；坑池的内壁最好用水泥或坚实的黏土筑成。堆粪之前，在坑底垫一层稻草或其他秸秆，然后堆放待消毒的粪便，上方再堆一层稻草等或健畜粪便，堆好后表面加盖约10厘米厚的土或草泥，粪便堆放发酵1~3个月即达到消毒目的的方法。堆粪时，若粪便过于干燥，应加水浇湿，以便其迅速发酵。另外，在生产沼气的地方，可把堆放发酵与生产沼气结合在一起。值得注意的是，生物发酵消毒法不能杀灭芽孢。因此，若粪便中含有炭疽、气肿疽等芽孢杆菌时，则应焚毁或加有效化学药品处理。坑式堆肥发酵法注意事项为：堆肥坑内不能只放粪便，还应放垫草、稻草等，以保证堆肥中有足够的有机质作为微生物活动的物质基础；堆肥应疏松，切忌夯压，以保证堆内有足够的空气；堆肥的干湿度要适当，含水量应在50%~70%；堆肥时间要足够，须等腐熟后方可施用，如夏季需1个月左右、冬季需2~3个月方可腐熟。

六、化学消毒法

使用化学药品（或消毒剂）进行的消毒的方法称为化学消毒法。化学消毒法主要应用于养猪场内外环境中，栏舍、器皿等各种物品表面及饮水消毒。

第五节　猪场不同消毒对象的消毒

一、猪群卫生

每天及时打扫圈舍卫生，清理生产垃圾，保持舍内外干净整洁，所用物品摆放有序。

二、空舍消毒

（一）消毒程序

（1）首先要将猪舍内的地面、墙壁、门窗、天棚、通道、下水道、排粪污沟、猪圈、猪栏、饮水器、水箱、水管、用具等彻底清理打扫干净，再用水浸润，然后用高压水枪反复冲洗。

（2）干燥后用消毒药液洗刷消毒1次。

（3）第2天再用高压水枪冲洗1次。

（4）干燥后再用消毒药液喷雾消毒1次。

（5）如为空舍，最后用福尔马林熏蒸消毒1次，空舍3天后可进猪。熏蒸消毒每立方米空间用福尔马林溶液25毫升，高锰酸钾25克，水12.5毫升，计算好用量后先将水和福尔马林混合（分点放药）于容器中，然后加入高锰酸钾，并用木棍搅拌一下，几秒钟后即可见浅蓝色刺激眼鼻的气体蒸发出来。室内温度应保持在22~27℃，关闭门窗24小时，然后开门窗通风。

不能实施全进全出的猪舍，可在打扫、清理干净后，用水冲洗，再进行带猪消毒，每周进行1次，发生疫情时每天2次。

(6) 转群后舍内消毒。产房、保育舍、育肥舍等每批猪调出后，要求猪舍内的猪只必须全部出清，一头不留，对猪舍进行彻底的消毒。可选用过氧乙酸（1%）、氢氧化钠（2%）、次氯酸钠（5%）等。消毒后需空栏5~7天才能进猪。消毒程序为：彻底清扫猪舍内外的粪便、污物，疏通沟渠→取出舍内可移动的部件（饲槽、垫板、电热板、保温箱、料车、粪车等），洗净、晾干或置阳光下暴晒→舍内的地面、走道、墙壁等处用自来水或高压泵冲洗，对栏栅、笼具进行洗刷和抹擦→闲置1天→自然干燥后才能喷雾消毒（用高压喷雾器），消毒剂的用量为1升/米^2，要求喷雾均匀，不留死角→最后用清水清洗消毒机器，以防腐蚀机器。

(7) 猪舍周围洼地要填平，铲除杂草和垃圾，消灭鼠类、杀灭蚊蝇、驱赶鸟类等，每半月清扫1次，每月用5%来苏儿溶液喷雾消毒1次。

(8) 工作服、鞋、帽、工具、用具要定期消毒；医疗器械、注射器等煮沸消毒，每用1次消毒1次。

(二) 消毒注意要点

(1) 要详细阅读药物使用说明书，正确使用消毒剂。按照消毒药物使用说明书的规定与要求配制消毒溶液，配比要准确，不可任意加大或降低药物浓度，根据每种消毒剂的性能决定其使用对象和使用方法，如在酸性环境和碱性环境下应分别使用氯化物类和醛类消毒剂，才可达到良好的消毒效果。当发生病毒及芽孢性疫病时，最好使用碘类或氯化物类消毒剂，而不用季铵盐类消毒剂。

(2) 不要随意将两种不同的消毒剂混合使用或同时消毒同一物品。因为两种不同的消毒剂合用时常因物理或化学的配合禁

忌导致药物失效。

(3) 严格按照消毒操作规程进行，事后要认真检查，确保消毒效果。

(4) 消毒剂要定期更换，不要长时间使用一种消毒剂消毒一种对象，以免病原体产生耐药性，影响消毒效果。

(5) 消毒药液应现用现配，尽可能在规定的时间内用完，配制好的消毒药液放置时间过长，会使药液有效浓度降低或完全失效。

(6) 消毒操作人员要做好自我保护，如穿戴手套、胶靴等防护用品，以免消毒药液刺激手、皮肤、黏膜和眼等。同时也要注意消毒药液对猪群的伤害及对金属等物品的腐蚀作用。

三、带猪消毒

(一) 消毒前应彻底消除圈舍内猪只的分泌物及排泄物

1. 分泌物及排泄物中含有大量的病原微生物　临床患病猪只的分泌物及排泄物中含有大量的病原微生物（细菌、病毒、寄生虫虫卵等），即使临床健康的猪只的分泌物及排泄物中也存在大量的条件致病菌（如大肠杆菌等）。消毒前经过彻底清扫，可以大量减少猪舍环境中病原微生物的数量。

2. 粪便中有机物的存在可影响消毒的效果　一方面，粪便中的有机物可掩盖细菌对病原起着保护作用；另一方面，粪便中的蛋白质与消毒药结合起反应，消耗了药量，使消毒效力降低。

(二) 选择合适的消毒剂

选择消毒药时，不但要符合广谱、高效、稳定性好的特点，而且必须选择对猪只无刺激性或刺激性小、毒性低的药物。强酸、强碱及甲醛等刺激性腐蚀性强的药物，虽然对病原菌作用强烈、消毒效果好，但对猪只有害，不适宜作为带猪消毒的消毒剂。建议选用1%新洁尔灭、1%过氧乙酸、二氯异氰尿酸钠等药物，效果比较理想。

（三）配制适宜的药物浓度和足够的溶液量

1. 适宜的浓度 消毒液的浓度过低达不到消毒的效果，徒劳无功；浓度过大不但造成药物的浪费，而且对猪只刺激性、毒性增强引起猪只的不适。必须根据使用说明书的要求，配制适宜的浓度。

2. 足够的溶液量 带猪消毒应使猪舍内物品及猪只等消毒对象达到完全湿润，否则消毒药粒子就不能与细菌或病毒等病原微生物直接接触而发挥作用。

（四）消毒的时间和频率

1. 消毒的时间 带猪消毒的时间选择在每天中午气温较高时进行较好。冬春季节，由于气温较低，为了减缓消毒所致舍温下降对猪只的冷应激，要选择在中午或中午前后进行消毒。夏秋季节，中午气温较高，舍内带猪消毒在防疫疾病的同时兼有降温的作用，选择中午或中午前后进行消毒也是科学的。况且，温度与消毒的效果呈正相关，应选择在一天中温度较高的时间段进行消毒工作。

2. 消毒的频率 一般情况下，舍内带猪消毒以每周 1 次为宜。在疫病流行期间或养猪场存在疫病流行的威胁时，应增加消毒次数，达到每周 2~3 次或隔日 1 次。

（五）雾化要好

喷药物，要保证雾滴小到气雾剂的水平，使雾滴在舍内空气中悬浮时间较长，这样既节省了药物，又提升了舍内的空气质量，增强灭菌效果。

带猪消毒不但杀灭或减少猪只生存环境中病原微生物，而且净化了猪舍内的空气，夏季兼有降温作用，是控制疫病发生流行的最重要手段。养猪场有关人员应认真遵循上述五项原则，做好养猪场的带猪消毒工作。

（六）冬季带猪消毒

寒冷季节，在门窗紧闭、猪群密集、舍内空气严重污染的情况下进行的消毒，要求消毒剂不仅能杀菌，还有除臭、降尘、净化空气的作用。采用喷雾消毒，消毒剂用量0.5升/米^3，可选用1%过氧乙酸、1%新洁尔灭等。消毒程序为：准备好消毒喷雾器→测量所要消毒的猪舍体积并计算消毒液的用量→根据消毒桶/罐中加水的重量/体积、消毒液浓度、消毒剂的含量，计算消毒剂的用量，加入、混匀→细雾喷洒从猪舍顶端，自上而下喷洒均匀→最后用清水清洗消毒机器，以防腐蚀机器。

四、饮水消毒

当猪场处于农村或远郊而无统一的自来水供应时，需要对猪场的饮水进行必要的净化和消毒。若猪场所用的水源为地面水，一般都比较混浊，细菌含量较多，必须采用普通净化法和消毒法来改善水质；若水源为地下水，则一般都较为清洁，只需进行必要的消毒处理。有时，水源水质较为特殊，还需采用特殊的处理方法（如除铁、除氟、除臭、软化等）。

（一）混凝沉淀

当水体静止或水流缓慢时，水中的悬浮物可借本身重力逐渐向水底下沉，从而使水澄清，此即自然沉淀。但水中较细的悬浮物及胶质微粒因带有负电荷，彼此相斥，不易凝集沉降，因而必须加入明矾、硫酸铝和铁盐（如硫酸亚铁、三氯化铁等）等混凝剂，使水中极小的悬浮物及胶质微粒凝聚成絮状物而加快沉降，这就是混凝沉淀。采用混凝沉淀的方法，可以使水中的悬浮物减少70%~95%，除菌效果可达90%左右。在实际中，混凝沉淀的效果受水温、pH值、混浊度、混凝剂的用量以及混凝沉淀的时间等因素的影响。混凝剂的用量可通过混凝沉淀试验来进行确定，普通河水用明矾沉淀时，其用量为40~60毫克/升。对于浑浊度低或水温较低时，往往不易混凝沉淀，此时可投加助凝剂（如硅酸钠等）以促进混凝。

（二）砂滤

砂滤是指将混浊的水通过砂层，使水中的悬浮物、微生物等阻留在砂层上部，从而使水得到净化。砂滤的基本原理是阻隔、沉淀和吸附作用。滤水的效果决定于滤池的构造、滤料粒径的适当组合、滤层的厚度、滤过的速度、水的混浊程度和滤池的管理情况等。

集中式给水的过滤一般可分为慢砂滤池和快砂滤池两种。目前大部分自来水厂采用快砂滤池，而简易的自来水厂多采用慢砂滤池。分散式给水的过滤，可在河边或湖边挖渗水井，使水经过地层自然滤过，从而改善水质。如能在水源和渗水井之间挖一砂滤沟，或建筑水边砂滤井，则可更好地改善水质。此外，也可采用砂滤缸或砂滤桶来进行滤过。

（三）消毒

通过砂滤和混凝沉淀处理后的水，细菌含量已大大减少，但还可能存在少量的病原菌。为了确保饮水安全，必须再经过消毒处理。

疾病传播很重要的途径是饮水，较多猪场的饮水中大肠杆菌、霉菌、病毒往往超标。也有较多猪场在饮水中加入了维生素、抗生素粉制剂，这些维生素和抗生素会造成管道水线堵塞和生物膜大量形成，影响饮水卫生。因此，消毒剂的选择很重要。有很多消毒药说明书上宣称能用于饮水消毒，但不能盲目使用，应选择对猪肓肠道有益且能杀灭生物膜内所有病原的消毒药作为饮水消毒药。

饮水消毒的方法很多，如氯化法、煮沸法、紫外线照射法、臭氧法、超声波法、高锰酸钾法等。目前最常用的方法是氯化消毒法，该法杀菌力强、设备简单、费用低、使用方便。加氯消毒

的效果与水的 pH 值、混浊度、水温、加氯剂量及接触时间、余氯的性质及量等有关。当水温为 20℃、pH 值为 7 左右时，氯与水接触 30 分钟，水中剩余的游离氯（次氯酸或次氯酸根）大于 0.3 毫克/升，才能完全杀灭水中的病菌。当水温较低、pH 值较高、氯与水的接触时间较短时，则需要保留水中具有更高的余氯才能保证消毒效果，因而应加入更多的氯。也就是说，消毒剂的用量，除满足在接触时间内与水中各种物质作用所需要的有效氯量外，还应使水在消毒后有适量的剩余氯，以保证其持续的杀菌能力。

氯化消毒用的药剂有液态氯和漂白粉两种。集中式给水的加氯消毒主要用液态氯，小型水厂和一般分散式给水则多用漂白粉消毒。其中，漂白粉的杀菌能力取决于其所含的有效氯。新制漂白粉一般含有效氯 25%~35%，但漂白粉易受空气中二氧化碳、水分、光线和高温等的影响而发生分解，使有效氯的含量不断减少。因此，须将漂白粉装在密闭的棕色瓶内，放在低温、干燥、阴暗处，并在使用前检查其中有效氯的含量。如果有效氯含量低于 15%，则不适于作饮水消毒用。此外，还有漂白粉精片，其有效氯含量高且稳定，使用较为方便。

需要注意的是，饮水消毒，慎防中毒。饮水消毒是把饮水中的微生物杀灭，猪喝的是经过消毒的水，而不是消毒药水。任意加大饮水消毒药物浓度可引起急性中毒、杀死或抑制肠道内的正常菌群，对猪的健康造成危害。在临床上常见的饮水消毒剂多为氯制剂、季铵盐类和碘制剂，中毒原因往往是浓度过高或使用时间过长。中毒后多见胃肠道炎症并积有黏液、腹泻，以及不同程度的死亡。

五、猪舍内空气的消毒

空气中缺乏微生物所需的营养物质，特别是经过风吹、日

晒、干燥等自然净化作用，不利于微生物的生存。因此，微生物在空气中不能进行生长繁殖，只能以悬浮状态存在。但是空气中确实有一定数量的微生物存在，主要来源于土壤中的微生物随着尘土的飞扬进入空气中；人、猪的排泄物、分泌物排出体外，干燥后其中的微生物也随之飞扬到空气中。特别是人、猪呼吸道、口腔的微生物随着呼吸、咳嗽、喷嚏形成的气溶胶悬浮于空气中，若不采取相应的消毒措施，极易引起某些传染病，特别是经呼吸道传播的传染病的流行。因此，空气消毒的重点是猪舍。

一般猪舍内被污染的空气中微生物数量每立方米可达 10 个以上，特别是在添加粗饲料、更换垫料、出栏、打扫卫生时，空气中微生物会大量增加。因此，必须对猪舍内空气进行消毒。空气消毒最简便的方法是通风，这是减少空气中细菌数量极为有效的方法；其次是利用紫外线杀菌或甲醛气体熏蒸等化学药物进行消毒。

六、车辆消毒

在猪场大门口应该设置消毒池和消毒通道，消毒池的长度为进出车辆车轮 2 个周长以上，消毒池上方最好建顶棚，防止日晒雨淋和污泥浊水入内，并设置喷雾消毒装置（图 1-6）。消毒池内的消毒液 2~3 天彻底更换一次，所用的消毒剂要求作用较持久、较稳定，可选用 2%~3%氢氧化钠、1%过氧乙酸、5%来苏儿等。程序为：消毒池加入 20 厘米深的清洁水→测量水的重量/体积→计算（根据水的重量/体积、消毒液的浓度、消毒剂的含量，计算出所需消毒剂的用量）→添加、混匀。

所有进入养殖场（非生产区或生产区）的车辆（包括客车、饲料运输车、装猪车等）消毒可分为危险车辆和一般车辆。危险车辆为搬运猪和饲料的车辆、经常出入养猪场的车辆等（如来自其他养猪场的、饲料兽药销售服务车）。一般车辆为与猪无接触

图 1-6 消毒通道

机会的访客车辆。原则上车辆尽可能停放在生物安全区的周围之外，严格控制车辆特别是危险车辆进入猪场，只有必要的车辆才能进入猪场。

（一）危险车辆的消毒

危险车辆的消毒包括车轮喷洒消毒、车辆整体消毒、停车处的消毒。

1. 干洗，除去有机物 车辆内部及外部除去有机物的步骤是很必要的，因为粪便及垃圾中含有大量的污染，且为传播疾病的主要来源。使用刷子、铲子、耙或机械式刮刀，除去下列区域中的有机物。

特别要注意清除沉积于车辆底部的有机物质。使用坚硬的刷子（必要时使用压力冲洗器）清扫，确定车轮、轮箍、轮框、挡泥板及无遮蔽的车身无任何淤泥及稻草等污物残留。

2. 清洁 虽然除去了污染的垫料及垃圾，但是仍然有大量感染源残留。使用清洁剂进行喷洒，确保油污不会残留于表面。

3. 消毒 虽然经过了清洁的步骤，但是致病微生物（尤其是病毒）的数量仍然很高，足以引起疾病。因此需使用广谱消毒剂来有效对抗细菌、酵母菌、霉菌及其他病原菌。

（1）车辆外部，由车顶开始，然后依序往车厢四边消毒。需特别注意车辆的车框、车箍、挡泥板及底部的消毒。

（2）车辆内部，由车厢顶开始往下消毒，需彻底消毒车厢顶部、内壁、分隔板及地面。需特别注意上下货斜坡、货物升降架及栅门的消毒。

（3）确定车辆腹侧置物箱中所有已清洗的设备，如铲子、刷子等皆已喷洒过易净或金福溶液或浸泡在易净或金福溶液中。

（4）归还消毒设备前，要先消毒腹侧置物箱内部的所有表面。

（二）一般车辆的消毒

进出猪场的运输车辆，必须经过门口设置的消毒池或消毒通道。采用的消毒剂应对猪无刺激性、无不良影响，可选用0.5%过氧化氢溶液、1%过氧乙酸、二氯异氰尿酸钠等。任何车辆不得进入生产区。消毒程序为：准备好消毒喷雾器→根据消毒桶/罐中加水的重量/体积、消毒液浓度、消毒剂的含量，计算消毒剂的用量，加入、混匀→喷洒从车头顶端、车窗、门、车厢内外、车轮自上而下喷洒均匀→用清水清洗消毒机器，以防腐蚀机器→3~5分钟后方可准许车辆进场。

七、生产区消毒

1. 更衣沐浴 员工和访客进入生产区必须要更衣消毒沐浴，或更换一次性的工作服，换胶鞋后通过脚踏消毒池（消毒桶）才能进入生产区。

2. 脚踏消毒池（消毒桶） 工作人员应穿上生产区的胶鞋或其他专用鞋，通过脚踏消毒池（消毒桶）进入生产区。可用

百毒杀 1∶300 稀释，每天适量添加，每周更换一次，两种消毒剂 1~2 个月互换一次。

八、进出人员消毒

（一）人员消毒

严格控制参观者，对进入猪场参观员必须进行严格监控。

（1）进入猪场生产区的人员必须换本场消毒过的专用衣服和鞋，衣物用紫外线照射 18 小时以上。

猪场进出口除了设有消毒池消毒鞋靴外，还需进行洗手消毒。既要注重外来人员的消毒，更要注重本场人员的消毒。采用的消毒剂对人的皮肤无刺激性、无异味，可选用 0.5%过氧乙酸溶液、0.5%新洁尔灭（季铵盐类消毒剂）。消毒程序为：设立两个洗手盆 A/B→加入清洁水→盆 A：根据水的重量/体积计算需加消毒剂的用量→进场人员双手先在 A 盆浸泡 3~5 分钟→在盛有清水的 B 盆洗尽→毛巾擦干。

（2）进入饲养场的所有人员必须进行喷雾消毒，消毒剂为 0.5%过氧乙酸溶液，喷雾时间不得少于 60 秒，雾化消毒剂粒子不得大于 15 微米。所有人员必须用 0.5%过氧乙酸或 0.5%新洁尔灭溶液进行洗手消毒；洗手后不需要使用清水洗手部，只需要让其自然干燥即可。

（3）进入猪场生产区的人员必须过消毒池。

（4）进入猪舍的人员必须经过消毒池。足履消毒池：在养殖场的出入口及养殖场内每座建筑和房间的出入口处都设置足履消毒池。要保证每周更新消毒液，如果水靴被泥土或粪便严重污染，请在进入足履消毒池前使用刷子清洁水靴。

（二）人员消毒管理

（1）饲养管理人员应经常保持自身卫生、身体健康，定期进行常见的人畜共患病检疫，同时应根据需要进行免疫接种，如卡介苗、狂犬病疫苗等。如发现患有危害畜禽及传染病者，应及时调离，以防传染。

（2）饲养人员除工作需要外，一律不准在不同区域或栋之间相互走动，工具不得互相借用。

（3）任何人不准带饭，更不能将生肉及含肉制品的食物带入场内。场内职工和食堂均不得从市场购肉，吃肉问题由本场宰杀健康猪供给。

（4）所有进入生产区的人员，必须坚持“三踩一更”的消毒制度。即场区门前踩3%的氢氧化钠溶液池、生产区门前及猪舍门前踩消毒池或消毒脚垫，更衣室更衣。

（5）场区禁止参观，严格控制非生产人员进入生产区，若生产或业务必需时间，经过兽医同意后更换工作衣、鞋帽后，经过消毒方可进入，严禁外来车辆进入场区，若必须进入时，车辆必须经过严格消毒方可进入。在生产区内使用的车辆、用具，一律不得外出。

（6）生产区不准养猫、养狗，职工不得将宠物带入场内，不准在兽医诊疗室以外的地方解剖尸体。

（7）建立严格的兽医卫生防疫制度，猪场生产区和生活区分开，入口处设消毒池，设置专门的隔离室和兽医室，做好发病时病猪的隔离、检疫和治疗工作，控制疫病范围，做好病后的消毒净群等工作。

（8）当某种疾病在本地区或本场流行时，要及时采取相应的防制措施，并要按规定上报主管部门，采取隔离、封锁措施。

（9）坚持自繁自养的原则。若确实需要引种，必须隔离45天，确认无病，并接种疫苗后方可调入生产区。

（10）长年定期灭鼠，及时消灭蚊蝇，以防疾病传播。

（11）对于死亡猪的检查，包括剖检等工作，必须在兽医诊

疗室内进行，或在距离水源较远的地方检查。剖检后的尸体以及死亡的尸体应深埋或焚烧。

(12) 本场外出的人员和车辆，必须经过全面消毒后方可回场。

(13) 运送饲料的包装袋，回收后必须经过消毒方可再利用，以防止污染饲料。

第六节　消毒效果的检测

消毒的目的是为了消灭被各种带菌动物排泄于外界环境中的病原体，切断疾病传播链，尽可能地减少发病概率。消毒效果受到多种因素的影响，包括消毒剂的种类和使用浓度、消毒时的环境条件、消毒设备的性能等。因此，为了掌握消毒的效果，以保证最大限度地杀灭环境中的病原微生物，防止传染病的发生和传播，必须对消毒对象进行消毒效果的检测。

一、消毒效果检测的原理

在喷洒消毒液或经其他方法消毒处理前后，分别用灭菌棉棒在待检区域取样，并置于一定量的生理盐水中，再以 10 倍稀释法稀释成不同倍数，然后分别取定量的稀释液，置于加有固体培养基的培养皿中，培养一段时间后取出，进行细菌菌落计数，比较消毒前后细菌菌落数，即可得出细菌的消除率，根据结果判定消毒效果的好坏。

$$\text{消除率}=\frac{(\text{消毒前菌落数}-\text{消毒后菌落数})}{\text{消毒前菌落数}}\times 100\%$$

二、消毒效果检测的方法

（一）地面、墙壁和顶棚消毒效果的检测

1. 棉拭子法 用灭菌棉拭子蘸取灭菌生理盐水分别对猪舍地面、墙壁、顶棚进行未经任何处理前和消毒剂消毒后 2 次采样，采样点为至少 5 块相等面积（3 厘米×3 厘米）。用高压灭菌过的棉棒蘸取含有中和剂（使消毒药停止作用）的 0.03 摩尔/升的缓冲液，在试验区事先划出的 3 厘米×3 厘米的面积内轻轻滚动涂抹，然后将棉棒放在生理盐水管中（若用含氯制剂消毒时，应将棉棒放在 15%的硫代硫酸钠溶液中，以中和剩余的氯），然后投入灭菌生理盐水中。振荡后将洗液样品接种在普通琼脂培养基上，置于 37℃恒温箱培养 18～24 小时进行菌落计数。

2. 影印法 将 50 毫升注射器去头并灭菌，无菌分装普通琼脂制成琼脂柱。分别对猪舍地面、墙壁、顶棚各采样点进行未经任何处理前和消毒剂消毒后 2 次影印采样，并用灭菌刀切成高度约 1 厘米厚的琼脂柱，正置于灭菌平皿中，于 37℃恒温箱培养 18～24 小时后进行菌落计数。

（二）对空气消毒效果的检查

1. 平皿暴露法 将待检房间的门窗关闭好，取普通琼脂平板 4～5 个，打开盖子后，分别放在房间的四角和中央暴露 5～30 分钟，根据空气污染程度而定。取出后放入 37℃恒温箱培养18～24 小时，计算生长菌落。消毒后，再按上述方法在同样地点取样培养，根据消毒前后的细菌数的多少，即可按上述公式计算出空气的消毒效果。但该方法只能捕获直径大于 10 微米的病原颗粒，对体积更小、流行病学意义更大的传染性病原颗粒很难捕获，故准确性差。

2. 液体吸收法 先在空气采样瓶内放 10 毫升灭菌生理盐水或普通肉汤，抽气口上安装抽气唧筒，进气口对准欲采样的空

气，连续抽气100升，抽气完毕后分别吸取其中液体0.5毫升、1毫升、1.5毫升，分别接种在培养基上培养。按此法在消毒前后各采样1次，即可测出空气的消毒效果。

3. 冲击采样法　用空气采样器先抽取一定体积的空气，然后强迫空气通过狭缝直接高速冲击到缓慢转动的琼脂培养基表面，经过培养，比较消毒前后的细菌数。该方法是目前公认的标准空气采样法。

（三）消毒效果检测结果的判定

如果细菌减少了80%以上为良好，减少了70%～80%为较好，减少了60%～70%为一般，减少了60%以下则为消毒不合格，需要重新消毒。

三、强化消毒效果的措施

（一）制定合理的消毒程序并认真实施

在消毒操作过程中，影响消毒效果的因素很多，如果没有一个详细、全面的消毒计划并严格落实实施，消毒的随意性大，就不可能收到良好的消毒效果。

1. 消毒计划（程序）　消毒计划（程序）的内容应该包括消毒的场所或对象，消毒的方法，消毒的时间次数，消毒药的选择、配比稀释、交替更换，消毒对象的清洁卫生以及清洁剂或消毒剂的使用等。

2. 执行控制　消毒计划落实到每一个饲养管理人员，严格按照计划执行并要监督检查，避免随意性和盲目性；要定期进行消毒效果检测，通过肉眼观察和微生物学的监测，以确保消毒的效果，有效减少或排除病原体。

（二）选择适宜的消毒剂和适当的消毒方法

见本章第三节、第四节有关内容。

第二章　猪场的防疫

第一节　猪场的卫生管理

一、完善养猪场隔离卫生设施

（1）猪场四周建有围墙或防疫沟，并有绿化隔离带，猪场大门入口处设消毒池。

（2）生产区入口处设人员更衣淋浴消毒室，在猪舍入口处设地面消毒池。

（3）种猪展示厅和装猪台设置在生产区靠近围墙处，出售的种猪只允许经展示厅后从装猪台装车外运，不可返回。

（4）开放式猪舍应设置防护网。

（5）饲料库房应设在生产区与管理区的连接处，场外饲料车不允许进入生产区。

（6）病猪尸体处理按《病害动物和病害动物产品生物安全处理规程》（GB 16548—2006）的规定执行。

二、加强猪场卫生管理

猪群疫病主要是病原微生物传播造成的，而病原微生物理想的栖息场所是猪舍，也就是说病原微生物生存于养猪生产的各个

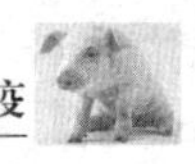

角落，如空地、舍内、空气等场所，因此如何防制病原微生物的繁殖生长及传播是保护猪群健康的关键。控制病原微生物的繁殖生长及传播即不给它提供生存之地、传播之路，也就是说猪场给猪群提供一个良好的环境和有效的消毒措施，从而降低猪只生长环境中的病原微生物数量，为猪群提供一个良好的生存环境。

（一）猪群的卫生

（1）每天及时打扫圈舍卫生，清理生产垃圾，保持舍内外干净整洁，所用物品摆放有序。

（2）保持舍内干燥清洁，每天必须进圈内打扫清理猪的粪便，尽量做到猪、粪分离，若是干清粪的猪舍，每天上下午及时将猪粪清理出来堆积到指定地方；若是水冲粪的猪舍，每天上下午及时将猪粪打扫到地沟里以清水冲走，保持猪体、圈舍干净。

（3）每周转运一批猪，空圈后要清洗、消毒；种猪上床或调圈，要把空圈先冲洗后用广谱消毒药消毒；产房每断奶一批、育成每育肥一批、育肥每出栏一批等，应先清扫冲洗，再用消毒药消毒。

（4）注意通风换气，冬季做到保温，舍内空气良好，冬季可用风机通风5~10分钟（各段根据具体情况通风）。夏季通风防暑降温，排出有害气体。

（5）生产垃圾，即使用过的药盒、瓶、疫苗瓶、消毒瓶、一次性输精瓶等用后立即焚烧或妥善放在一处，适时统一销毁处理。料袋能利用的返回饲料厂，不能利用的焚烧掉。

（6）舍内的整体环境卫生包括顶棚、门窗、走廊等平时不易打扫的地方，每次空舍后彻底打扫一次，不能空舍的每个月或每季度彻底打扫一次。舍外环境卫生每个月清理一次。

（7）四季灭鼠，夏季灭蚊蝇。

（二）空舍消毒遵循的程序：清扫、消毒、冲洗、熏蒸消毒

（1）空舍后，彻底清除舍内的残料、垃圾及门窗尘埃等，并整理舍内用具。产房空舍后把小猪料槽集中到一起，保温箱的垫板立起来放在保温箱上便于清洗，育成、育肥、种猪段空舍后彻底清除舍内的残料、垃圾及门窗尘埃等，并整理舍内用具。

（2）舍内设备、用具清洗。对所有的物体表面进行低压喷洒浓度为2%~3%氢氧化钠，使其充分湿润，喷洒的范围包括地面、猪栏、各种用具等，浸润1小时后再用高压冲洗机彻底冲洗地面及食槽、猪栏等各种用具，直至干净清洁为止。在冲洗的同时，要注意产房的烤灯插座及各栋电源的开关及插座。

（3）用广谱消毒药彻底消毒空舍所有表面、设备、用具，不留死角。消毒后用高锰酸钾和甲醛熏蒸24小时，通风干燥空置5~7天。

（4）进猪前2天恢复舍内布置，并检查维修设备用具，维修好后再用广谱药消毒一次。

（三）定期消毒

（1）进入生产区的消毒池必须保持溶液的有效浓度，消毒药浓度达到3%，每隔3天换一次。

（2）外出员工或场外人员进入生产区须经过“踏、照、洗、换”四步消毒程序方能进入场区，即踏消毒池或垫、照紫外线5~10分钟、进洗澡间洗澡、更换工作服和鞋。

（3）进入场区的物品照紫外线30分钟后方可进生产区，不怕湿的物品用浸润或消毒后进入场区，或熏蒸一次。

（4）外购猪车辆在装猪前严格喷雾消毒2次，装猪后对使用过的装猪台、秤、过道及时进行清理、冲洗、消毒。

（5）各单元门口有消毒池，人员进出时，双脚必须踏入消毒池，消毒池必须保持溶液的有效浓度。

（6）各栋舍内按规定打扫卫生后带猪喷雾消毒一次，外环境根据情况消毒，每周2次或每周3次或每周1次。舍外生产区、装猪台、焚尸炉都要消毒，不留死角，消毒药轮流交叉使用。

由于规模养殖带来的环境污染问题日益突出，已成为世界性公

害，不少国家已采取立法措施，限制畜牧生产对环境的污染。为了从根本上治理畜牧业的污染问题，保证畜牧业的可持续发展，许多国家和地区在这方面已进行了大量的基础研究，取得了阶段性成果。

三、发生传染病时的紧急处置

1. 隔离诊断　当发生疫病或死猪时，要查明原因，做出初步判断。如确认是传染病或疑似传染病时，应严格封锁，将病猪隔离，专人饲养。将疫情报告当地兽医主管部门，通知邻近养猪户和猪场，以便采取相应措施。

2. 隔离观察和治疗　对病猪和可疑猪只，分别隔离观察和治疗。对同群猪尚未见发病的，应注意观察，根据疾病种类用相应的疫（菌）苗进行紧急预防注射，控制传染病的发生。

3. 封锁疫区，搞好消毒　当确定为传染病时，根据情况，划定疫区进行封锁。封锁的目的是为了控制疫病的继续扩大蔓延，以便迅速消灭疫病。疫区禁止车辆、人来往出入。做好消毒工作。为了消灭传染源，对不能治的病猪全部淘汰，可在兽医监督下，加工处理。病死猪尸体、粪便和污染的垫草等，在指定地点烧毁或深埋。

4. 解除封锁　病猪全部治愈或最后一头病猪死亡以后，经一定的时间不再发现病猪，再做一次彻底消毒后方可解除封锁。

第二节　猪场驱虫、杀虫与灭鼠

一、猪场驱虫

（一）猪场寄生虫病发生的特点

当前，规模化猪场由于实行了封闭式管理，集约化养殖，猪群密度大，猪舍温度相对稳定，有利于寄生虫的繁殖传播；同时，又因为饲养管理精细，营养供给充足，对寄生虫所造成的危害临床表现不明显，往往给人们带来错觉，造成重视不够，疏于防治。

1. 寄生虫病的发生季节性不明显 传统的散养模式，寄生虫病往往在夏秋季多发，所以一般在春秋两季进行寄生虫防控；而规模化猪场寄生虫病的发生季节性不明显，因此防控措施不能只在春秋两季进行，应根据本场寄生虫病流行情况及猪群的感染程度而定。

2. 寄生虫种群结构发生变化 在非规模化养殖的猪场，在中间宿主体内发育的寄生虫病较多，如肺线虫、姜片吸虫、猪囊虫、棘头虫等；在规模化猪场，由于中间宿主被控制，不需要中间宿主的寄生虫病逐渐增多，如猪蛔虫、鞭虫、弓形虫、球虫、疥螨等危害严重。

3. 多种寄生虫同时感染、交叉感染、重复感染现象明显 由于环境适宜，猪群密度大，寄生虫繁殖传播迅速，在病猪排出少量虫卵的情况下，易造成全群感染；在猪群抵抗力较差时，寄生虫会交叉感染和重复感染，在与某种传染病并发或继发时危害更大。

4. 临床症状虽不明显，但造成的经济损失严重 规模化猪场饲养管理精细，营养供给充足，寄生虫所造成的危害临床表现一般不明显，而寄生虫病一般呈现慢性、营养消耗性过程，当发现临床症状时感染已很严重，如果平时重视程度不够，往往会在“不知不觉”中造成巨大的经济损失。

（二）寄生虫病的防制技术

加强饲养管理，定期消毒灭源，净化猪场环境，切断传播途径，是减少和预防寄生虫病感染的有效措施；同时，规模化猪场还应根据本地区寄生虫病流行规律，并结合本场的实际情况，制

定切实可行、科学合理的防控程序，全面开展虫情检测、检疫净化、药物防治等工作。

1. 加强饲养管理，提高机体抗病力　坚持“全进全出”的饲养管理制度，凡从外地引进猪只，应先隔离饲养，确认无疫后再入群；经常保持圈舍空气流通、环境干燥及猪体清洁卫生，并根据猪不同生长时期、不同生理阶段的营养需求，提供合理均衡的营养物质，以提高猪体抗病力；同时饲喂饲料要防霉变，饮水水源要防污染。

2. 定期消毒灭源，净化猪场环境　定期对猪场周围环境进行清理消毒，对猪的粪便、污物可通过堆积或沼气生物热发酵处理，以防虫卵散播；对污染的场地可用生石灰水或3%来苏儿液进行喷洒消毒；对饲养员的衣物、用具进行加热消毒；对栏舍、运输车等可用杀灭菊酯、螨净等进行喷雾消毒。

3. 消灭中间寄主，切断传播途径　许多寄生虫在发育过程中都有中间寄主和传播媒介的参与，用化学药品或生物学方法可以控制寄生虫病的发生与流行；如猪场不养狗、猫，禁止混养畜禽，定期做好灭鼠、灭蚊、灭蟑、灭虫等工作，以消灭中间宿主，切断传播途径，减少染病机会。

4. 开展虫情监测，强化检疫处置　规模猪场应定期做好寄生虫病的监测工作，以监控不同阶段和不同时期猪群的寄生虫感染情况，及时掌握疫情，有计划地进行驱虫；在屠宰检疫中如发现感染囊尾蚴、旋毛虫等寄生虫病的生猪要进行无害化处理，肉尸要焚烧或深埋，病死猪坚决执行“五不一处理”制度（即不准宰杀、不准食用、不准出售、不准转运、不准抛弃病死畜禽及其产品，必须进行无害化处理），避免交叉感染。

5. 坚持预防为主，定期药物净化　规模猪场应根据本地区或本场寄生虫病流行情况和发生规律，结合对生猪寄生虫病的检测情况，制定适合本场实际的科学合理的寄生虫防治方案，选用高效、广谱、低毒、无残留、不易产生耐药性的驱虫药物，有计划地对全场猪群进行驱虫净化。

（1）正确选用高效广谱综合性驱虫药物。当前，集约化猪场寄生虫病混合感染较为严重，而单独使用常规驱虫药物对鞭虫、结节虫、球虫等的驱除效果又很有限，因此，必须选用高效、广谱、低毒、适口性好、无残留、不易产生耐药性的综合性驱虫药物，并注意掌握适宜用量；为便于猪体对药物的吸收，驱虫前应禁食（12~18 小时）；为了提高驱虫效果，一般需要连续用药；对于一些体表寄生虫如疥螨等，应在第一次用药后，间隔 7 日再用药一次，同时坚持进行带猪消毒，才能防止复发。

（2）药物防治净化方案。规模猪场应根据本场寄生虫病流行情况和发生规律，结合对生猪寄生虫病的检测情况，制定科学合理的防治方案，有计划地对全场猪群进行药物驱虫净化。有的养殖户只重视肥猪的驱虫，而不重视母猪的驱虫，这是不对的。其实，母猪是一个猪场寄生虫的带虫者和传播源，重视母猪驱虫尤其是母猪产前驱虫，能更好地阻断寄生虫由母猪向仔猪的传播。

对全场种猪群每 3 个月驱虫 1 次。驱虫方法：对于怀孕母猪、公猪，用帝诺玢（伊维菌素预混剂）1 500 克拌料 1 000 千克饲喂，连喂 7 天；或用全驱（伊维菌素-芬苯达唑预混剂）500 克拌料 1 000 千克饲喂，连喂 7 天。对哺乳母猪、后备猪，用帝诺玢 1 000 克拌料 1 000 千克饲喂，连喂 7 天；或用全驱 500 克拌料 1 000 千克饲喂，连喂 7 天。

在育成猪 50 日龄、90 日龄及 135 日龄左右各驱虫 1 次，或者各阶段猪转群前驱虫 1 次。驱虫方法：用帝诺玢 1 500 克拌料 1 000 千克饲喂，连喂 7 天；或用驱虫一次净 1 000 克拌料 1 000 千克饲喂，连喂 5~7 天。50 日龄左右的仔猪体质较弱，是寄生虫感染的易感群体，此时驱虫可保护猪免受寄生虫的侵袭。猪从

90 日龄开始育肥，此时用药有助于降低因寄生虫感染引起的损失；在猪 135 日龄左右（在育肥中期）进行驱虫，目的在于保护猪出栏前不发生寄生虫感染，以提高猪肉品质，减少经济损失。

引进种猪先驱虫净化后合群。驱虫方法：用帝诺玢 1 500 克拌料 1 000 千克饲喂，连喂 7 天；外购仔猪一般进场后 10~15 天驱虫 1 次；驱虫方法：全驱 0. 075 克/千克体重拌料饲喂，连喂 7 天。

对于已经发病的猪群（如感染蛔虫、鞭虫、结节虫等）可皮下注射伊维菌素注射液或百虫灭注射液进行治疗。伊维菌素注射液，每千克体重皮下注射 0. 03 毫升，隔 7 天再注射 1 次；百虫灭注射液，每 30 千克体重皮下注射 1 毫升，隔 5 天再注射一次，一般两次即可治愈；对感染球虫病引起严重腹泻的猪群，可在饲料中添加百球清和盐霉素饲喂，用量均为每 500 克拌料 1 000千克，连用 5~7 天即可。

在实施药物防治的同时，要加强饲养管理，给予营养均衡的饲料，补充电解多维，加强带猪消毒，净化养殖环境，这样对巩固与提高防治效果非常有益。

（三）驱虫注意事项

（1）养猪场要根据猪群寄生虫病发生的情况及当地动物寄生虫病的流行状况，有针对性地制订周密可行的驱虫计划，有步骤地进行驱虫。

（2）实施驱虫之前要认真对猪群进行虫卵检查，弄清本猪场猪体内外寄生虫种类与严重程度，以便有效地选择最佳的驱虫药物，安排适宜的驱虫时间实施驱虫，以达到最佳的驱虫效果。

（3）驱虫用药时，要严格按照选用驱虫药的使用说明书所规定的剂量、给药方法及注意事项等进行，不得随意改变药物的用量和使用方法，否则易引发意外事故的发生。

（4）驱虫后要注意观察猪群状态，对出现严重反应的猪只要立即查明原因，并及时进行解救。

（5）猪场使用驱虫药要轮换使用不同的品种，不要长期只使用1~2种驱虫药，防止产生耐药虫株。目前在一些猪场已出现了耐药性虫株，甚至存在交叉耐药现象。这都与猪场长期和反复地使用1~2种驱虫药，使用剂量小或浓度低有关。

（6）驱虫后猪只排出的粪便与虫体要集中妥善处理，防止扩散病原。因为粪便中带有寄生虫虫卵和幼虫，在外界适宜的条件下可发育成感染性幼虫，通过污染饲料、饮水与环境，易造成猪群重复感染。因此，粪便及污物要进行厌氧消化和堆积发酵，利用生物热，杀灭虫卵和幼虫。同时要加强对猪舍内外环境的消毒与杀虫，消灭中间宿主，改变寄生虫中间宿主隐匿和滋生的条件，使没有进入中间宿主的幼虫无法完成其发育，而达到消灭寄生虫的目的。

（7）抗寄生虫药物对人体有一定的危害性，因此，使用驱虫药时，要避免药物与人体直接接触，采取防护措施，以免对人体刺激、过敏及中毒等事故的发生。有些驱虫药还会污染环境，因此，接触药物的容器及用具一定要妥善处理，避免造成环境污染，后患无穷。

（8）猪只上市屠宰前30天停止使用驱虫药，以免猪体产生药物残留，严重影响公共卫生安全和人类的健康。

二、猪场杀虫

（一）有害昆虫的危害性

许多节肢动物（如蚊、蝇、蜱、虻、蠓、螨、虱、蚤等吸血昆虫）都是动物疫病及人畜共患病的传播媒介，可携带细菌100多种、病毒20多种、寄生虫30多种，能传播传染病和寄生虫病20多种。常见的有伪狂犬病、猪瘟、蓝耳病、口蹄疫、猪痘、传染性胃肠炎、流行性腹泻、猪丹毒、猪肺疫、链球菌病、结核

病、布鲁杆菌病、大肠杆菌病、沙门杆菌病、魏氏梭菌病、猪痢疾、钩端螺旋体病、附红细胞体病、猪蛔虫病、囊虫病、猪球虫病及疥螨等疫病。这不仅会严重危害动物与人类的健康，而且影响猪只生长与增重，降低其非特异性免疫力与抗病力。因此，选用高效、安全、使用方便、经济和环境污染小的杀虫药杀灭吸血昆虫，对养猪生产及保障公共环境卫生的安全均具有重要的意义。

（二）养猪场的杀虫技术措施

1. 加强对环境的消毒　养猪场要加强对猪场内外环境的消毒，以彻底地杀灭各种吸血昆虫。猪群实行分群隔离饲养，"全进全出"的制度；正常生产时每周消毒 1 次，发生疫情时每天消毒 1 次，直至解除封锁；猪舍外环境每月消毒 1 次，发生疫情时每周消毒 1 次，直至解除封锁；猪舍外环境每月清扫大消毒 1 次；人员、通道、进出门随时消毒。

消毒剂可选用 1%安酚（复合酚）、8%醛威（戊二醛溶液）、1∶133 溴氯海因粉、1∶300 护康（月苄三甲氯胺溶液）、杀毒灵（每 1 升水加 0.2 克）等消毒剂实施喷洒消毒。上述消毒剂杀菌广谱、药效持久、安全、使用方便，价格适中。

2. 控制好昆虫滋生的场所　猪舍每天要彻底清扫干净，及时除去粪尿、垃圾、饲料残屑及污物等，保持猪舍清洁卫生，地面干燥、通风良好，冬暖夏凉。猪舍外环境要彻底铲除杂草，填平积水坑洼，保持排水与排污系统的畅通。严格管理好粪污，无害化处理。使有害昆虫失去繁衍滋生的场所，以达到消灭吸血昆虫的目的。

3. 使用药物杀灭昆虫

（1）加强蝇必净：250 克药物加水 2.5 升混均匀后用于喷洒猪舍、地面、墙壁、门窗、栏圈及排粪污沟等，每周 1 次，对人体和猪只无毒副作用。可杀灭蚊、蝇、蜱、蠓、虱子、蚤等吸血昆虫。

（2）蚊蝇净：10 克（1 瓶）药物溶于 500 毫升水中喷洒猪舍、地面、墙壁、门窗、栏圈及排粪污沟等，对人体和猪只无毒副作用。可杀灭蚊、蝇、蜱、蠓、虱、蚤等吸血昆虫。

（3）蝇毒磷：白色晶状粉末，含量为 20%，常用浓度为 0.05%，用于喷洒，对蚊、蝇、蜱、螨、虱、蚤等有良好的杀灭作用。休药期为 28 天。毒性小，安全性高。

（4）力高峰（拜耳）：用 0.15%浓度溶液喷洒（猪体也可以），可杀灭吸血昆虫与体外寄生虫等。安全、广谱，效果好，使用方便。

（5）拜虫杀（拜耳）：原药液兑水 50 倍用于喷洒，可杀灭吸血昆虫与体外寄生虫等。安全、广谱，效果好，使用方便。

4. 电子灭蚊灯　猪场也可使用电子灭蚊灯、捕捉拍打及黏附等方杀灭吸血昆虫，既经济又实用。

三、猪场灭鼠

（一）鼠类的危害性

1. 鼠类传播疫病，对人体和动物的健康造成严重的威胁　据有关研究报告，鼠类携带各种病原体，能传播伪狂犬病、口蹄疫、猪瘟、流行性腹泻、炭疽、猪肺疫、猪丹毒、结核病、布鲁杆菌病、李氏杆菌病、土拉杆菌病、沙门杆菌病、钩端螺旋体病及立克次体病等多种动物疫病及人畜共患病，对动物和人类的健康造成严重的威胁。

2. 鼠类常年吃掉大量的粮食　我国鼠的数量超过 30 亿只，每年吃掉的粮食为 250 万吨，超过我国每年进口粮食的总量，经济损失达 100 多亿元。猪舍和围墙的墙基、地面、门窗等方面都应力求坚固，发现有洞要及时堵塞。猪舍及周围地区要整洁，挖毁室外的巢穴、填埋、堵塞鼠洞，使老鼠失去栖身之处，破坏其

生存环境，方可达到驱杀之目的。

（二）灭鼠方法

1. 利用各种工具以不同的方式扑杀鼠类 如关、夹、压、扣、套、翻（草堆）、堵（洞）、挖（洞）、灌（洞）等。

2. 药物灭鼠

（1）卫公灭鼠剂。每支10毫升，将药物溶于100毫升热水（40℃）中，充分混匀，再加入500克新鲜玉米粉反复搅拌，至药液吸干后即可使用，放至鼠类出入处，洞口附近及墙角处，让其采食。

（2）敌鼠钠盐。取敌鼠钠盐5克，加沸水2升搅匀，再加10千克杂粮粉，浸泡至毒水全部吸收后，加适量的植物油拌匀，晾干后备用。

（3）杀鼠灵。取2.5%药物母粉1份、植物油2份、面粉97份，加适量水制成每粒1克的面丸，投放毒饵灭鼠。

（4）立克命（拜耳）。直接撒施，灭鼠彻底。

（5）0.005%鼠克命膏剂。每30厘米距离投放1包，不发霉，可长期使用。

（三）养猪场灭鼠注意事项

（1）选择高效敏感，对人和猪无毒副作用，对环境无污染的、廉价、使用方便的灭鼠药物用于灭鼠。使用药物之前要熟悉药物的性质和作用特点，以及对人和动物的毒性和中毒的解救措施，以便发生事故时急用。

（2）掌握好药物安全有效的使用剂量和浓度，以及最佳的使用方法，以便充分发挥灭鼠药物的作用，又能避免造成人和动物发生中毒。

（3）药物灭鼠后要及时收集鼠尸，集中统一处理，防止猪只误食后发生二次中毒。

（4）用于灭鼠的药物要定期更换使用，长期使用单一的灭鼠药物易产生耐药性，结果造成灭鼠失败。

（5）灭鼠药要从国家指定药店购买，不要从个人手中购药，以免购进伪、劣、假药，否则将贻误灭鼠工作的开展。

第三节　猪场粪污的无害化处理

由于规模养殖带来的环境污染问题日益突出，已成为世界性公害，不少国家已采取立法措施，限制畜牧生产对环境的污染。为了从根本上治理畜牧业的污染问题，保证畜牧业的可持续发展，许多国家和地区在这方面已进行了大量的基础研究，取得了阶段性成果。

一、猪场粪尿对生态环境的污染

（一）猪场的排污量

一般情况下，1头育肥猪从出生到出栏，排粪量850～1 050千克，排尿1 200～1 300千克。1个万头猪场每年排放纯粪尿3万吨，再加上集约化生产的冲洗水，每年可排放粪尿及污水6万～7万吨。全国仅有少数猪场建造了能源环境工程，对粪污进行处理和综合利用。以对猪场粪水污染处理力度较大的北京、上海和深圳为例，采用工程措施处理的粪水只占各自排放量的5%左右。由于粪水污染问题没有得到有效解决，大部分的规模化养猪场周围臭气冲天、蚊蝇成群，地下水硝酸盐含量严重超标，少数地区传染病与寄生虫病流行，严重影响了养猪业的可持续发展。

（二）猪场排污中的主要成分

猪粪污中含有大量的氮、磷、微生物和药物以及饲料添加剂的残留物，它们是污染土壤、水源的主要有害成分。1头育肥猪

平均每天产生的废物为 5.46 升，1 年排泄的总氮量达 9.534 千克，磷达 6.5 千克。1 个万头猪场 1 年可排放 100~161 吨的氮和 20~33 吨的磷，并且每 1 克猪粪污中还含有 83 万个大肠杆菌、69 万个肠球菌以及一定量的寄生虫卵等。大量有机物的排放使猪场污物中的 BOD（生化需氧量）和 COD（化学需氧量）值急剧上升。据报道，某些地区猪场的 BOD 高达 1 000~3 000（毫克/升），COD 高达 2 000~3 000（毫克/升），严重超出国家规定的污水排放标准（BOD 6~80，COD150~200）。此外，在生产中用于治疗和预防疾病的药物残留、为提高猪生长速度而使用的微量元素添加剂的超量部分也随猪粪尿排出体外；规模化猪场用于清洗消毒的化学消毒剂则直接进入污水。上述各种有害物质如果得不到有效处理，便会对土壤和水源构成严重的污染。

猪场所产生的有害气体主要有氨气、硫化氢、二氧化碳、酚、吲哚、粪臭素。甲烷和硫酸类等，也是对猪场自身环境和周围空气造成污染的主要成分。

（三）猪场排泄物的主要危害

1. 土壤的营养富集　猪饲料中通常含有较高剂量的微量元素，经消化吸收后多余的随排泄物排出体外。猪粪便作为有机肥料播撒到农田中去，长期下去，将导致磷、铜、锌及其他微量元素在环境中的富集，从而对农作物产生毒害作用，严重影响作物的生长发育，使作物减产。如以前流行在猪日粮中添加高剂量的铜和锌，可以提高猪的饲料利用率和促进猪的生长发育，此方法曾风靡一时，引起养殖户和饲料生产者的极大兴趣。然而，高剂量的铜和锌的添加会使猪的肌肉和肝脏中铜的积蓄量明显上升，更为严重的是还会显著增加排泄物中的铜、锌含量，引起土壤的营养累积，造成环境污染。

2. 水体污染　在谷物饲料、谷物副产品和油饼中有 60%~75%的磷以植酸磷形式存在。由于猪体内缺乏有效利用磷的植酸酶以及对饲料中的蛋白质的利用率有限，导致饲料中大部分的氮和磷由粪尿排出体外。试验表明猪饲料中氮的消化率为75%~80%，沉积率为20%~50%；对磷的消化率为20%~70%，沉积率为20%~60%。未经处理的粪尿，一部分氮挥发到大气中增加了大气中的氮含量，严重时构成酸雨，危害农作物；其余的大部分则被氧化成硝酸盐渗入地下或随地表水流入江河，造成更为广泛的污染，致使公共水系中的硝酸盐含量严重超标，河流严重污染。磷渗入地下或排入江河，可严重污染水质，造成江河池塘的藻类和浮游生物大量繁殖，产生多种有害物质，进一步危害环境。

3. 空气污染　由于集约化养猪高密度饲养，猪舍内潮湿，粪尿及呼出的二氧化碳等散发出恶臭，其臭味成分多达168种，这些有害气体不但对猪的生长发育造成危害，而且排放到大气中会危害人类的健康，加剧空气污染以致与地球温室效应都有密切关系。

二、解决猪场污染的主要途径

为了解决猪排泄物对环境的污染及恶臭问题，长期以来，世界各国科学家曾研究了许多处理技术和方法，如粪便的干处理、堆肥处理、固液分离处理、饲料化处理、沸石吸附恶臭气等处理技术以及干燥法、热喷法和沼气法处理等，这些技术在治理猪粪尿污染上虽然都有一定效果，但一般尚需要较高的投入。到目前为止，还没有一种单一处理方法就能达到人们所要求的理想效果。因此，必须通过多种措施，实行多层次、多环节的综合治理，采取标本兼治的原则，才能有效地控制和改善养猪生产的环境污染问题。

（一）按照可持续发展战略确定养殖规模与布局

1. 合理规划，科学选址　集约化规模化养猪场对环境污染的核心问题有两个，一个是猪粪尿的污染，另一个是空气的污

染。合理规划，科学选址，是保证猪场安全生产和控制污染的重要条件。在规划上，猪场应当建到远离城市、工业区、游览区和人口密集区的远郊农业生产腹地。在选址上，猪场要远离村庄并与主要交通干道保持一定距离。有些国家明确规定，猪场应距居民区 2 千米以上；避开地下生活水源及主要河道；场址要保持一定的坡度，排水良好；距离农田、果园、菜地、林地或鱼池较近，便于粪污及时利用。

2. 根据周围农田对污水的消纳能力，确定养殖规模　发展畜牧业生产一定要符合客观实际，在考虑近期经济利益的同时，还要着眼于长远利益。要根据当地环境容量和载畜量，按可持续发展战略确定适宜的生产规模，切忌盲目追求规模，贪大求洋，造成先污染再治理的劳民伤财的被动局面。目前，猪场粪污直接用于农田，实现农业良性循环是一种符合我国国情的最为经济有效的途径。这就要求猪场的建设规模要与周围农田的粪污消纳能力相适应，按一般施肥量（每亩每茬 10 千克氮和磷）计算，一个万头猪场年排出的氮和磷，需至少 333. 33 公顷、年种两茬作物的农田进行消纳，如果是种植牧草和蔬菜，多次刈割，消纳的粪污量可成倍增加。因此牧场之间的距离，要按照消纳粪污的土地面积和种植的品种来确定和布局。此外，猪场粪水与养鱼生产结合，综合利用，也可收到良好效果。通过农牧结合、种养结合和牧渔结合，可以实现良性循环。

3. 增强环保意识，科学设计，减少污水的排放　在现代化猪场建设中，一定要把环保工作放在重要的位置，既要考虑先进的生产工艺，又要按照环保要求，建立粪污处理设施。国内外对于大中型猪场粪污处理的方法基本有二：一是综合利用，二是污水达标排放。对于有种植业和养殖业的农场、村庄和广阔土地的单位，采用“综合利用”的方法是可行的，也是生物质能多层次利用、建设生态农业和保证农业可持续发展的好途径。否则，只有采用“污水达标排放”的方法才能确保养猪业长期稳定的生存与发展。

规模化猪场一定要把污水处理系统纳入设计规划，在建场时一并实施，保证一定量的粪污存放能力，并且有防渗设施。在生产工艺上，既要采用世界上先进的饲养管理技术，又要根据国情因地制宜，比如在我国，劳动力资源比较丰富，而水资源相对匮乏，在规模猪场建设上可按照粪水分离工艺进行设计，将猪粪便单独收集，不采用水冲式生产工艺，尽量减少冲洗用水，继而减少污水的排放总量。

（二）减少猪场排污量的营养措施

畜牧业的污染主要来自于猪的粪、尿和臭气以及动物机体内有害物质的残留，究其根源来自于饲料。因此近年来，国内外在生态饲料方面做了大量研究工作，以期最大限度地发挥猪的生产性能，并同时将畜牧业的污染减小到最低限度，实现畜牧业的可持续发展。令人欣慰的是，在这方面我国已取得了阶段性的成果。

1. 添加合成氨基酸，减少氮的排泄量　按“理想蛋白质”模式，以可消化氨基酸为基础，采用合成赖氨酸、蛋氨酸、色氨酸和苏氨酸来进行氨基酸营养上的平衡，代替一定量的天然蛋白质，可使猪粪尿中氮的排出减少50%左右。有试验证明：猪饲料的利用率提高0.1%，养分的排泄量可下降3.3%；选择消化率高的日粮可减少营养物质排泄5%；猪日粮中的粗蛋白每降低1%，氮和氨气的排泄量分别降低9%和8.6%，如果将日粮粗蛋白质含量由18%降低到15%，即可将氮的排泄量降低25%。欧洲饲料添加剂基金会指出，降低饲料中粗蛋白质含量而添加合成氨基酸可使氮的排出量减少20%~25%。除此之外，也可添加一定量的益生素，通过调节胃肠道内的微生物群落，促进有益菌生长繁殖，对提高饲料的利用率作用明显，可降低氮的排泄量25%~29%。

2. 添加植酸酶，减少磷的排泄量　猪排出的磷主要是以植酸磷和磷酸盐的形式存在的，由于猪体内缺乏能有效利用植酸磷的各种酶，因此，植酸磷在体内几乎完全不被吸收，所以必须添加大量的无机磷，以满足猪生长所需。未被消化利用的磷则通过粪尿排出体外，严重污染了环境。而当饲料中添加植酸酶时，植酸磷可被水解为游离的正磷酸和肌醇，从而被吸收。

以有效磷为基础配制日粮或者选择有效磷含量高的原料，可以降低磷的排出，猪日粮中每降低 0.05%的有效磷，磷的排泄量可降低 8%；通过添加植酸酶等酶制剂提高谷物和油料作物饼粕中植酸磷的利用效率，也可减少磷的排泄量。有试验表明，在猪日粮中使用 200~1 000 单位的植酸酶可以减少磷的排出量 25%~50%，这被看作是降低磷排泄量的最有效的方法。

3. 合理有效地使用饲料添加剂，减少微量元素污染　在猪的饲养标准中规定，每 1 千克饲粮中铜含量为 4~6 毫克，而在实际应用中为追求高增重，铜的含量高达 150~200 毫克，有的养猪场（户）以猪粪便颜色是否发黑来判定饲料好坏，而一些饲料生产厂家为迎合这种心态，也在饲料中添加高铜。试验表明，在每千克饲粮中添加 150~200 毫克铜对仔猪生长效果显著，对中猪仍有较好效果，而在大猪则没有明显效果。铜对猪前期的促生长作用是肯定的。但如果超量使用，却会对环境污染和人畜安全带来严重后果，超剂量的铜很容易在猪肝、肾中富集。给人畜健康带来直接危害。仔猪和生长猪对铜的消化率分别只有18%~25%和 10%~20%，可见，大量的铜会随粪便排出体外。因此，在猪饲粮中，除在生长前适当增加铜的含量外，在生长后期按饲养标准添加铜即可保证猪的正常生长，以减少对环境的污染。

砷的污染也不容忽视，据张子仪研究员按照美国 FAD 允许使用的砷制剂用量测算，1 个万头猪场连续使用含砷制剂的药物添加剂，如果不采取相应措施处理粪便，5~8 年后可向猪场周围

排放出近1 000千克的砷。

4. 使用除臭剂，减少臭气和有害气的污染　排泄物的臭味与氮是密切相关的，因为臭味化合物主要来自饲料中的粗蛋白质。因此，解决臭味应从根本上控制其源头即减少氮的排泄，这是解决臭气问题的重要手段之一。除臭剂的使用可以大大降低畜禽排泄物中的恶臭。目前所用除臭剂可分为三大类，即物理、化学和生物除臭剂。物理除臭剂主要指一些掩蔽剂、吸附剂和酸化剂。掩蔽剂常用较浓的芳香气味掩盖臭味。吸附剂可吸收臭味，常用的有活性碳、麸皮、米糠、沸石、稻壳等。酸化剂是通过改变粪便的pH值达到抑制微生物的活动或中和一些臭气物质达到除臭的目的，常用的有甲酸、丙酸等。化学除臭剂可分为氧化剂和灭菌剂。常用氧化剂有氧化氢、高锰酸钾等。另外臭氧也用来控制臭味。甲醛和多聚甲醛是灭菌剂。生物除臭剂主要指酶和活性制剂，其作用是通过生化过程除臭，如猪场使用EM制剂，可使其恶臭降低97.7%。

中美洲沙漠生长的丝兰属植物提取物可以有效地减少猪舍的氨气释放量，从而提高猪场周围环境空气质量。它的提取物的两种活性成分，一种可与氨气结合，另一种可与硫化氢气体结合，因而能有效地控制臭味，同时也降低了有害气体的污染。另据报道，在日粮中加活性炭、沙皂素等除臭剂，可明显减少粪中硫化氢等臭气的产生，减少粪中氨气量40%~50%。因此，使用除臭剂是配制生态饲料必需的添加剂之一。

5. 加强饲养管理　全进全出的饲养方式、仔猪的早期隔离断奶、公母猪分群饲养、母猪分阶段饲养等新的饲养管理方法的应用，阶段性饲养的概念即根据猪的生长阶段提供适宜营养组成的日粮，将缩短营养供应不足或供过于求的时间，对减少养猪业对环境污染方面具有重要意义。

6. 建立健全法律法规　养猪业对环境的负面影响已经日益

为公众所关注。我国早在 2001 年就颁布了《畜禽养殖业污染物排放标准》（GB18596-2001），《畜禽规模养殖污染防治条例》也已经在 2014 年 1 月 1 日开始施行。衡量水体有机物污染的指标一般为溶解氧（DO）、化学耗氧量（COD）、生物耗氧量（BOD）。我国规定，地面水化学耗氧量（CODcr）应不高于 2~3 毫克/升，5 日生物耗氧量（BOD5）不大于 3~4 毫克/升。加强对规模化畜禽养殖场的选址、污水排放、粪便处理的管理：新建规模化猪场需有建场许可证及粪便废弃物处置的申报等。最重要的是要加强已有法律、法规的执法力度及监督力度，保障其顺利实施。而要从根本上减少养猪业生产对环境的污染，除了制定和完善有关法规外，技术的进步应是解决问题的核心，从源头上控制养猪业污染，同时为消费者提供既营养又安全的畜产品，而不是先污染后治理。

三、合理选择清粪方式

（一）猪场清粪方式

清粪方式是工艺设计中必须认真考虑和确定的关键问题之一。猪场清粪方式的选择要视当地和各场实际情况因地制宜确定。常见的猪舍清粪方式有干清粪、水泡粪清粪和水冲式清粪。

1. 干清粪　干清粪是将粪和水、尿分离并分别清除，可由人工清粪或机械清除。

人工清粪就是靠人利用清扫工具将畜舍内的粪便清扫收集，再由机动车或人力车运到集粪场。人工清粪只需一些清扫工具、人工清粪车等，设备简单，无能耗，一次性投资少，还可以做到粪尿分离，便于后续的粪尿处理。其缺陷是劳动量大，生产率低。我国劳动力资源丰富，价格便宜，人工清粪方式可在我国的大部分养猪场广泛采用。

机械清粪往往采用专用的机械设备，如链式刮板清粪机和往复式刮板清粪机等机械。机械清粪虽然减小了劳动强度，但存在很多的缺点，生产实践中要注意规避。

（1）刮粪不干净，空气质量差。刮粪机刮粪毕竟有刮不到的地方，如果饲养密度大，猪舍里面空气质量很不好，特别到了晚上，十几小时的时间不开刮粪机，会积累很多粪尿，刺激猪呼吸道，易诱发呼吸道疾病。

（2）容易坏，不容易维修。刮粪机问题比较多，容易偏离轨道，时间久了钢丝绳容易断，掉颗螺丝下去都有可能卡住刮粪机，电机也容易坏。

（3）刮粪机导尿管容易堵塞。导尿管是尿液漏下去的地方，导尿管是一根 PPR 管道（图 2-1、图 2-2），尿液下去可直接流入污水池。导尿管很容易堵塞（图 2-3），一旦堵塞，尿液会流入另一头（导尿管一头通刮出去的堆粪池，另一头通污水池）已经刮出来的粪里面，粪便就会变成水状，很难收集处理。

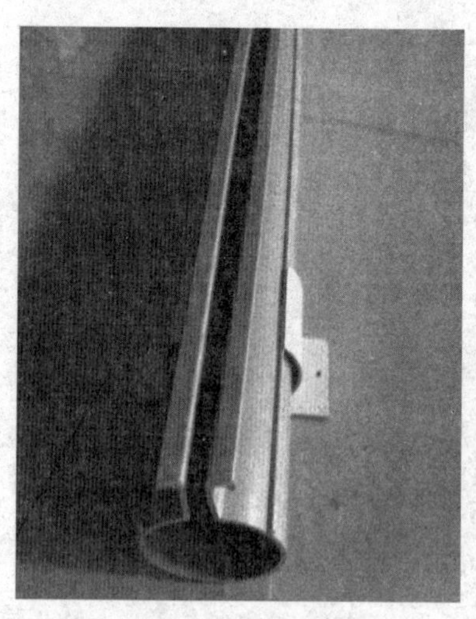
图 2-1　导尿管结构

图 2-2　刮粪机与导尿口

图 2-3　导尿管容易堵塞

（4）刮粪机冬季容易从粪口进风，还需要做到节约用水。刮粪机刮粪口一般没法封闭。如果封闭，空气出不去，晚上猪舍内氨气浓度大；不封闭，冬季特别容易进贼风（图 2-4），特别是北方地区，天气寒冷导致猪舍难保温。为了节约用水需要用碗式饮水器，而使用碗式饮水器又容易残留饲料（图 2-5）。

图 2-4　刮粪口漏风

图 2-5　碗式饮水器会残留饲料

2. 水泡粪清粪　水泡粪清粪是在漏缝地板下设粪沟，粪沟底部做成一定的坡度。粪沟内粪便在被冲洗水的浸泡和稀释下成为粪液，在自身重力作用下流向端部的横向粪沟，待沟内积存的粪液达到一定程度时（夏天1~2个月，冬天2~3个月），提起沟端的闸板排放沟中的粪液。这种清粪方式虽可提高劳动效率，降低劳动强度，但耗水耗能较多，舍内潮湿，有害气体浓度高，猪舍内卫生状况差。更主要的是，粪中可溶性有机物溶于水，使水中污染物浓度增高，增加了污水处理难度。

漏缝地板对猪的肢蹄损害很大，缝隙太小猪粪漏不下去，太大又常常会卡住猪蹄壳，导致蹄壳脱落（图2–6、图2–7）。

图2–6　漏缝地板缝隙太大

图2–7　漏缝地板损伤肢蹄

漏封地板的放水口一般设计在猪栏内，盖子设计不好很容易被猪拱开，整栏的猪都会从这个放水口掉下去。要在放水口盖子四周设置围栏（图2–8）。

图2–8箭头是猪栏排水口盖子，一块薄铁皮，长时间挤压很容易被猪拱起来，最好四周设置护栏。

3. 水冲式清粪　水冲式清粪是每天多次用水将粪污冲出舍外。水冲式清粪的优点是设备简单，投资较少，劳动强度小，劳动效率高，工作可靠，故障少，易于保持舍内卫生。其主要缺点是水量消耗大，产生污水多，流出的粪便为液态，粪便处理难度大，也给粪便资源化利用造成困难。在水源不足或在没有足够农

图 2-8 设置围栏

田消纳污水的地方不宜采用。

第四节 病死猪的无害化处理

根据规定，病死猪应该进行无害化处理。当前，绝大部分死猪都进行了无害化处理。但是，由于一些养殖场户法制意识不强、陋习难改，加之监管和无害化处理能力不足，导致向河道等地随意抛弃死猪情况仍有发生。

一、国内病死猪处理现状

养猪业在正常情况下存在一定比例的死亡，如养殖绝对量的增加，其死亡率也相应地与之成正比而增加；养殖规模的扩大，在一定条件下也会导致死亡率的增加。以生猪为例，如某地年末生猪存栏 300 万头，年出栏肉猪约有 450 万头，全年生猪饲养量约 750 万头。如按肉猪出栏量推算，以正常死亡率 3% 推算，死

亡约为 13.5 万头，如遇重大疫情可能就更多。目前对病死猪的处置除屠宰场一般设有焚尸炉、焚尸灶、蒸汽煮沸池及高压锅等设施处理外，养殖环节大都以下几种模式处理：就地深埋，投入沼气池，做成动物饲料如喂水产动物、喂犬等，将病死猪随意抛于河道、地间、路边，不能排除违法买卖病死猪最终进入流通消费领域。

现将几种病死猪处理措施比较如下：

（一）焚烧

焚烧是通过氧化燃烧，杀灭病原微生物，把动物尸体变为灰烬的过程。焚烧可采用的方法有：柴堆火化、焚烧炉和焚烧窖/坑等。

优点：高温焚烧可消灭所有有害病原微生物。

缺点：①需消耗大量能源。据了解，采用焚烧炉处理 200 千克的病死动物，至少需要燃烧 8 升/小时的柴油。②占用场地大，选择地点较局限。应远离居民区、建筑物、易燃物品，上面不能有电线、电话线，地下不能有自来水、燃气管道，周围有足够的防火带，位于主导风向的下方，避开公共视野。③焚烧产生大气污染。包括灰尘、一氧化碳、氮氧化物、酸性气体等，需要进行二次处理，增加处理成本。

（二）深埋

深埋是指将病死畜禽埋于挖好的坑内，利用土壤微生物将尸体腐化、降解。

优点：成本投入少，仅需购置或租用挖掘机。

缺点：①占用场地大，选择地点较局限。应远离居民区、建筑物等偏远地段。②处理程序较繁杂，需耗费较多的人力进行挖坑、掩埋、场地检查。③使用漂白粉、生石灰等进行消毒，灭菌效果不理想，存在暴发疫情的安全隐患。④造成地表环境、地下水资源的污染问题。

（三）化尸池

化尸池是指将病死畜禽从池顶的投料口投入，投料后关上盖子，病死畜禽在全封闭的腔内自然腐化、降解。

优点：化尸池建造施工方便，建造成本低廉。

缺点：①占用场地大，化尸池填满病死畜禽后需要重新建造。②选择地点较局限，需耗费较大的人力进行搬运。③灭菌效果不理想。④造成地表环境、地下水资源的污染问题。

（四）化制

化制是指将病死畜禽经过高温高压灭菌处理，实现油水分离，化制后可用于制作肥料、工业用油等。

优点：①处理后成品可再次利用，实现资源循环。②高温高压，可使油脂溶化和蛋白质凝固，杀灭病原体。

缺点：①设备投资成本高。②占用场地大，需单独设立车间或建场。③化制产生废液污水，需进行二次处理。

（五）高温生物降解（现行最佳方法）

高温生物降解是指利用微生物可降解有机质的能力，结合特定微生物耐高温的特点，将病死畜禽尸体及废弃物进行高温灭菌、生物降解成有机肥的技术。

优点：①处理后成品为富含氨基酸、微量元素等的高档有机肥，可用于农作物种植，实现资源循环。②设备占用场地小，选址灵活，可设于养殖场内。③工艺简单，病死畜禽无须人工切割、分离，可整只投入设备中，加入适量微生物、辅料，启动运行即可。处理物、产物均在设备中完成，实现全自动化操作，仅需 24 小时，病死畜禽变成高档有机肥。④处理过程无烟、无臭、无污水排放，符合绿色环保要求。⑤95℃高温处理，可完全杀灭所有有害病原体。

缺点：设备投资成本稍高，散养户可能无法购置使用。建议以乡、镇为单位购置该设备，建立无害化集中处理场。

二、不规范处置病死猪的原因

（一）养殖规模趋大，处理难

原来在以农户散养为主的情况下，因饲养量少死亡量也少，如有一两头死亡时，农户在自家承包地里做深埋处理也并不难。但目前养殖模式多为规模化，养殖基数大，相对死亡数也多，如遇特殊情况则死亡数会更多，处理的难度就自然增大。

（二）租地养殖模式增加

由于城市规模的扩大，原来的近郊变成了城市，这部分农民成了居民，而这些人中原来很多都是搞养殖的，由于“失地”而选择到相对远离城市的农村租舍、租地搞养殖，而此时养殖场的病死猪，一般自己无相应的处理设施，政府部门目前多数地方也未建有这方面的处理设施，周边的农田、旱地的承包户不会同意让其深埋死猪，出现了“猪无葬身之地”的情况，既然没有出路，必然会找不正当的“出路”。

（三）非法收购牟利者应运而生

正是由于养猪户难以无害化处理病死猪，而且有些养猪户也不愿意为处理病死猪而投入人工和相应的费用，一些违法者看到了这一现状，以非常低廉的价格收购死猪或向养猪户索要死猪，这对养猪户而言既可解脱麻烦又可获利，一般不会抵制。而对于违法者以极低廉的价格收购病死猪，经加工、包装后充作合格肉类出售，巨额暴利是长期以来对违法经营病死猪屡禁不止的重要原因。

（四）法律规定的欠缺

《中华人民共和国动物防疫法》第二十五条规定，禁止屠宰、经营、运输病死或者死因不明的动物、动物产品。虽然法律禁止经营病死或者死因不明的动物、动物产品，但是在实践中往往认为，经营病死或者死因不明的动物、动物产品用于食用是违

法的，如用于饲养水产动物、犬类等就不被认为是违法的，这是动物检疫工作中较大的漏洞。因此当收购死猪者被查获时，其称并非食用而用于水产养殖时即不予以查处。这是当前在认识上存在的一个重大误区，笔者以为对于这个问题法律规定的 禁止应该是包括两个方面 ：一是防止病死猪、产品危害人体健康，防止因经营病死猪、产品而致动物疫病的传播 ；二是病死猪用于养殖水产动物明显存在病原扩散的可能性，同样应在禁止之列。

三、病死猪规范化处理的有关对策

由于不规范处理病死猪，可能导致动物疫情的传播扩散，严重危害养猪业的健康发展，故必须采取综合措施坚决予以制止。

（一）专门设立病死猪处理场

由于随意处置病死猪及其他动物影响到全社会的公共卫生安全，因此政府应按辖区尽快设立专门的处理场所，配置专门设施。由于该项工作难度较大，可按先易后难的思路，分步施行。对于具有一定规模的屠宰场、规模场及养殖小区，提倡自行设置病死猪无害处理设施，以达到病死猪不出场区就得以无害化处理的目的，防止疫情传播。对于散养户及无自行处理能力的养殖场户，政府或专门机构应无偿为养殖场户处理病死猪尸体。

（二）对养猪场户严格实行户口簿管理制度

当前有些地方已经实行了养殖场户口簿管理制度，但一般多限于对防疫情况的记录，而忽视了对养殖场存栏数量增减的监控，尤其是包括死亡数在内的存栏增减情况。因此户口簿管理制度应该向死亡数控制的方向延伸，养殖场死亡数必须向动物防疫监督机构申报，并经核实后进行无害化处理，对认真实行无害化处理病死猪的农户给予适当的奖励，以确保处理措施的顺利实施。

（三）推行化尸窖无害处理模式

在当前尚无规范处理模式的情况下，针对病死猪相对较多又较集中的规模场和养殖小区推行化尸窖处理模式，即在封闭的养殖区域内选择偏僻的角落建造水泥池窖，将病死猪置于其中做发酵处理。从目前已有的处理情况看，该办法对于规模场和养殖小区还是简易可行的。

（四）推广养猪业保险工作

解决病死猪的处理问题，必须实行多管齐下，养殖保险是其中措施之一。我国养殖保险以前就有，自 2007 年推出能繁母猪保险、保险补贴办法以来，已逐步覆盖到肉猪的保险、补贴。生猪保险既能减少养殖户的损失，又能在理赔时确切掌握死猪数量，有效防止死猪进入流通渠道。但目前参保量还较小，有待积极争取政府重视，出台优惠保险政策，争取及早全面普及生猪保险工作。

（五）严厉打击违法行为

从已查处的案件看，当前一定程度上存在着违法买卖病死猪的违法行为，对养猪业健康发展后患无穷，也严重危害人体健康，严重侵害消费者的合法权益。对于以获取暴利为目的的违法买卖病死猪的行为，要以生产销售有毒有害食品罪从严追究其刑事责任，对违法行为的打击要不仅仅局限于经营病死或者死因不明的动物、动物产品，还应包括将病死猪未作无害化处理而赠予他人或任由他人处置的行为，对情节特别恶劣者也应按照刑法的规定追究刑事责任。

（六）处理病死猪应尽快出台补贴政策

如果说处理病死猪以养殖与屠宰两个环节来作比较，应该说屠宰环节处理病死猪要容易得多，但事实上屠宰场补贴政策未到位时，检出的病死猪得不到无害化处理而重新又流向市场并非鲜见。可见病死猪要按规定做无害化处理非常难，对农户病死猪处

理的补贴是关键。目前国家商务部、财政部已经出台了对屠宰场的病死猪补贴政策，笔者以为，与屠宰场比较，养殖环节病死猪处理的数量更多、难度更高，如果因为出台了对屠宰场病死猪的补贴办法，而无视养殖环节的病死猪处理，是抓了芝麻、丢了西瓜，因此更要出台更优惠的补贴办法来处理好养殖环节的病死猪，确保肉食品安全。

（七）加强肉类市场管理

从被查获的案例来看，病死猪肉一般不经农贸市场销售而直接进入用肉单位，因此除加强对肉类销售市场的监管外，加强对用肉单位的管理至关重要。用肉单位必须完善内部管理制度，建立健全购肉台账；相关部门要定期、不定期的监督检查，防止病害肉品的流入。对病害肉品的流通，实行在养殖环节严控、用肉环节严管的两头监管模式，以期达到事半功倍的效果。

第三章　猪场的免疫

第一节　猪场常用疫苗

一、疫苗的概念

疫苗是由特定细菌、病毒、寄生虫、支原体、衣原体等微生物制成的，接种动物后能产生自动免疫和预防疾病的一类生物制剂。

二、疫苗的分类

（一）根据对病菌的处理方法不同分类

1. 灭活疫苗　灭活疫苗又称死疫苗，是将细菌或病毒利用物理的或化学的方法处理，使其丧失感染性或毒性而保持免疫原性，接种动物后能产生特异性免疫的一类生物制品。如O型猪口蹄疫灭活疫苗和猪气喘病灭活疫苗等。

灭活疫苗易于制备，成本低；稳定性高，疫苗安全性高；易于保存，储存及运输方便；易于制备多价疫苗。但灭活苗抗体产生慢，免疫力维持时间短，需要多次重复接种；主要诱发体液免疫，不能产生细胞免疫或黏膜免疫应答；接种剂量较大，不良反应多，易应激；通常需要用佐剂或携带系统来增强其免疫效果。

2. 活疫苗（弱毒疫苗）　微生物的自然强毒株通过物理的、化学的和生物的方法，使其对原宿主动物丧失致病力，或引起亚临床感染，但仍保持良好的免疫原性、遗传特性的毒株制成的疫苗。例如：猪瘟兔化弱毒疫苗及猪蓝耳病弱毒疫苗等。

弱毒苗免疫活性高，接种较小的剂量即可产生较强的免疫力；接种次数少，不需要使用佐剂，抗体产生快，免疫期长；能诱发全面、稳定、持久的体液、细胞和黏膜免疫应答。但弱毒苗的有效期短，稳定性较差，产生的抗体滴度下降快；运输、储存与保存条件要求较高；存在污染其他病毒甚至毒力反强的风险。

3. 基因缺失疫苗　本疫苗是用基因工程技术将强毒株毒力相关基因切除后构建的活疫苗，如伪狂犬病毒 $TK^-/gE^-/gG^-$ 缺失疫苗。

基因缺失疫苗安全性好，毒力不易返祖；免疫原性好，产生免疫力坚实；免疫期长，可适于局部接种，诱导产生黏膜免疫力；易于鉴别，区别疫苗毒和野毒。但是成本偏高；理论上存在基因重组可能。

4. 多价疫苗　多价疫苗是指将同一种细菌或病毒的不同血清型通过一定的工艺混合而制成的疫苗，如猪链球菌病多价灭活疫苗和猪传染性胸膜肺炎多价灭活疫苗等。其特点是：对多种血清型的微生物所致的疫病动物可获得比较完全的保护力，而且适于不同地区使用。

5. 联合疫苗　联苗是指由两种以上的细菌或病毒通过一定的工艺联合制成的疫苗，如猪丹毒-猪巴氏杆菌二联灭活疫苗和猪瘟-猪丹毒-猪巴氏杆菌三联活疫苗。其特点是可减少接种次数，使用方便，打一针防多病。

6. 亚单位疫苗　本类疫苗是从细菌或病毒粗抗原中分离提取某一种或几种具有免疫原性的生物学活性物质，除去“杂质”后而制成的疫苗。如大肠杆菌 k88、k99、987p 等。本类疫苗不含有微生物的遗传物质，因而无不良反应；使用安全，免疫效果较好。但生产工艺复杂，生产成本较高，不利于广泛应用。

7. 合成肽疫苗 本类疫苗用化学方法人工合成多肽作为抗原（如口蹄疫苗等），其纯度高、稳定、免疫应激小。但人工合成多肽和天然肽链结构上做不到完全一致，免疫原性相对较差。

（二）根据疫苗的性质分类

1. 冻干疫苗 大多数的活疫苗都采用冷冻真空干燥的方式冻干保存，可延长疫苗的保存时间，保持疫苗的质量。一般要求病毒性冻干疫苗常在-15℃以下保存，保存期一般为 2 年。细菌性冻干疫苗在-15℃保存时，保存期一般为 2 年；2~8℃保存时，保存期为 9 个月。其对猪体组织的刺激性比较小，安全性高。能迅速产生很高的免疫力，但免疫作用维持的时间较短。

2. 油佐剂疫苗 这类疫苗多为灭活疫苗，大多数病毒性灭活疫苗采用这种方式，这类疫苗 2~8℃保存，禁止冻结。油佐剂疫苗对猪体组织的刺激性较大，容易产生注射部位肿胀，引起慢性炎症反应。质量不佳或刺激性太强的油佐剂可能会造成注射部位组织坏死。大多数的油佐剂疫苗作用时间长，保护效果好，但免疫力提升速度慢。

三、养猪场常用疫苗

（一）猪瘟兔化弱毒冻干苗

猪瘟兔化弱毒冻干苗经皮下或肌内注射，每次每头 1 毫升，注射后 4 天产生免疫力，免疫期保护为 1~1.5 年。为了克服母源抗体干扰，断奶仔猪可注射 3 或 4 头份。此疫苗在-15℃条件下可以保存 1 年，0~8℃条件下可以保存 6 个月，10~25℃条件下可以保存 10 天。

（二）猪丹毒疫苗

1. 猪丹毒冻干苗 皮下或肌内注射，每次每头 1 毫升，注

射后7天产生免疫力，免疫期保护为6个月。此疫苗在-15℃条件下可以保存1年，0~8℃条件下可以保存9个月，25~30℃条件下可以保存10天。

2. 猪丹毒氢氧化铝灭活苗　皮下或肌内注射，10千克以上的猪每次每头5毫升，10千克以下的猪每次每头3毫升，注射后21天产生免疫力，免疫保护期为6个月。此疫苗在2~15℃条件下可以保存1.5年，28℃以下可以保存1年。

（三）猪瘟-猪丹毒二联冻干苗

猪瘟-猪丹毒二联冻干苗肌内注射，每头每次1毫升，免疫保护期为6个月。此疫苗在-15℃条件下可以保存1年，2~8℃条件下可以保存6个月，20~25℃条件下可以保存10天。

（四）猪肺疫菌苗

1. 猪肺疫氢氧化铝灭活苗　皮下或肌内注射，每头每次5毫升，注射后14天产生免疫力，免疫保护期为6个月。此疫苗在2~15℃条件下可以保存1~1.5年。

2. 口服猪肺疫弱毒菌苗　不论大小猪一般口服3亿个菌，按猪头数计算好需要菌苗剂量，用清水稀释后拌入饲料，注意要让每一头猪都能吃上一定的料，口服7天后产生免疫力。免疫期为6个月。

（五）仔猪副伤寒弱毒冻干苗

仔猪副伤寒弱毒冻干苗皮下或肌内注射，每头每次1毫升，断乳后注射能产生较强免疫保护力。此疫苗-15℃条件下可以保存1年，在2~8℃条件下可以保存9个月，在28℃条件下可以保存9~12天。

（六）猪瘟-猪丹毒-猪肺疫三联活苗

猪瘟-猪丹毒-猪肺疫三联活苗肌内注射，每头每次1毫升，按瓶签标明用20%氢氧化铝胶生理盐水稀释，注射后14~21天产生免疫力，猪瘟的免疫保护期为1年，猪丹毒、猪肺疫的免疫保护期均为6个月。未断奶猪注射后隔两个月再注射一次。此疫苗在-15℃条件下可以保存1年，0~8℃条件下可以保存6个月，10~25℃条件下可以保存10天。

（七）猪喘气病疫苗

1. 猪喘气病弱毒冻干疫苗 用生理盐水注射液稀释，对怀孕2月龄内的母猪在右侧胸腔倒数第6肋骨与肩胛骨后缘3.5~5厘米外进针，刺透胸壁即行注射，每头5毫升。注射前后皆要严格消毒，每头猪一个针头。

2. 猪霉形体肺炎（喘气病）灭活菌苗 仔猪于1~2周龄首免，2周后第二次免疫，每次2毫升，肌内注射。接种后3天即可产生良好的保护作用，并可持续7个月之久。

（八）猪萎缩性鼻炎疫苗

1. 猪萎缩性鼻炎三联灭活菌苗 本菌苗含猪支气管败血波德杆菌、巴氏杆菌A型和产毒素5型及巴氏杆菌A、D型类毒素，对猪萎缩性鼻炎提供完整的保护。每头猪每次肌内注射2毫升。母猪产前4周接种1次，2周后再接种1次，种公猪每年接种1次。母猪已接种者，仔猪于断奶前接种1次；母猪未接种者，仔猪于7~10日龄接种1次。如现场污染严重，应在首免后2~3周加强免疫1次。

2. 猪传染性萎缩性鼻炎油佐剂二联灭活疫苗 颈部皮下注射。母猪于产前4周注射2毫升，新进未经免疫接种的后备母猪应立即接种1毫升。仔猪生后一周龄注射0.2毫升（未免母猪所生），四周龄时注射0.5毫升，八周龄时注射0.5毫升。种公猪每年2次，每次2毫升。

（九）猪细小病毒疫苗

1. 猪细小病毒灭活氢氧化铝疫苗 使用时充分摇匀。母猪、后备母猪，于配种前2~8周，颈部肌内注射2毫升；公猪于8月龄时注射。注苗后14天产生免疫力，免疫期为1年。此疫苗在

4~8℃冷暗处保存，有效期为1年，严防冻结。

2. 猪细小病毒病灭活疫苗 母猪配种前2~3周接种一次；种公猪6~7月龄接种一次，以后每年只需接种一次。每次剂量2毫升，肌内注射。

3. 猪细小病毒灭活苗佐剂苗 阳性猪群断奶后的猪，配种前的后备母猪和不同月龄的种公猪均可使用，对经产母猪无须免疫。阴性猪群，初产和经产母猪都须免疫，配种前2~3周免疫，种公猪应每半年免疫1次。以上每次每头肌内注射5毫升，免疫2次，间隔14天，免疫后4~7天产生抗体，免疫保护期为7个月。

（十）伪狂犬病毒疫苗

1. 伪狂犬病毒弱毒疫苗 乳猪第一次注射0.5毫升，断奶后再注射1毫升；3月龄以上架子猪1毫升；成年猪和妊娠母猪（产前一个月）2毫升，注射后6天产生免疫力，免疫保护期为一年。

2. 猪伪狂犬病灭活菌苗、猪伪狂犬病基因缺失灭活菌苗和猪伪猪犬病缺失弱毒菌苗 后两种基因缺失灭活苗，用于扑灭计划。这三种菌苗均为肌内注射，程序是：小母猪配种前3~6周之间注射2毫升，公猪为每年注射2毫升，肥猪约在10周龄注射2毫升或4周后再注射2毫升。

（十一）兽用乙型脑炎疫苗

兽用乙型脑炎疫苗为地鼠肾细胞培养减毒苗。在疫区于流行期前1~2个月免疫，5月龄以上至2岁的后备公母猪都可皮下或肌内注射0.1毫升，免疫后一个月产生较强的免疫力。

第二节 免疫程序的制定与实施

一、猪场制定免疫程序的原则

免疫是防疫的重要一环，免疫程序是否合理关系到免疫成败，从而影响生产成绩。猪场要制定科学的免疫程序，要遵循以下基本原则。

（一）目标原则

在制定免疫程序时，首先要明确接种疫苗要达到的目标。

1. 通过免疫母猪保护胎儿 如接种细小病毒和乙型脑炎疫苗是为了全程保护怀孕期胎儿，在母猪配种前 4 周接种为宜，后备猪到 7.5~8 月龄配种，在 6 月龄接种为宜，考虑到后备猪是首次免疫该 2 种疫苗，所以 4 周后需要再加强接种 1 次。如果接种过早，个别后备母猪 9~10 月龄才发情配种，由于抗体水平下降，导致怀孕中后期得不到抗体保护而发病，所以到了 9 月龄后才发情配种的后备母猪需加强接种 1 次。

2. 通过母源抗体保护仔猪 给母猪接种病毒性腹泻苗主要是为了通过母猪的母源抗体保护哺乳仔猪，所以流行性腹泻-传染性胃肠炎疫苗在产前跟胎免疫为好，同时为了获得高水平的母源抗体，一般间隔 4 周后再加强接种 1 次。有的猪场哺乳仔猪链球菌发病率较高，也可在母猪产前 3~5 周接种链球菌疫苗。

3. 同时保护母猪仔 伪狂犬病、猪瘟、蓝耳病、圆环病毒、口蹄疫等疫病，可以考虑种猪实行普免，普免的免疫密度比跟胎免疫要加大，才能使母猪群各个阶段都有较高的抗体保护，如每年普免 3~4 次。如果某种疫病在哺乳仔猪发病率高，可以改为产前免疫；如果应用的疫苗安全性差、应激大，最好安排在产后

空胎时接种或者考虑换安全性好的疫苗。用于普免的疫苗要求疫苗具有毒株毒力小、应激小、对怀孕胎儿安全的特性，毒株毒力较强的疫苗（如高致病性蓝耳病疫苗）进行普免就要十分谨慎。

4. 保护仔猪直到育肥猪上市　一般在仔猪的母源抗体合格率降到65%~70%时进行首免疫，如果1次免疫不能保护至肥猪上市，一般间隔4周后加强免疫1次，如给仔猪首免猪瘟、伪狂犬病、蓝耳病、圆环病毒等疫苗，4周后需要加强免疫。

5. 保护未发病的同群猪　在猪群发病初期加大剂量紧急接种疫苗，通过快速产生免疫保护达到控制疫病。用于紧急接种的疫苗应具有毒株毒力小、产生免疫保护快、毒株同源性高的特性，如猪场发生猪瘟或伪狂犬病时通常采取疫苗紧急接种的办法，能使疫病得到很好控制，但蓝耳病疫苗因其产生免疫保护迟缓、毒株毒力较高一般不适宜用于紧急接种。

（二）地域性与个性相结合原则（毒株同源性原则）

根据猪场实际情况，因地制宜，制定适合本场的免疫程序，不要去照搬，需要通过病原和流行病学调查，确定本地区和本场流行的疾病类型，选择同源性高的毒株或有交叉保护好的毒株疫苗进行免疫，如发生地方性猪丹毒可接种猪丹毒疫苗，有的地方发生A型口蹄疫，可选择A型口蹄疫疫苗。

（三）强制性原则

把国家强制要求的口蹄疫、猪瘟、高致病性蓝耳病3个烈性传染病的疫苗免疫好。因为这些疫病一旦暴发，不仅会对本场造成重大的损失，还会对邻近的其他猪场和公共卫生造成极大影响。

（四）病毒性疫苗优先的原则

目前猪病比较复杂，需要防控的疫病种类很多，在制定免疫程序时，需要考虑病毒疫苗优先免疫。我们可以根据引发疫病的微生物种类、原发病、危害严重性，对疫苗进行分类，依次接种。

1. 基础免疫　猪瘟、伪狂犬病、口蹄疫，这3个疫病关系到猪场生死存亡，所以放在最优先接种。

2. 关键免疫 蓝耳病和圆环病毒病会引起免疫抑制，从而导致继发或混合感染，甚至会影响其他疫苗的免疫效果，因此这2种疫苗的免疫很关键。

3. 重点免疫 为了保护胎儿，母猪配种前重点免疫乙脑和细小病毒疫苗；为了保护初生仔猪，母猪产前重点免疫病毒性腹泻疫苗；为了保护育肥猪，仔猪重点免疫支原体疫苗。

4. 选择性免疫 如传染性萎缩性鼻炎、链球菌病、副猪嗜血杆菌病、猪丹毒、猪肺疫及大肠杆菌病等细菌病，这些疾病如果危害较小可通过适当抗生素预防和环境控制解决，如果对猪场危害大可考虑接种疫苗，如产床粗糙，常引起哺乳仔猪关节损伤导致链球菌病发生，母猪产前可免疫链球菌苗，如产房排污困难、湿度大，常发生黄白痢，母猪产前可免疫大肠杆菌苗。

（五）经济性原则

一些慢性消耗性疾病，如圆环病毒病、肺炎支原体和萎缩性鼻等疫病会导致生长慢，饲料转化率低，增加了饲养成本，降低了猪场收益。众多的试验表明，圆环病毒感染的猪场接种疫苗组与空白对照组相比，疫苗组能提高日增重46~128克、提早出栏7~22天、降低料重比0.13~0.34，降低死淘率3%~11%不等。在选择疫苗品牌时，主要依据疫苗接种试验的经济指标（如母猪年生产力、料重比、性价比）以评估疫苗优劣。

（六）季节原则

蚊虫大量繁殖的夏季易发乙脑，寒冷的冬春易发口蹄疫和病毒性腹泻。可在这些疫病多发月份来临前4周接种相应的疫苗，如北方3~4月接种乙脑；9~10月接种口蹄疫和病毒性腹泻苗，同时因南方每年2~4月是雨水多、空气湿冷、饲料易霉变的季节，所以每年1~2月需要加强接种口蹄疫和病毒性腹泻疫苗。

（七）阶段性原则

根据本场的临床症状、病理变化、抗体转阳时间和抗原检测来分析本场的发病规律，在本病易感染阶段提前4周免疫相关疫苗，或在野毒抗体转阳提前4周免疫相关疫苗。怀孕母猪易感染乙脑和细小病毒，导致流产、死胎、木乃伊，母猪配种前免疫该2种疫苗；蓝耳病常引起怀孕后期（90天后）出现流产、死胎，在怀孕60天接种比较适宜；初生仔猪易发生病毒性腹泻造成大量死亡，母猪产前重点免疫病毒性腹泻疫苗；断奶后7~8周龄的保育仔猪易发生圆环病毒病，哺乳仔猪3周龄接种圆环病毒疫苗；育肥猪易发生支原体肺炎，仔猪重点免疫支原体疫苗。

（八）避免干扰原则

1. 避免母源抗体干扰　在制定免疫程序时，过早注射疫苗，疫苗抗原会被母源抗体中和而导致免疫失败，过迟免疫又会出现免疫空当，因此需要对母源抗体进行检测，建议母源抗体合格率下降到65%~70%时进行首免。目前很多猪场母猪普免猪瘟疫苗3次/年，仔猪到3~4周龄时猪瘟母源抗体水平保护率达85%以上，如果这时接种猪瘟疫苗，就会因母源抗体干扰而导致保育猪6~8周龄抗体水平差而发病。目前很多猪场普免伪狂犬病疫苗3~4次/年，仔猪7~8周龄伪狂犬病母源抗体水平保护率高达85%以上，但很多猪场7~8周龄接种伪狂犬病疫苗而导致免疫失败，这是目前伪狂犬病发病比较严重的一个主要原因。

2. 避免疫苗之间干扰　接种2种疫苗要间隔1周以上，除已批准的二联苗外，如蓝耳-猪瘟的二联苗，在接种蓝耳病弱毒疫苗后建议间隔2周以上才能接种其他疫苗。在安排季节性普免疫苗时，为避免蓝耳病疫苗病毒对其他疫苗的干扰，可按照猪瘟-伪狂犬病-口蹄疫-乙脑-圆环病毒-蓝耳病的顺序安排接种。

3. 避免疾病对疫苗的干扰　如果猪群或猪只处于发病阶段或亚健康状态，如猪群群体出现发热、腹泻等现象，需要先进行药物治疗，然后再免疫。特别强调的是在蓝耳病高毒血症期间或发病期间，尽可能避免接种其他疫苗，可以稍提前或推迟其他疫苗接种。

4. 避免药物干扰 接种活菌疫苗前后 1 周，禁止使用抗生素；接种活疫苗（病毒苗）前后 1 周，禁止使用抗病毒的药物，例如干扰素、抗血清、抗病毒的中草药等；接种疫苗前后 1 周，尽量避免使用免疫抑制类药物，例如氟苯尼考、磺胺类、氨基糖苷类、四环素、地塞米松等糖皮质激素。

5. 避免应激干扰 避免在去势、断奶、长途运输后、转群、换料、气候突变等应激状态下进行疫苗的接种，如不能在断奶时接种猪瘟疫苗。

（九）安全性原则

接种疫苗后，有的猪会出现减食、精神沉郁或体温升高在 1.0℃以内现象，这些反应是正常的，多在 1~3 天消失。但是常遇到接种某些疫苗时出现绝食、体温升高 1.0℃以上、口吐白沫、倒地痉挛、过敏性休克，甚至死亡或母猪流产等严重副反应，更严重的是注射后出现猪群暴发疫病。这就需要采取降低免疫副反应的措施：①初次使用某种疫苗时先小群试用；②选择适宜的免疫阶段，尽量避开母猪重胎期和怀孕初期接种，避开猪群发热、腹泻时接种；③选择毒株毒力小的疫苗；④选择佐剂优良应激小的疫苗；⑤有细菌混合感染发病不稳定的猪群先加抗生素稳定后再接种；⑥接种应激大的疫苗，如口蹄疫灭活苗和蓝耳病疫苗时，接种前后 3 天在饲料或饮水中添加电解多维抗应激；⑦尽可能避免紧急接种；⑧检查疫苗是否合格，不用过期变质、包装破损的疫苗；⑨辅导员工熟练接种操作，如不能盲目过量注射。

（十）免疫监测原则

免疫是动态的，随着猪群健康的变化而变化，所以需要每季度或每批疫苗免疫后监测，定期调整免疫程序。免疫监测的目

的：一是根据检测结果调整免疫程序，二是评估免疫效果。免疫监测的方法：①观察临床表现；②屠检检测；③生产成绩评估；④实验室检测（重点是实验室检测）：首先是免疫后4周左右抽血检测抗体水平，如果抗体水平不符合要求，要检查免疫失败原因，同时尽快补接疫苗；其次是免疫后16周龄、20周龄、24周龄抽血检测，评估免疫持续保护时间，从而决定免疫时间、免疫次数和免疫剂量；特别强调的是猪场应重视育肥猪中大猪阶段的检测，评估育肥猪免疫成败重要指标是看免疫是否能保护猪群直至出栏。具体检测时间可采用双周检测。

根据制定免疫程序的十大原则，对照检查猪场免疫程序是否合理，科学制定免疫程序。诚然，免疫是一项系统工程，要使免疫发挥最佳效果还需要选择好优质的疫苗、确保疫苗运输与保管的冷链安全和培训好熟练的免疫操作人员等。同时，务必记得饲养管理、环境控制、生物安全管理等一系防控措施是免疫的基础，只有综合管理才能较好地预防疫病，保护猪群健康，使效益最大化。

二、养猪场常用参考免疫程序

近几年，一些地区猪病流行严重，常常造成猪只大量死亡，给养殖户造成很大损失，即使管理比较规范的规模猪场，同样也是难逃厄运，因此，及时注射疫苗成了保护猪群的关键措施。根据猪病流行规律，规模猪场可根据猪群来源特点，分别采用不同的免疫程序。下列免疫程序供参考。

（一）从市场购进的仔猪群：8针全覆盖

很多猪场都是外购仔猪。外购仔猪需要充分了解有无疫情威胁，在保证外购仔猪安全的情况下，还要及时注射疫苗。近几年，很多猪场蓝耳病不断，喘气病（霉形体肺炎）、口蹄疫复发，因此，应重点预防喘气病、蓝耳病、口蹄疫等疫病。

购进第1天，注射百病康（免疫球蛋白）；购进第2天，注射疫毒清（转移因子）；购进第7天，注射猪喘气病疫苗；购进第14天，注射猪蓝耳病疫苗；购进第21天，注射猪伪狂犬病疫苗；购进第30天，注射猪口蹄疫疫苗；购进第42天，注射猪瘟-猪丹毒-猪肺疫三联苗；购进第58天：注射猪口蹄疫疫苗。

（二）自繁自养的仔猪群：10针加补铁

自繁自养并不一定能保证猪群绝对安全，免疫保护需要从仔猪出生那天就开始做起。以下10针免疫程序不一定适合所有猪场，可根据猪场周边的流行病学特点，灵活使用，适当变通。

1日龄，注射百病康（免疫球蛋白）；3日龄，补铁配合补硒（缺硒地区）；5~7日龄，注射猪气喘病疫苗；15日龄，注射仔猪大肠埃希菌三价灭活疫苗；20日龄，注射猪链球菌疫苗或猪伪狂犬病疫苗；25日龄，注射猪蓝耳病疫苗；30日龄，注射猪传染性胃肠炎-流行性腹泻二联疫苗；35日龄，注射猪瘟细胞苗+疫毒清（转移因子）；42日龄，注射猪口蹄疫疫苗；60日龄，注射猪瘟-猪丹毒-猪肺疫三联苗；70日龄，注射猪口蹄疫疫苗。

（三）自繁自养的初产母猪：配前产前各4针

在自繁仔猪免疫程序的基础上，对自繁自养的初产母猪可施行配前4针、产前4针的免疫程序。

配种前40天，注射蓝耳病疫苗；配种前30天，注射猪伪狂犬病疫苗；配种前20天，注射细小病毒病疫苗；配种前10天，注射猪瘟-猪丹毒-猪肺疫三联苗；产前40天，注射仔猪大肠杆菌三价灭活苗（K88-K99）；产前30天，注射猪传染性胃肠炎-流行性腹泻二联苗；产前20天，注射仔猪大肠杆菌三价灭活苗（K88-K99）。

（四）经产母猪：配前产前共7针

经产母猪，同样需要免疫接种，防疫重点同样是蓝耳病、伪狂犬病、猪瘟、大肠杆菌病等疫病。

配种前40天，注射流行性乙型脑炎疫苗；配种前30天，注射猪蓝耳病疫苗；配种前20天，注射猪伪狂犬病疫苗；配种前10天，注射猪瘟-猪丹毒-猪肺疫三联苗；产前40天，注射仔猪大肠杆菌三价灭活苗（K88-K99）；产前30天，注射猪传染性胃肠炎-流行性腹泻二联苗；产前20天，注射仔猪大肠杆菌三价灭活苗（K88-K99）。

（五）种公猪：重点对付6种病

种公猪的免疫也很重要，一般每年应免疫2次猪瘟、蓝耳病、圆环病毒病2型、口蹄疫、伪狂犬病，乙型脑炎也需要引起重视，一般在每年的4~6月。

（六）注意事项

（1）普通猪瘟细胞活疫苗预防量，小猪4头份，大猪10头份；高效猪瘟细胞活疫苗预防量，小猪1头份，大猪2头份。

（2）极少数猪接种疫苗后20~60分钟，可能出现急性过敏反应，如焦躁不安、呼吸加快、肌肉震颤、可视黏膜充血、呕吐等。建议及时使用肾上腺素或地米等药物进行治疗；体温升高者，可使用青霉素、复方氨基比林配合维生素进行治疗。

（3）在免疫前后2天内，禁止饲喂抗病毒药物；在免疫前后1天内，禁止饲喂磺胺类药物、氟苯尼考等药物；在免疫前后12小时内，禁止饲喂抗生素药物。

（4）接种疫苗前，一定要根据本场猪群健康状况，如本场猪群处于亚健康或有发热、呼吸道症状，一定要慎重接种。在接种疫苗前3天，使用黄芪多糖、电解多维饮水或拌料，可以达到抵抗应激反应和提高机体免疫力的作用。

（5）仔猪断奶或阉割前后3天，尽量不接种疫苗，各阶段换料要逐渐过渡。

（6）实践证明，仔猪在断奶前2天，肌内注射水剂百病康（猪免疫球蛋白），可明显降低由于断奶应激而诱发的顽固性腹

泻、水样腹泻、圆环病毒2型、蓝耳病、猪伪狂犬病、非典型猪瘟、猪流感、传染性胃肠炎等疾病的发生。

(7) 冬天注射疫苗时，注意采用水浴的方法给疫苗预热，使其温度达到与动物体温接近。

三、猪瘟的免疫防控

在所有的猪病中，猪瘟一直是世界范围内感染率和发病率最高的一种疾病。猪瘟是由病毒引起的急性热传染病，各种年龄猪均易发生，一年四季流行，传染性极强，具有很高的发病率和死亡率，一旦发病就具有毁灭性，严重威胁着养猪业的发展。当前我国猪瘟发病状况具有多样性，猪瘟流行呈现典型猪瘟和非典型猪瘟共存，持续感染与隐性感染共存，免疫耐受与带毒综合征共存，且发病日龄的范围明显拓宽。

防疫方式也多种多样，如按程序进行猪瘟弱毒活疫苗预防接种、加强养猪场生物安全防护措施等，但最有效的控制方法是疫苗免疫。该疫苗从最初的强毒结晶紫灭活疫苗到现在的猪瘟兔化弱毒冻干疫苗的防疫效果都非常理想，许多国家都已经依靠兔化弱毒疫苗消灭了该病，但是在我国防制效果还很难令人满意。

（一）常见猪瘟弱毒疫苗的品种

目前我国猪瘟疫苗主要有组织冻干疫苗和细胞冻干疫苗两大类，因为猪瘟只有一个血清型，只存在毒力的差别，所以选择猪瘟疫苗时应该注意的是该疫苗的抗原含量和是否有过敏反应，如果能保证以上这两点就可以放心使用。

1. 猪瘟组织冻干苗

(1) 脾淋组织冻干活疫苗。本疫苗是将猪瘟病毒兔化弱毒株耳静脉接种体重1.5~3千克健康家兔，选择出现定型热反应的免疫家兔，在无菌条件下采集兔淋巴组织和脾脏，匀浆后加入适宜稳定剂，经冷冻真空干燥制成冻干活疫苗。脾淋组织冻干活

疫苗相对来说生产成本较高，但疫苗里面含有大量未知免疫增强因子，因此免疫剂量小、抗原免疫原性好、免疫效果好、免疫过敏反应小。特点是免疫原性强、效果好，免疫后抗体产生快、持续时间长。

(2) 乳兔组织冻干活疫苗。本疫苗是将猪瘟病毒兔化弱毒株接种 3~5 日龄乳兔，采集乳兔肝脏、脾脏及肌肉组织，制成乳兔组织冻干活疫苗。相对于脾淋组织疫苗来说，乳兔组织疫苗产量较高、成本较低。该苗的特点是免疫原性较强，免疫效果较好，免疫后抗体产生较快，抗体滴度持续时间较长。

2. 猪瘟细胞冻干苗

(1) 犊牛睾丸细胞冻干活疫苗。本疫苗是将猪瘟病毒兔化弱毒株接种于犊牛睾丸细胞培养液，收获含毒细胞液，制成冻干活疫苗。牛病毒性腹泻-黏膜病病毒或口蹄疫病毒对该疫苗的生产有严重干扰反应。其优点是可大批量生产，生产过程容易监控，价格低廉，缺点是效价不稳定。

(2) 猪瘟传代细胞苗。本疫苗采用国际认证的同源传代 ST 细胞进行培养，具有批间差异极小，稳定性好，病毒培养液中病毒含量高，可大批量生产，且生产过程容易监控，可有效避免 BVDV 病毒污染的威胁。

(二) 猪瘟疫苗选择

猪瘟疫苗的生产厂家很多，疫苗生产渠道十分复杂，所以应选择生产设备、技术力量、生产工艺等相对较优的厂家。

RID 是衡量猪瘟疫苗病毒含量高低的一个重要指标。随着疫病防控难度的加大，每头份猪瘟细胞苗抗原含量国家标准已经升为 750RID，脾淋苗抗原含量国家标准为 150RID。实际生产中，大部分疫苗企业的内控标准均高于国家标准（大多数企业宣传其猪瘟疫苗抗原含量≥7 500RID，部分高效苗抗原含量则高达 1.2 万 RID）。但 RID 并非越高越好，应根据临床情况选择适当疫苗进行免疫接种。

疫苗接种后应及时进行抗体检测，一定的抗体水平是保证防控猪瘟的基础，但过高的抗体水平可能与猪瘟野毒感染有关。抗体水平不佳时需考虑猪群日龄、免疫时机、检测时间、非猪瘟苗免疫干扰和临床表现等多种因素。

（三）猪瘟疫苗的使用方法

1. 乳兔组织冻干活疫苗的用法 该疫苗为肌内或皮下注射。使用时按瓶签注明头份，用无菌生理盐水按每头份1毫升稀释，大小猪均为1毫升。该疫苗禁止与菌苗同时注射。注射本疫苗后可能有少数猪在1~2天内发生反应，但3天后即可恢复正常。注苗后如出现过敏反应，应及时注射抗过敏药物，如肾上腺素等。该疫苗要在-15℃以下避光保存，有效期为12个月。该疫苗稀释后，应放在冷藏容器内，严禁结冰，如气温在15℃以下，6小时内要用完；如气温在15~27℃，应在3小时内用完。注射的时间最好是进食后2小时或进食前。

2. 犊牛睾丸细胞冻干活疫苗的用法 该疫苗大小猪都可使用。按标签注明头份，每头份加入无菌生理盐水1毫升稀释后，大小猪均皮下或肌内注射1毫升。注射4天后即可产生免疫力，注射后免疫期可达12个月。该疫苗宜在-15℃以下保存，有效期为18个月。注射前应了解当地确无疫病流行。随用随稀释，稀释后的疫苗应放冷暗处，并限2小时内用完。断奶前仔猪可接种4头份疫苗，以防母源抗体干扰。

3. 淋脾组织冻干活疫苗的用法 该疫苗为肌内或皮下注射。使用时按瓶签注明头份，用无菌生理盐水按每头份1毫升稀释，大小猪均为1毫升。该疫苗应在-15℃以下避光保存，有效期为12个月。疫苗稀释后，应放在冷藏容器内，严禁结冰，如气温在15℃以下，6小时内用完；如气温在15~27℃，则应在3小时内用完。注射的时间最好是进食后2小时或进食前。

（四）猪瘟疫苗使用说明

（1）以上4种疫苗在没有猪瘟流行的地区，断奶后无母源抗体的仔猪，注射1次即可。

（2）在有疫情威胁时，仔猪可在21~30日龄和65日龄左右各注射1次。

（3）被注射疫苗的猪必须健康无病，如猪体质瘦弱，有病，体温升高或食欲减退等均不应注射。

（4）注射免疫用各种工具，须在用前消毒。每注射1头猪，必须更换一次煮沸消毒过的针头，严禁打“飞针”。

（5）注射部位应先剪毛，然后用碘酊消毒，再进行注射。

（6）以上3种疫苗如果在有猪瘟发生的地区使用，必须由兽医严格指导，注射后防疫人员应在1周内逐日观察。

第三节　猪的免疫接种操作

一、猪免疫接种的方法

（一）肌内注射法

1. 选择合适的针头　选择合适针头，严禁使用粗短针头（表3-1）。

表3-1　注射针头的选择

猪只体重（千克）	针头型号	针头长度（厘米）
≤10	6~9	1.2~2.0
10~25	9	2.5
25~50	12	3.0
50~100	12~16	3.5~3.8
≥100	16	3.8~4.5

油佐剂疫苗比较黏稠，选择的针头型号可大些，水佐剂疫苗选择的针头型号可小些，切忌用过粗的针头。小猪一针筒药液换一个针头；种猪一头猪换一个针头。

可选择针尖呈菱形头，菱形针头锐利，阻力少，针尖斜面针头圆钝，阻力大。

2. 用固定针头抽取药液 使用非连续注射器抽取疫苗时，在疫苗瓶上固定一枚针头抽取药液，绝不能用已给猪注射过的针头抽取，以防污染整瓶疫苗。注射器内的疫苗不能回注疫苗瓶，避免污染整瓶疫苗；注射前要排空注射器内的空气。

3. 保定 必要时要进行保定猪只。

4. 进针的部位、角度 一般选择颈部肌内注射（臂头肌）。进针的部位为双耳后贴覆盖的区域：成年猪在耳后 5~8 厘米，前肩 3 厘米双耳后贴覆盖的区域，这个区域脂肪层较薄，容易进针到肌肉内，药液容易吸收。垂直于体表皮肤进针直达肌肉。

进针部位和角度不当，常将药液注入脂肪层，如斜角向下进针，容易注射脂肪层；注射点太高，药液被注射入脂肪层；注射部位太低，药液会进入脂肪或腮腺；药液注入脂肪层，容易造成局部肿胀、疼痛，甚至形成脓包，需避开脓包注射。如打了飞针或注射部位流血，一定要在猪只另一侧补一针疫苗。

5. 按规定剂量进行接种 剂量太少则免疫效果差，剂量太大则成本过高，同时可能会产生副反应，尤其毒株毒力大的疫苗；注射过程中要定期检查和校准注射器之刻度，以防调节螺旋滑动造成剂量不准确。注射过程中要观察连续注射器针筒内是否有气泡，发现针管内有气泡要及时排空，否则剂量不足。

一般两种疫苗不能混合注射使用，同时注射两种疫苗时，要分开在颈部两侧注射。

（二）皮下注射

猪布鲁杆菌病活疫苗要皮下注射。皮下注射方法：在耳根后

方，先将皮肤提起，再将药液注射入皮下，即将药液注射到皮肤与肌肉之间的疏松组织中。

（三）交巢穴注射

病毒腹泻苗采用交巢穴（又称“后海穴”）注射较好，其部位在肛门上、尾根下的凹陷中，注射时将尾提起，针与直肠呈平行方向刺入，当针体进入到一定深度后，便可推注药物。3 日龄仔猪进针深度为 0.5 厘米，成年猪为 4 厘米。

（四）肺内注射接种

猪气喘病活疫苗采用肺内注射接种，将仔猪抱于胸前，在右侧肩胛骨后缘沿中轴线向后 2~3 肋间或倒数第 4~5 肋间，先消毒注射局部，取长度适宜的针头，垂直刺入胸腔，当感觉进针突然轻松时，说明针已入肺脏，即可进行注射。肺内注射必须一只小猪换一个针头。

（五）气雾喷鼻接种

常用于初生仔猪伪狂犬活疫苗接种，也用于支原体活疫苗接种。

喷鼻操作：1 头份伪狂犬疫苗稀释成 0.5 毫升，使用连续注射器，每个鼻孔喷雾 0.25 毫升，使用专用的喷鼻器，用一定力量推压注射器活塞，让疫苗喷射出呈雾状，气雾接触到较大面积的鼻黏膜，充分感染嗅球。过去采用滴鼻方法，不仅疫苗接触到鼻黏膜面积有限，同时仔猪常将疫苗喷出鼻腔，造成免疫失败。使用干粉消毒剂给初生仔猪进行消毒和干燥的猪场，用疫苗喷鼻后不能让消毒干粉吸入鼻孔内，否则会导致免疫失败。

二、免疫接种的准备工作

（一）制定科学的免疫程序

免疫接种前必须制定科学的免疫程序，从猪场实际生产出发，考虑本场常见疫病种类、发病特点、既往病史、当地疫病流行情况、受威胁程度，结合猪群种类、用途、年龄、各种疫病的抗体消长规律及疫苗性质等因素，制定适合本场实际需要的免疫程序。

免疫程序包括：接种猪类别，疫苗名称，免疫时间，接种剂量，免疫途径（皮下、肌内、口服、滴鼻、胸腔、穴位等），每种疫苗年接种次数，疫苗接种顺序，间隔时间等。免疫程序一经制定应严格按要求执行，并随抗体检测结果、疫病发展变化不断进行调整。免疫程序切忌照搬照抄、一成不变和盲目频频改动。

（二）疫苗选择

一是选用疫苗应有针对性。不能见病就用疫苗，既浪费人力、物力，又增加猪只免疫系统负担，造成免疫麻痹。一般来讲，免疫效果不佳或可通过药物保健进行防控的普通细菌性疾病，皆可不必用苗。免疫接种应将防控重点放在传播快、危害大、难控制的重大动物传染病上，如猪瘟、蓝耳病、伪狂犬、口蹄疫、圆环病、支原体肺炎等。

二是灭活苗、弱毒苗的选择。灭活苗与弱毒苗各有优缺点。如果本场尚无发生该病，只受周边疫情威胁，一般应选择安全性好、不会散毒的灭活疫苗；否则应选择免疫力强，保护持久的弱毒疫苗。

三是毒（菌）株的血清型选择。有些传染性疾病的病原有多个血清型，如口蹄疫（有7个不同血清型和60多个亚型），猪链球菌（1~9型为致病性血清型），副猪嗜血杆菌（有15个不同血清型）。各血清型之间的交叉免疫保护很低，如果使用疫苗毒（菌）株的血清型与引起疾病病原的血清型不同，则免疫效果不佳，可导致免疫失败。选择疫苗时，应选择当地流行的血清型，在无法确定流行病原血清型的情况时，应选用多价苗。

（三）疫苗的采购、运输和保存

疫苗应在当地动物防疫部门指定的具有《兽药经营许可证》的兽药店购买，所购疫苗必须具备农业部核发的生物制品批准文

号或《进口兽药注册证书》的兽药产品批准文号。选择性能稳定、价格适中、易操作、有一定知名度的厂家品牌，不要一味追求新的、贵的、包装精美的及进口的疫苗。疫苗在整个流通环节中要完善冷链系统建设，冻干苗应在-15℃条件下运输、保存，禁止反复冻融，灭活苗应在2~8℃条件下运输、保存，防止冻结。同时，避免光照和剧烈振动，减少人为因素造成的疫苗失效和效价降低。

（四）针头、注射器具的准备

针头的选择可参考表3-1，按体重进行选择。也可以按下列方法选择：哺乳仔猪（0~25日龄）使用9×12（外径为0.9毫米、长度为12毫米）规格针头，保育猪（25~70日龄）使用12×25针头，肥育猪（71日龄至出栏）使用12×38针头，种猪免疫使用16×38针头，要求针孔无堵塞，针尖锋利无倒钩。注射器宜用10~20毫升规格，刻度要清晰、不滑杆、不漏液。洗净后高压煮沸消毒20分钟，晾干备用。

（五）猪群健康状况检查

疫苗注入猪体后需经一系列的复杂反应，方能产生免疫应答。因此，接种前猪群的健康状态尤为重要，接种猪只必须健康、无疫病潜伏，对患病、体弱和营养不良猪只只能日后补免。猪群在断奶、去势、运输、捕捉、采血、换料或天气突变等应激诱因下，不利于抗体产生，不宜实施免疫注射。接种疫苗前10天，饲料中不能添加任何抗菌药或抗病毒药物，可添加营养保健剂、黄芪多糖和电解多维，以增强猪只体质，减少应激，提高猪群的免疫应答能力。

（六）小范围试用

中途更换厂家的疫苗及新增设的疫苗，应选择一定数量的猪只先小范围试用，观察3~5天，确定无严重不良反应后，方可进行大面积推广免疫接种。

三、免疫接种操作

（一）疫苗准备

统计接种猪只数量，取出对应疫苗量。详细阅读疫苗使用说明书，仔细检查疫苗名称、包装、批号、生产日期、有效期。严禁使用破损、瓶塞松动、油乳剂破乳、失真空、变质疫苗。

（二）等温操作

为防止温差引起的疫苗效价降低和猪只不适，冷藏疫苗应在室温环境下放置一段时间，待恢复至常温后才能稀释（活疫苗）或直接注射（灭活疫苗）。当环境温度超过 20℃时，应将疫苗放入保温箱内，并放入冰块，保证疫苗操作期间的全程温度控制。

（三）疫苗稀释

活疫苗应现用现稀释，一定要用厂家提供的专用稀释液等量稀释，在配制后 1 小时内为最佳注射时间，最长不能超过 3 小时；灭活苗开封后限当日使用，未用完疫苗应废弃。

第四节　免疫监测与免疫失败

一、免疫接种后的观察

（一）过敏反应

疫苗对猪只属于一种异物，个别猪只会出现不良反应。因此，免疫接种后应仔细观察猪只精神、食欲、饮水、体温、大小便等，发现异常，及时处理。

对接种疫苗 4~8 小时后出现不安、流鼻水和口水、呼吸加快、低热、食欲减退等轻度过敏反应的，不必使用抗过敏药，一般经 1~2 天即可自行恢复；比较明显的猪，可注射地塞米松或

樟脑注射液。

对疫苗接种后 5 分钟到 1 小时出现发抖、发绀、口吐泡沫、呕吐、呼吸困难、倒地痉挛、休克等严重过敏反应者，应立即肌内或静脉注射肾上腺素注射液进行紧急抢救，每 50 千克体重注射 1 毫升，20~30 分钟后再次注射。

接种后，因副反应而使用抗生素或抗病毒药治疗的猪只，应隔离或做好记号，待康复后 2 周重新注射一次。

（二）防止散毒

免疫接种工作结束后，一切器械与用具都要严格消毒，剩余活苗、疫苗瓶等应集中进行无害化消毒处理，可以用有效消毒水浸泡、高温蒸煮、焚烧或深埋，用过的器具、针头要及时消毒，以免散毒污染猪场与环境，带来隐患。

（三）免疫接种登记

每次免疫接种后，应认真填写免疫记录，完善的免疫记录包括：疫苗名称、性质、免疫日期、舍别、栏别、猪只年龄、免疫头数、剂量、疫苗生产厂家、有效期、批号、接种人员等。完整详尽的规范性记录，可防止猪群免疫接种中可能出现的漏免和重复免疫，有利于猪群免疫接种后的抗体检测和生产管理软件的数据录入工作。

（四）加强饲养管理，禁用免疫抑制性药物

免疫接种后应加强猪群的饲养管理，饲喂营养均衡、无毒、无霉变的优质饲料，减少各种应激，增强猪只体质，提高猪群抗病力和免疫应答能力，以利于抗体的产生。免疫接种后 10 天内要避免使用影响免疫应答的药物和免疫抑制剂，如氟苯尼考、喹乙醇、磺胺类药、氨基糖苷类、四环素类及地塞米松等糖皮质激素。如果免疫期间猪只发病应尽量避免采用上述药物治疗，如必须使用则待病猪康复后 10 天补免。

二、免疫监测

根据免疫档案记录，21 天后应对被免猪只按照一定比例采样抽血，进行血清学抗体检测，根据群体免疫合格率和抗体整齐度，评估疫苗接种效果。对免疫抗体不达标者要及时补免，补免后仍不合格者应及时淘汰，以消除疫病隐患。同时抗体检测也可作为评价疫苗质量好坏和修正、完善免疫程序的重要依据。

三、猪群免疫失败的原因

（一）猪体自身因素

1. 营养状况 动物的营养状况是影响免疫应答的重要因素，当猪的体质虚弱、营养不良、缺乏维生素及氨基酸时，机体的免疫功能就会下降，影响抗体的产生，例如维生素 A 的缺乏会导致动物淋巴器官萎缩，影响淋巴细胞的增殖与分化、受体表达与活化，导致体内的 T 淋巴细胞、NK 细胞（自然杀伤细胞）数量减少，吞噬细胞的吞噬能力和 B 淋巴细胞产生抗体的能力降低，因而营养状况是不可忽视的。

2. 母源抗体 母源抗体虽然能使仔猪具有抵抗某些疾病的能力，但严重干扰疫苗免疫后机体免疫应答的产生。如果免疫时母源抗体水平过高，就会中和疫苗抗原，使机体不能产生足量的主动免疫抗体，造成免疫失败。另外，由于来自不同母体的个体之间或同一母体不同个体之间的母源抗体水平存在差异，免疫后抗体水平参差不齐，会影响免疫保护效果。

3. 野毒早期感染或强毒株感染 猪体接种疫苗后需要一定时间才能产生免疫力，而这段时间恰恰是一个潜在的危险期，一旦有野毒入侵或感染强毒，就会导致发病，造成免疫失败。

（二）应激因素

动物机体的免疫功能在一定程度上受到神经、体液和内分泌

的调节，在环境过冷过热、相对湿度过大、通风不良、拥挤、饲料突变、长途运输、转群、疾病等应激因素影响下，机体肾上腺皮质激素分泌增加，严重损伤T淋巴细胞，对巨噬细胞也有抑制作用，使机体免疫细胞大量减少，导致机体免疫功能降低，不能正常产生相应的免疫反应。因此，在猪应激敏感期接种疫苗，容易导致免疫失败。

（三）免疫抑制性因素

1. 免疫抑制性疾病　猪的免疫抑制性疾病（如圆环病毒感染、蓝耳病等）可以破坏机体的免疫细胞，引起免疫细胞的大量减少，使疫苗免疫后机体不能产生足量的抗体和细胞因子。司兴奎等通过试验相继发现，圆环病毒感染可以在一定程度上抑制机体对猪瘟、伪狂犬病、高致病性猪蓝耳病和口蹄疫等疫苗的体液免疫应答，造成这些疫苗的免疫失败。龚冬仙等研究发现，猪蓝耳病感染产生的免疫抑制，可以恶化慢性传染性疾病，并使猪对其他疾病如猪瘟等疫苗的免疫应答降低，造成免疫失败。

2. 免疫抑制性药物　某些药物，如庆大霉素、四环素、强力霉素抑制淋巴细胞的趋化性，磺胺甲基异噁唑、多西环素、先锋霉素抑制淋巴细胞转化，利福平抑制抗体产生等，从而影响免疫效果。糖皮质激素类药物如地塞米松、泼尼松、可的松等具有抑制免疫的作用，性激素如睾丸激素、雄激素等对免疫应答有抑制作用，抗病毒药物如干扰素等能够干扰和抑制疫苗病毒的复制，如果在免疫期间使用这些药物会显著降低疫苗的免疫效果。

3. 霉菌毒素　目前，霉菌毒素在饲料中普遍存在，不仅导致畜禽生长受阻、繁殖功能下降、组织坏死，致癌以及基因突变，还引起动物机体严重的免疫抑制。在所有霉菌毒素中，黄曲霉毒素（AF）高强度抑制动物免疫系统，Keblys 等指出，即使是低剂量的 AF 也可以抑制猪的生长、改变猪的体液和细胞免疫。Vlata 等通过玉米赤霉烯酮（ZEA）对外周血液单核细胞影响的研究发现，高浓度的 ZEA（30 微克/毫升）能够抑制 T、B 淋巴细胞的增殖。

（四）疫苗因素

1. 抗原含量不足 抗原含量是影响疫苗免疫效果的首要因素，抗原含量越高，刺激机体产生的抗体数量越多，抗体产生越快，免疫效果越好，免疫保护时间越长，同时，受母源抗体的干扰越小。有的厂家为节省生产成本，或生产工艺落后，生产的疫苗抗原含量不足，接种后就不能刺激机体产生足够的抗体，使免疫保护不确实，造成免疫失败。

2. 外源病毒的污染 近年来猪瘟疫苗受牛病毒性腹泻病毒（BVDV）污染的现象日益严重。猪感染 BVDV 不表现牛病毒性腹泻的临床症状而呈亚临床感染，其症状和病理变化类似温和型猪瘟，并可产生猪瘟病毒的交叉中和抗体，这给常规的血清学诊断带来一定困难，同时猪感染 BVDV 产生的抗 BVDV 抗体对猪瘟病毒有一定的抑制作用，因此猪瘟疫苗污染 BVDV 后对猪瘟疫苗的免疫有干扰作用，会降低猪瘟疫苗的免疫效果。

3. 疫苗毒株与当地流行毒株血清型不完全相同 许多病原有多个血清型或亚型，如口蹄疫病毒、链球菌和副猪嗜血杆菌等，有的各型之间没有明显的交叉保护力，因此，免疫疫苗的血清型必须与当地流行的血清型一致，如 O 型口蹄疫疫苗必须免疫流行 O 型口蹄疫的猪群，如果用来免疫流行亚洲 I 型口蹄疫的猪群就不会起到明显的免疫保护作用。

4. 不同疫苗之间的相互干扰 将两种或两种以上有干扰作用的活疫苗同时接种，会降低机体对某种疫苗的免疫应答反应，如猪繁殖与呼吸综合征疫苗与猪瘟疫苗同时接种，产生的抗体水平会低于两种疫苗单独注射。干扰的原因可能有两方面：一是两种病毒疫苗感染的受体相似或相同，产生竞争作用；二是一种病毒疫苗感染细胞后产生干扰素，影响另一种病毒疫苗的复制。

5. 其他　如疫苗的保存和运输不当。

（五）免疫程序和操作因素

1. 免疫程序不合理　免疫程序需要根据当地疫病流行情况和本场实际合理制定，不能一味照搬别的猪场的免疫程序。抗体的产生具有一定的规律性，免疫时间过早，容易受到母源抗体的干扰，过晚则出现免疫空白期。免疫次数过少，不能刺激机体产生足量和持久的抗体；免疫次数过多，间隔时间过短，会造成抗体被疫苗抗原中和，降低抗体水平，严重者会造成免疫麻痹，不能产生抗体。另外，免疫病种过多，会加重动物机体免疫系统的负担，降低疫苗的免疫效果。

2. 接种剂量不准确　在免疫接种时，有的操作人员担心疫苗抗原含量不足，随意加大接种剂量（常见于接种猪瘟疫苗），造成免疫麻痹，导致机体免疫应答能力降低，抗体水平反而上不去；有的为节约成本（常见于接种进口疫苗），减少疫苗的接种剂量，造成抗原接种量不足，抗体水平达不到免疫保护的要求。

3. 接种方法不当　每种疫苗都有其最佳的接种途径，以达到最好的免疫效果。滴鼻免疫时疫苗未进入鼻腔就被仔猪甩出；肌内注射免疫时，部位不正确，出现打“飞针”现象，疫苗没有注射到肌肉层而注射到皮下脂肪层；需要后海穴注射的疫苗，为省事进行肌内注射；注射器针头过粗，注入的疫苗从注射孔流出；不按说明书要求用规定的稀释液稀释疫苗或疫苗稀释后存放时间过长等，均会造成免疫失败，影响免疫效果。

四、免疫失败的应对

（一）加强饲养管理，提高猪群健康水平

健康的猪群免疫后能产生坚强的免疫力，而体质虚弱、营养不良、患有慢性疾病或处于应激状态的猪群产生免疫应答的能力都较差。因此应加强猪群的饲养管理，保持合理的饲养密度，做

好防寒保暖，加强通风透光，控制圈舍湿度，加强消毒并保持圈舍清洁卫生，为猪群创造一个良好的舒适环境。猪只体质虚弱、处于发病状态时暂时不接种疫苗，及时供给营养全面易于消化吸收的饲料，夏季可在饲料或饮水中添加电解多维。

（二）减少应激，合理选用免疫增强剂

天气闷热、阴雨、异常寒冷时不给猪接种疫苗，夏季免疫可安排在早上或傍晚天气凉爽时进行；猪群处于长途运输、更换饲料、转群期间暂不接种疫苗，待适应一段时间后再进行免疫接种；遇到不可避免的应激时，可于接种前后1周内在饮水中添加电解多维、维生素C等抗应激药物和黄芪多糖等免疫增强剂，以减少猪应激反应的发生，增强疫苗的免疫效果。

（三）消除免疫抑制性因素的影响

做好圆环病毒病等免疫抑制性疾病的免疫接种工作。对于圆环病毒病的预防可在仔猪10~14日龄1次接种圆健2毫升/头，圆环病毒感染严重的猪场也可在仔猪10日龄接种圆健0.5~1毫升/头，间隔半个月后再接种1毫升/头。免疫前后1周内严禁在饲料、饮水中添加磺胺类、氟苯尼考、卡那霉素及注射地塞米松和激素类等免疫抑制性药物，严禁使用干扰素、刀豆素等影响疫苗病毒复制的药物。加强饲料品质的监测工作，严禁饲喂发霉变质的饲料。

（四）及时做好抗体检测，制定合理的免疫程序

监测仔猪群的母源抗体水平可以科学确定首免日龄，监测免疫抗体水平可以把握其消长规律，合理确定加免时间。根据本场疾病流行情况，合理选择疫苗种类，对于非必免的细菌性疫苗可通过加强饲养管理、定期投用保健药物进行预防，以减少机体的免疫负担。病毒性活疫苗尽量不同时注射，避免活疫苗之间的相互干扰影响免疫效果，一般可间隔5~7天免疫。

（五）选择品质优良的疫苗

抗原含量高低和是否有外源物质污染是影响疫苗品质的重要因素。抗原含量高，就能够刺激机体产生足够的抗体，缩短疫苗病毒在体内的复制时间，抗体产生快，免疫保护及时，同时还可以减少母源抗体的干扰和因保存运输过程中抗原损失造成的免疫失败。纯净、无外源物质污染的疫苗可以有效避免外源病毒对疫苗病毒的干扰作用，降低疫苗的免疫副反应。因此，在选择疫苗时一定要选择正规厂家生产的抗原含量高、无外源物质污染的高效价疫苗。

（六）完善疫苗保存、运输条件

目前，国内大多数厂家生产的冻干活疫苗要在-15~20℃冷冻条件下保存，少数厂家生产的冻干活疫苗和进口冻干活疫苗可在2~8℃冷藏条件下保存；灭活疫苗要在2~8℃冷藏条件下保存，严禁贴壁，严禁冷冻保存，对于冻结、分层、破乳的灭活苗要禁止使用。疫苗长途运输要使用冷藏运输车运输，短途运输可使用专用疫苗保温箱或泡沫箱加冰块冷藏运输；运输时间不可过长，严防因运输过程中冰块融化降低疫苗的使用效果。疫苗稀释后尽快用完，避免在室温下长时间放置造成疫苗失效，夏季一般在2小时内用完，冬季一般在6小时内用完。

（七）免疫操作规范

严格按照免疫规范操作，免疫注射时认真细致，尽量减少“飞针”和“空漏”情况，疫苗注射到所要求的皮下或肌肉等相应部位，发现漏免猪只及时进行补免。疫苗接种工作结束后，应立即用含有消毒液的水洗手消毒，剩余药液与疫苗瓶焚烧处理，对接触过活疫苗的器具进行煮沸消毒处理，不可随处扔放，以防散毒。

第四章　猪病的诊断方法

第一节　猪病的临床诊断方法

临床检查的基本方法包括下述六种：问诊或流行病学调查、视诊、触诊、叩诊、听诊及嗅诊，后五种又称物理学检查法。

一、视诊

用医生的视觉直接或间接（借助光学器械）观察患病畜禽（群）的状况与病变。视诊方法简便、应用广泛，获得的材料又比较客观，是临床检查的主要方法，也是临床诊断的第一步骤。主要内容有：

(1) 观察患病畜禽的体格、发育、营养、精神状态，体位、姿势、运动及行为等。

(2) 观察体表、被毛、黏膜、眼结膜（图 4-1）等，有无创伤、溃疡、疮疹、肿物及它们的部位、大小、特点等。

(3) 观察与外界直通的体腔，如口腔、鼻、阴道、肛门等，注意分泌物、排泄物的量与性质。

(4) 注意某些生理活动的改变，如采食、咀嚼、吞咽、排尿、排便动作变化等。

除了门诊对患病动物的视诊外，从目前集约化养殖的生产实

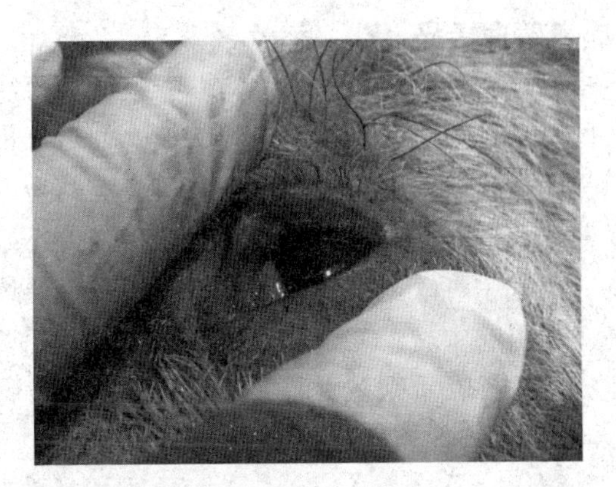

图 4-1 眼结膜检查

践出发，从预防为主出发，兽医人员应定期深入到畜禽厩舍进行整体观察，对整批动物上述指标进行客观了解，以便及时发现异常现象，及时做出判断，进而采取行之有效的措施，保证畜禽群体的健康，以减少损失。

二、问诊

问诊就是听取畜主或饲养人员对患病畜禽（群）的发病情况及经过的介绍。问诊的内容包括以下三个方面。

（一）现病历

现病历即本次发病的基本情况。包括发病时间、地点、发病后的临床表现、疾病的变化过程、可能的致病因素等。如怀疑是传染病时，要了解动物来源、免疫接种效果等。

（二）既往史

既往史即患病畜禽（群）过去的发病情况。是否过去患过病，如果患过，与本次的情况是否一致或相似，是否进行过有关传染病的检疫或监测。对既往史的了解对传染性疾病、地方性疾病有重要意义。

（三）饲养管理情况

了解畜禽饲养管理、生产性能，对营养代谢性疾病、中毒性疾病以及一些季节性疾病的诊断有重要价值。如对于集约化养殖来说，饲料是否全价，营养是否平衡，直接影响其生产性能的发挥，易发生营养代谢病。饲料品质不良，储存条件不好，又可导致饲料霉变，引起中毒。卫生环境条件不好，夏天通风不良，室内温度过高，易引起中暑；冬季保温条件差，轻则耗费饲料，生产能力不能充分发挥，重则易引起关节疾病、运动障碍。

三、触诊

用检者的手或工具（包括手指、手背、拳头及胃管）进行检查的一种方法，主要用于：

（一）检查体表状态

检查体表如皮肤的温度、湿度（不同部位的比较）、皮肤及皮下组织（脂肪、肌肉）的弹性以及浅在淋巴结的位置、大小、敏感性等。体表局部病变（如气肿、水肿、肿物、疝等）的大小、位置、性质等。

给猪测体温（图 4-2）是兽医临床上最常用的基本操作方法之一。通常测量猪的肛门直肠内温度，具体操作通常在兽用体温计的远端系一条长为 10～15 厘米的细绳，在细绳的另一端系一个小铁夹以便固定。测体温时，先将体温计的水银柱稍用力甩至35℃刻度线以下，在体温计上涂少许润滑油，然后一手抓住猪尾，另一手持体温计稍微偏向背侧方向插入肛门内，用小铁夹夹住尾根上方的毛固定。2～3 分钟后取出体温计，用乙醇棉球将其擦净，右手持体温计的远端呈水平方向与眼睛齐平，使有刻度的一侧正对眼睛，稍微转动体温计，读出体温计的水银柱所达到的刻度即为所测得的体温。

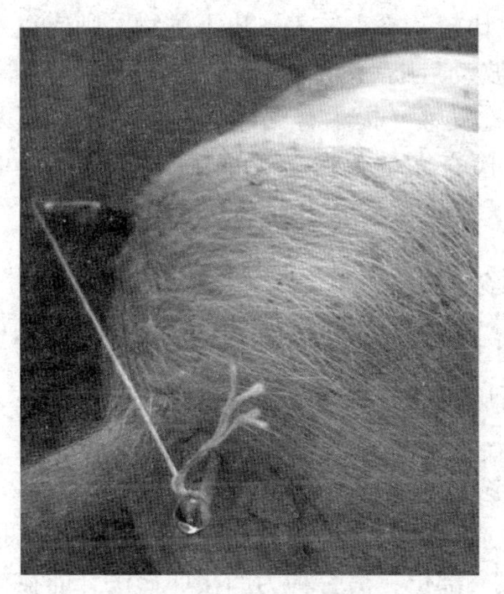

图 4-2　猪的体温测量

（二）通过体表检查内脏器官

胸部可触诊胸腔的状态，如有无胸水、胸膜炎。心区可触心搏动变化。腹部可触诊的有：小动物可在两侧腹部用两手感觉腹腔内容物、胃肠等的性状；反刍动物可触瘤胃内容物的状态（如鼓气、积液、积食等），也可触网胃的敏感性（网胃炎）等，以及腹腔内是否有腹水，腹膜是否有炎症等。

（三）直肠触诊

通过直肠触诊可更为直接地了解腹腔有关内脏器官的性质。除胃肠以外，还可了解脾、肝、肾、膀胱、卵巢、子宫等的状态。触诊不但具有重要的诊断价值，而且同时有重要的治疗意义。

触诊作为一种刺激，也可刺激判断被触部位及深层的敏感性，也可作为神经系统的感觉，反射功能的检查。触诊方法的选择，以检查目的而定。检查体温、湿度时，以手背检查为佳，并应在不同部位比较。检查体表、皮下肿物，则应以手指进行，感知其是否有波动（提示液体存在，如脓肿、血肿、液体外渗等）、弹性及捻发感（提示有气体）或面团感，有无指压痕（提示有水肿）。检查大动物腹腔，如牛的瘤胃，则可用拳头冲击（如有振水音，提示腹腔、内脏有大量积液）。

四、叩诊

叩诊是用手指或叩诊锤对体表某一部位进行叩击，借以产生振动并发出音响，然后根据音响特征判断被检器官、组织物理状态的一种方法。

（一）叩诊方法

叩诊方法有两种：一种为直接叩诊法，即用手指或叩诊锤直接叩击体表某一部位；另一种为间接叩诊法，即在被叩体表部位上，先放一振动能力强的附加物（叩诊板），然后再对叩诊板进行叩诊。间接叩诊的目的在于利用叩诊板的作用，使叩击产生的声音响亮、清晰、易于听取，同时使振动向深部传导，这样有利于对深部组织状态的判断。

间接叩诊临床上常用的有两种：其一是指指叩诊法，即以一手的中指（或食指）代替叩诊板放在被叩部位（其他手指不能与体表接触），以另一手的中指（或食指）在第一关节处呈 90 度屈曲，对着作为叩诊板的手指的第二指节上，垂直轻轻叩击。这种方法因振动幅度小，距离近，适合中小动物如犬、猫、猪、羊等。另一种是锤板叩击法，即叩诊锤为一金属制品，在锤的顶端嵌一硬度适中、弹性适合的橡胶头，叩诊板为金属、骨质、角质或塑料制片。叩击时，将叩诊板紧密放在被检部位，用手固定，另一手持叩诊锤，用腕关节作轴而上下摆动、垂直叩击。一般每一部位连叩 2~3 次，以分辨声音。

（二）叩诊音

根据被扣组织的弹性与含气量以及距体表的距离，叩诊音有以下几种。清音：叩诊健康动物肺中部产生的音响。浊音：音调低、短浊，如叩击臂部肌肉时的音响，胸部出现胸水、肺实变时，可出现浊音。鼓音：腔体器官大量充气时，叩击产生的音响，如瘤胃臌气、马属动物盲肠臌气以及肺气肿时。在两种音响之间，可出现过渡性音响，如清音与浊音之间可产生半浊音，清音与鼓音之间可产生过清音等。

（三）叩诊适应范围

叩诊主要用于浅在体腔（如头窦、胸、腹腔），含气器官（如肺、胃肠），了解其物理状态；同时，也可检查含气组织与实体组织的邻居关系，判断有气器官的位置变化。

五、听诊

听诊是利用听觉直接或间接（听诊器）听取机体器官在生理或病理过程中产生的音响。

（一）听诊方法

临床上可分为直接听诊与间接听诊。直接听诊主要用于听取患病畜禽的呻吟、喘息、咳嗽、嗳气、咀嚼以及特殊情况下的肠鸣音等，是直接将耳朵贴于动物体表某一部位的听诊方法，目前已被间接听诊取代。间接听诊主要是借助听诊器对器官活动产生的音响进行听诊的一种方法。间接听诊主要用于心音、呼吸道的呼吸音、消化道的胃肠蠕动音的听诊。

（二）听诊时的注意事项

（1）要在安静环境下进行，如室外杂音太大时，应在室内进行。

（2）被毛摩擦是常见的干扰因素，故听头要与体表贴紧，此外也要避免听诊器的胶管与手臂、衣服、被毛的摩擦。

（3）听诊要反复实践，只有对有关器官的正常声音掌握好后，才能辨别病理声音。

六、嗅诊

嗅诊即用鼻嗅闻患病畜禽的呼出气体、口腔气味、分泌物及排泄物的特殊气味。如呼出气体恶臭提示肺坏疽。

第二节　猪病诊断中常见的症状

一、发热

正常情况下，猪体温恒定在一定的生理变动范围内（38.0～39.5℃）。早晨低、午后高。影响体温变动的因素有年龄、生理状态、外界温度、运动等。每一种动物幼龄时，体温均要高出1℃左右，如断奶前后的仔猪，体温可达到39.3～40.8℃，母畜妊娠后期体温也适当升高，外界温度变化也明显影响体温的变化。此外，还应注意个体差异，有的生理体温在一天中变化较大，有的则变化较小，如有的个体在正常时体温在生理参考值的下限小幅度波动，当温度达到生理参考值的上限时，实际已在发热，这时如机械地按上述参考值判断，就会出现误诊。

在病理情况下，主要是体温升高，少数情况可出现体温降低。体温升高可根据其程度分为微热（体温升高1℃，可见于局部炎症，轻病）、中热（体温升高2℃，主要见于消化道、呼吸道的一般性炎症以及亚急性传染病等）、高热（体温升高3℃，主要见于大面积炎症、急性传染病等）及超高热（体温升高3℃以上，主要见于重度急性传染病，如急性猪丹毒、传染性胸膜肺炎、脓毒败血症、日射病等）。应该指出，不同的个体，在发病

时，体温的升高可能表现出明显的特殊性，因此，不应该机械理解，应综合其他症状进行分析。

临床上具有诊断意义的热型主要有：①稽留型：体温日差在1℃以内且发热持续时间在3天以上者。②间歇型：有热期与无热期交替出现者。③张弛型：体温日差超过1℃且不降到常温者。这些都对诊断有一定的帮助。但有时由于治疗的干预，可使热型不典型，在判断时应全面考虑。

病理情况下的体温低下，主要见于重度营养不良、贫血、某些脑病等。如体温低下的同时伴有发绀、四肢末梢厥冷、心跳快弱乃至出现昏迷，则预后不良。

二、腹泻与呕吐

（一）腹泻

排便次数增加，粪便含水量增加称为腹泻。腹泻是多种动物常见的一种症状，腹泻的实质是大肠吸收减少的结果。引起腹泻的原因与机制主要有以下几种。

1. 渗透性腹泻 进入消化道的难溶性物质（如硫酸镁）可引起容积性腹泻，幼猪乳糖吸收不良亦可引起腹泻，称为渗透性腹泻。

2. 运动性腹泻 运动性腹泻是指消化道受到寒冷、药物的刺激使肠蠕动加快，吸收减少而导致的腹泻。

3. 分泌性腹泻 分泌性腹泻是指肠黏膜受刺激，引起大肠的分泌超过吸收能力而出现的腹泻，见于各种肠炎。这一类腹泻除分泌增加外，还有肠蠕动加快的因素。

4. 吸收性腹泻 吸收性腹泻是指当肠炎发生肠黏膜萎缩或肥厚时，吸收面积减少而导致的腹泻。这一类属长期慢性腹泻。

临床上可将腹泻分为两种：一种是急性腹泻；另一种是慢性腹泻。诊断时应注意病史、泻出物性状、伴随症状等，如有无食变质饲料、服药史；腹泻是水粪齐下，还是混有黏液、呈粥状或含有血样成分；伴随症状注意有无里急后重（屡取排粪动作，每次仅有少量粪便排出，是直肠发炎的特征）、排粪失禁（不取排粪姿势，粪便自动流出，表示肛门括约肌松弛）。

腹泻是一种保护性反应，特别是炎性腹泻，进入有害物质引起的腹泻，在这些情况下，不但不能止泻，反而应清肠以促进有害物质尽快排出。当然，对于腹泻过程中造成的水、电解质及酸碱平衡方面的不良反应，应及时纠正。对于慢性长期腹泻，则要治疗原发病，否则易导致动物消瘦。

（二）呕吐

胃内容物不自主地经口或鼻反排出来，称呕吐。各种动物的呕吐中枢敏感性不同，故呕吐难易程度不同。肉食兽易呕吐，杂食动物次之（如猪），草食动物不易呕吐。

1. 分类 引起呕吐的原因按作用机制分为两类：其一是中枢性呕吐，主要是有害物质通过血液直接作用于延脑呕吐中枢，如脑膜炎，某些传染病、内中毒及某些药物中毒等；另一类是末梢性（反射性）呕吐，能引起反射呕吐的情况很多，如软腭、舌根、咽受到刺激，过食、炎症及寄生虫等，肠梗塞、腹膜炎、子宫的炎症也可引起呕吐。

2. 诊断 猪相对易呕吐。呕吐时，伸颈低头，借膈肌与腹肌收缩，将胃内容物呕吐出。猪食后一次大量呕吐，以后不再出现，多是过食表现。食后频频呕吐，多是胃炎结果。如呕吐物混有胆汁，多是十二指肠阻塞。

呕吐与腹泻一样，本身是一种病理性保护反应。目的在于排出对胃肠有害或多余的成分。虽然不可避免地要损失体液，但总体上对机体是有益的。若反复呕吐，就应查明原因加以纠正。

三、呼吸困难

对于未断奶仔猪，其呼吸困难一般是由于贫血或者肺炎引起的，特别是与繁殖和呼吸综合征有关。伪狂犬病和弓形虫病也能引起呼吸困难的症状。猪繁殖和呼吸综合征可引起初生仔猪和哺乳仔猪呼吸困难、不规则腹式呼吸、张口呼吸、不愿活动和仔猪衰竭综合征。仔猪的呼吸症状比较常见于猪群最初感染繁殖和呼吸综合征时，但也可见于一些慢性感染的猪群中的疾病复发。贫血能引起未断奶仔猪用力呼吸。缺铁性贫血是个逐渐发展的过程，仔猪在 1.5~2 周龄时症状比较明显，随后症状加重。

细菌性肺炎较少见于猪仔，一旦感染，早在 3 日龄便可出现症状。咳嗽是肺炎的一个突出症状，但是贫血时则不咳嗽。贫血的猪比患肺炎的猪显得苍白。剖检时，贫血猪的心脏扩张，有大量心包液，脾脏肿大，肺水肿，但是没有其他的肺部病理变化。仔猪细菌性肺炎可由放线杆菌、巴氏杆菌、波氏杆菌或链球菌感染引起。在这些病原的鉴别上，小猪与大猪的方法相同。支气管败血性波氏杆菌引起的小猪的支气管肺炎，主要是在肺脏的尖叶和心叶有斑状病灶，有时也见于肺脏的背面。

由伪狂犬病、弓形虫病、猪瘟引起的呼吸症状通常是继发于全身性或神经症状的。

大部分断奶猪和架子猪的呼吸道疾病是由寄生虫、细菌或者病毒侵害肺部引起的。母猪的呼吸道问题常常是由于贫血或者体温大幅度升高的原因等引起的。如果涉及传染性病原，则大多是病毒引起的，有些情况除外，如在有细菌感染（尤其是胸膜肺炎放线杆菌）的猪场，引进未接触过这些细菌的猪时也会发生呼吸道症状。

四、心率和脉搏变化

检查心跳频率（心率）可采取听诊办法，也可在下颌、尾根、股内动脉进行触诊。健康猪正常情况下心跳频率比较恒定，为60~80次/分钟。影响心跳的因素很多，其中主要是年龄因素，动物越年幼，心跳越快。其次，运动对心跳的影响也十分明显，但健康动物休息后很快恢复原有水平。

病理性心跳（脉搏）增多，主要与心肌收缩力减弱、循环血量减少、血液中的血红蛋白含量下降以及一些神经系统因素有关，临床上主要见于以下情况。

（1）所有热性病均可使心跳加快，一般体温每升高1℃，可使心跳加快4~8次。

（2）心脏本身疾病，如心肌炎、心包炎等均可使心跳加快。

（3）呼吸器官疾病使有效呼吸面积下降，气体交换困难，导致心跳加快。

（4）大失血、严重脱水使有效循环血量减少，各种贫血使血红蛋白含量减少，均可使心跳加快。

临床上心跳减慢比较少见，可见于脑积水、脑肿瘤、胆血症及某些药物中毒（迷走神经兴奋剂）。而传导阻滞也可使心跳次数减少，但此时心跳有明显的心律不齐。

五、神经症状

引起神经系统变化的原因很多，除神经系统本身外，内、外源性中毒，营养代谢性疾病，某些传染病，寄生虫病，等，均可导致神经系统功能改变。但兽医临床上对神经系统的直接检查是困难的，只能通过神经系统的多种功能状态来判断其发病原因与发病部位。不过对于神经系统本身的原发病，即使诊断清楚，由于动物的经济价值因素，临床治疗意义也不大。但对于其他疾病

引起神经系统功能障碍时，准确的诊断有助于原发病的诊治。

1. 神经系统功能障碍的症状　可分为四类：

（1）应激性症状，即神经组织受到刺激引起的兴奋过度。

（2）释放性症状，高级神经组织受损后，正常时受其制约的低级中枢出现功能亢进。

（3）缺失性症状，即病变组织功能减退或丧失。

（4）回休克性症状，即中枢损伤后，远离部位神经功能暂时丧失。

2. 神经系统症状除意识丧失外的表现

（1）运动功能，如强迫运动，共济失调，痉挛和瘫痪。

（2）感觉功能，分为浅感觉（皮肤痛觉、温觉等）和深感觉（肌、腱、关节等）两种。

（3）反射功能，一般反射减弱见于脑水肿、濒死期；反射亢进见于中毒性疾病，一些代谢疾病及脑脊髓炎等。

六、母猪繁殖障碍

繁殖障碍以早产、流产、产死胎或木乃伊胎、久配不孕、受胎率低等繁殖障碍为主要特点。猪流产的原因很难诊断，经常不能确诊。通常，引起死产或流产的病原在有临床表现时就已经不存在于体内了。但是，有些特征性的临床症状是有助于诊断的，至少可以帮助确定可能涉及的病原的大体类别。有两大类型的病因：一类是引起原发性生殖道感染，并可造成30%～40%的流产、木乃伊胎和死产；另一类造成其余的60%～70%的流产，包括毒素、母猪的环境性或营养性应激和全身性疾病等。

通常当死胎发生时，同窝中的胎儿年龄不同，最小的胎儿在发生流产前的某个时间就已经死亡。病毒感染是造成木乃伊胎的主要原因，但是其他病因也可以造成木乃伊胎。当一窝内仅有一头或几头死产，这很可能是由于产仔事故，如一窝中仔猪太多，生产次序靠后，生产时间延长或者缺氧。当一窝中既有死产又有木乃伊胎，这很可能是与传染性病原有关。

第三节　猪病诊断中常见的病理变化

一、充血

在某些生理或病理因素的影响下，局部组织或器官的小动脉发生扩张，流入血量增多，而静脉回流仍保持正常，这种组织或器官内含血量增多称为动脉性充血，又称主动性充血，简称充血。充血可分为生理性充血和病理性充血两种。前者如采食时胃肠道黏膜表现的充血和劳役时肌肉发生的充血等现象。病理性充血则是在致病因素的作用下发生的，如炎症早期发生的动脉性充血。

组织发生充血时色泽鲜红，温度增高，功能增强，体积稍肿大。黏膜充血时常称为“潮红”。充血组织、器官的色泽鲜红是由于小动脉和毛细血管显著扩张，流入大量含有氧合血红蛋白的血液；温度升高是由于血流加速和细胞的代谢旺盛；由于充血部组织代谢旺盛，所以该组织或器官的功能增强。镜下可见小动脉和毛细血管扩张充满红细胞，有时可见炎性渗出等变化。

二、瘀血

在局部组织器官内，若动脉流入的血量保持正常，而静脉的血液回流受阻，因此在静脉内充盈大量血液，则称为静脉性充血，又称被动性充血，简称瘀血。在病理情况下，静脉性充血远比动脉性充血多见，具有重要的诊断价值和病理学意义。

瘀血是一种最常见的病理变化，不论引起瘀血的原因如何，

其病变特点基本相似，主要表现为瘀血组织呈暗红色或蓝紫色，体积增大，功能减退，体表瘀血时皮温降低。

瘀血时由于静脉回流受阻，血流缓慢，使血氧过多地被消耗，因而血液中氧分压降低、氧合血红蛋白减少，还原血红蛋白含量显著增多，血管内充满紫黑色的血液，故使局部组织呈暗红色或蓝紫色。这种现象在可视黏膜称为发绀。又因瘀血时血流缓慢，热量散失增多，加上局部组织缺氧，代谢率降低，产热减少，所以体表部瘀血区表现皮温降低。瘀血时因局部血量增加，静脉压升高而导致体液外渗，结果使瘀血组织的体积增大。

此外，发生长时间持续性瘀血时，常能引起以下严重病变。

（1）由于缺氧造成毛细血管通透性增加，故有大量液体漏入组织间隙，造成瘀血性水肿。若毛细血管损伤严重时，则红细胞也可漏到组织内形成出血，称为瘀血性出血。

（2）随着缺氧程度的加重，局部组织常发生严重的代谢障碍，组织内中间代谢产物堆积，轻者引起瘀血器官实质细胞变性、萎缩，重者可发生坏死。

（3）瘀血组织的实质细胞发生坏死后，常伴有大量结缔组织增生，结果使瘀血器官变硬，称为瘀血性硬化。

三、出血

血液流出心脏或血管，称为出血。血液流至体外称为外出血，流入组织间隙或体腔则称为内出血。根据出血的发生机制不同可将其分为破裂性出血和渗出性出血两种。

（一）破裂性出血

破裂性出血病变常因损伤的血管不同而异。小动脉发生破裂而出血时，由于血压高而出血量多，常使流出的血液压迫和排挤周围组织而形成血肿。同时，根据出血发生的部位不同，故又有一些不同的名称，如体腔内出血称为腔出血或腔积血（如胸腔积

血和心包腔积血等），此时体腔内可见到血液或凝血块；脑出血又称为脑溢血；混有血液的尿液称为血尿；混有血液的粪便称为血便；鼻出血称衄血；肺出血称咯血；胃出血称吐血或呕血。

（二）渗出性出血

渗出性出血时，眼观甚至镜下也看不出血管壁有明显的形态学变化，红细胞可通过通透性增强的血管壁而漏出血管之外。渗出性出血发生于毛细血管和微静脉。出血常伴发组织或细胞的变性或坏死。兽医临诊上，常见的渗出性出血是由于血管壁在细菌毒素、病毒或组织崩解产物的作用下，发生不全麻痹和营养障碍，内皮细胞间的黏合质和血管壁嗜银性膜发生改变，使内皮细胞间孔隙增大而造成的。

渗出性出血常因发生的原因和部位不同而有所差别，其表现常见的有以下三种。

1. 点状出血　又称瘀点，出血量少，多呈粟粒大至高粱米粒大散在或弥漫分布，通常见于浆膜、黏膜和肝脏、肾脏等器官的表面。

2. 斑状出血　又称瘀斑，其出血量较多，常形成绿豆大、黄豆大或更大的密集状血斑。

3. 出血性浸润　血液弥漫地浸润于组织间隙，使出血的局部呈大片暗红色，如猪瘟的出血性淋巴结炎等。

此外，当机体有全身性出血倾向时，则称为出血性素质。

四、贫血

贫血是指单位容积血液内红细胞数或（和）血红蛋白量低于正常值，并伴有红细胞形态变化和运氧障碍的病理过程。它不是一种独立的疾病，而是伴发于许多疾病过程中的常见症状（如雏鸡和马的传染性贫血）。但有时在某些疾病（如严重的创伤，肝脏、脾脏破裂等）过程中，贫血常为疾病发生、发展的主导环

节，并决定着疾病的经过和转归。

根据贫血发生的原因和机制，可将其分为出血性贫血、溶血性贫血、营养缺乏性贫血和再生障碍性贫血四种。

（一）形态变化

1. 红细胞的变化　贫血时，除了红细胞数量与血红蛋白含量减少外，外周血液中的红细胞还会发生的变化主要有：①红细胞体积改变：或大于或小于正常红细胞，前者称为大红细胞，后者称为小红细胞。②红细胞形状改变（异形红细胞）：红细胞呈椭圆形、梨形、哑铃形、半月形和桑葚形等。③网织红细胞：对正常血液做活体染色时，可见其中含有少量（0.5%~1%）嗜碱性小颗粒或纤维网样的幼稚型红细胞，称为网织红细胞。在贫血时，网织红细胞增多，这是红细胞再生过程增强的表现。④有核红细胞：红细胞中出现浓染的胞核，其大小与正常红细胞相仿或稍大，此种红细胞称为晚幼红细胞（即未成熟的红细胞）。这些细胞在血液中出现，也是造血过程加强的标志。在一些重症贫血时，血液内出现胚胎期造血所特有的原巨红细胞，这种细胞体积异常巨大，含有大而淡染的核，表示造血过程返回到胚胎期的类型。⑤Jolly 小体和 Cabot 环：贫血时，红细胞胞浆内出现单个或成对的蓝色圆形小体，称为 Jolly 小体，它是红细胞核质的残迹。Cabot 环呈环形，它可能是红细胞核膜的残迹。⑥红细胞染色特性改变：包括染色不均和多染。前者表现为含血红蛋白多的红细胞着色深，而含血红蛋白少的红细胞染色变淡，且多呈环形。后者表现为细胞浆一部分或全部变为嗜碱性，呈淡蓝色着染。这是一种未成熟的红细胞，见于骨髓造血功能亢进时。

2. 骨髓的变化　主要变化是红骨髓增殖，有核红细胞生成增多。需要指出的是骨髓中红细胞的含量和外周血液的红细胞量之间是不存在直接比例关系的。因此，在判断骨髓的红细胞生成功能时，不能只根据骨髓中有核红细胞的数量，而应当将骨髓象和外周血液的血液象与血红蛋白的材料进行对比研究，这样才能得出正确结论。

3. 其他组织器官的变化 死于贫血的动物，由于红细胞及血红蛋白减少，故其血液稀薄，皮肤和黏膜苍白，组织、器官呈现其固有的色彩。长期贫血时，组织、器官因缺氧而发生变性，而血管的变性还可导致浆膜和黏膜出血。

（二）代谢变化

1. 血液性缺氧 在血液中氧主要是以氧合血红蛋白的形式存在，贫血时血液中红细胞数及血红蛋白浓度降低，血液携氧能力降低，引起血液性缺氧。贫血时，需氧量较高的组织（如心脏、中枢神经系统和骨骼肌等）受到的影响较明显。

2. 胆红素代谢 出现溶血性贫血时，单核巨噬细胞系统非酯型胆红素产量增多，一旦超过肝脏形成酯型胆红素的代偿能力，可形成非酯型胆红素升高为主的溶血性黄疸。

（三）功能变化

贫血时所引起的各系统功能变化，视贫血的原因、程度、持续的时间及机体的适应能力等因素而定。

1. 循环系统 贫血时由于红细胞和（或）血红蛋白减少，导致机体缺氧与物质代谢障碍。在早期可出现代偿性心跳加强加快，以增加每分钟内的心输出量。因血流加速，通过单位时间的供氧增多，就能代偿红细胞减少所造成的缺氧，但到后期由于心脏负荷加重，心肌缺氧而致心肌营养不良，则可诱发心脏肌原性扩张和相对性瓣膜闭锁不全，而导致血液循环障碍。

2. 呼吸系统 贫血时由于缺氧和氧化不全的酸性代谢产物蓄积，刺激呼吸中枢使呼吸加快，患畜轻度运动后，便会发生呼吸急促；同时组织呼吸酶的活性增强，从而增加了组织对氧的摄取能力。

3. 消化系统 动物表现食欲减退、胃肠分泌与运动功能减

弱、消化吸收功能发生障碍，故临诊上往往呈现消瘦、消化不良、便秘或腹泻等症状。这些变化反过来又可加重贫血的发展。

4. 神经系统　贫血时，中枢神经系统的兴奋性降低，以减少脑组织对能量的消耗，增高对缺氧的耐受力，因此具有保护性意义。严重贫血或贫血时间较长时，由于脑的能量供给减少，神经系统功能减弱，对各系统功能的调节能力降低，患病动物表现精神沉郁、生产性能下降、抵抗力减弱，重者昏迷。

5. 骨髓造血功能　贫血时，由于缺氧可促使肾脏产生促红细胞生成素，致使骨髓造血功能增强。但应注意再生障碍性贫血除外。

五、水肿

过多的液体在组织间隙或体腔中积聚称为水肿。细胞内液增多也称为“细胞水肿”，但水肿通常是指组织间液的过量。水肿不是一种单独的疾病，而是多种疾病的一种共同病理过程。液体积聚于体腔内，一般称为积水，如心包积水、胸膜腔积水（胸水）和腹腔积水（腹水）等。

根据水肿发生的部位可分全身水肿和局部水肿两种。前者分布于全身，如心性水肿、肾性水肿、肝性水肿和营养不良性水肿等；后者发生于局部，如皮下水肿、脑水肿、肺水肿、淋巴水肿、炎性水肿和血管神经性水肿等。

根据水肿的外观是否明显可分隐性水肿和显性水肿。隐性水肿的特点是外观无明显的临床表现，只是体重有所增加；显性水肿的特点是局部肿胀，皮肤紧张度增加，按之呈凹陷，稍后可复原（亦称“凹陷性水肿”）。

水肿液主要是指组织间隙中能自由移动的水，它不包括组织间隙中被高分子物质（如透明质酸、胶原及黏多糖等）吸附的水。

水肿液的成分除含有蛋白质外，其余与血浆相同。水肿液的蛋白质含量主要取决于毛细血管壁的通透性，此外还与淋巴的引流有关。血管壁通透性增高所致的水肿，它的蛋白质含量比其他原因引起的水肿液高。水肿液的相对密度取决于蛋白质的含量。通常把相对密度低于1.012的水肿液称为“漏出液”，而高于1.012的水肿液称为“渗出液”，但因淋巴回流受阻所致的水肿液，其蛋白质含量也较高。

家畜的水肿多发生于组织疏松部位和体位较低的部位（重力的影响），如垂肉、下颌间隙、颈下、胸下、腹下和阴囊等部位。水肿的表现如下。

（一）皮下水肿

皮下水肿是全身或躯体局部水肿的重要体征。皮下组织结构疏松，是水肿液容易聚集之处。当皮下组织有过多体液积聚时，皮肤肿胀、皱纹变浅、平滑而松软。如果手指按压后留下凹陷，表明有显性水肿。实际上，在显性水肿出现之前，组织液就已增多，但不易觉察，称为隐性水肿。这主要是因为分布在组织间隙中的胶体网状物对液体有强大的吸附能力和膨胀性。只有当液体的积聚超过胶体网状物的吸附能力时，才形成游离水肿液。当液体积聚到一定量时，用手指按压时游离的液体向周围散开，形成凹陷，数秒后凹陷自然平复。

（二）全身性水肿

全身性水肿由于发病原因和发病机制的不同，其水肿液分布的部位、出现的早晚、显露的程度也各有特点，如肾性水肿首先出现在面部，尤其以眼睑最为明显；由心衰竭所致全身性水肿，则首先发生于四肢的下部；肝性水肿则以腹水最为显著。这些分布特点与下列因素有关。

1. 组织结构特点　组织结构的致密度和伸展性，影响水肿液的积聚和水肿出现的早晚。例如，眼睑皮下组织较为疏松，皮肤伸展性大，容易容纳水肿液，出现较早；而组织致密度大、伸

展性小的手指和足趾掌侧不易容纳水肿液，故水肿也不易显露和被发现。

2. 重力效应　毛细血管流体静压受重力影响，距心脏水平面向下垂直距离越远的部位，外周静脉压和毛细血管流体静压越高。因此，右心衰竭时体静脉回流障碍，首先表现为下垂部位的静脉压升高与水肿。

3. 局部血液动力因素　当某一特定的原因造成某一局部或器官的毛细血管流体静压明显升高，超过了重力效应的作用，水肿液即可在该部位或器官积聚，水肿可比低垂部位出现更早且显著，如肝性腹水的形成就是这个原因。

六、萎缩

萎缩是指已经发育成熟的组织、器官，其体积缩小及功能减退的过程。萎缩发生的基础是组成该器官的实质细胞体积变小或数量减少。

萎缩有生理性萎缩和病理性萎缩之分。生理性萎缩是指动物随着年龄的增长，某些组织或器官的生理功能自然减退和代谢过程逐渐降低而发生的一种萎缩，也称为退化。例如，动物的胸腺、乳腺、卵巢、睾丸以及禽类的法氏囊等器官，当动物生长到一定年龄后，即开始发生萎缩，因与年龄增长有关，故又称为年龄性萎缩。而病理性萎缩是指组织或器官在致病因素的作用下所发生的萎缩。它与机体的年龄、生理代谢无直接关系。临诊上，根据原因和萎缩波及的范围，病理性萎缩可分为全身性萎缩和局部性萎缩两种。

（一）全身性萎缩

全身性萎缩是指在某些致病因子作用下，机体发生全身性物质代谢障碍所致的萎缩。见于长期营养不良、维生素缺乏和某些慢性消化道疾病所致营养物质吸收障碍（营养不良性萎缩）、长

期饲料不足（不全饥饿）和消化道梗阻（饥饿性萎缩）、严重的消耗性疾病（如恶性肿瘤、鼻疽、结核、伪结核、寄生虫病及造血器官疾病等）。

全身性萎缩时，不同的器官组织其萎缩发生的先后顺序及其程度是不同的。脂肪组织的萎缩发生最早、最明显，其次是肌肉、脾脏、肝脏和肾脏等器官，心肌和脑的萎缩发生最晚。由此可见，萎缩发生的顺序具有一定的代偿适应意义。

眼观，可见皮下、腹膜下、网膜和肠系膜等处的脂肪完全消失，心脏冠状沟和肾脏周围的脂肪组织变成灰白色或淡灰色透明胶冻样，因此又称为脂肪胶样萎缩。实质器官（如肝脏、脾脏、肾脏等）体积缩小，重量减轻，颜色变深，质地坚实，被膜增厚、皱缩。除压迫性萎缩形态发生改变外，萎缩的器官组织仍保持其固有形态，仅见体积成比例缩小。胃肠等管腔器官发生萎缩时向外扩张，内腔扩大，壁变薄甚至呈半透明状，易撕裂。镜下，萎缩器官的实质细胞体积缩小、数量减少，胞浆致密浓染，胞核皱缩深染，间质常见结缔组织增生。在心肌纤维，肝细胞胞浆内常出现脂褐素，量多时器官呈褐色，称褐色萎缩。

（二）局部性萎缩

局部性萎缩是指在某些局部性因素影响下发生的局部组织和器官的萎缩，常见的有以下三种类型。

1. 废用性萎缩 废用性萎缩是由于器官发生功能性障碍，而长期停止活动所致，如某肢体因骨折或关节性疾病长期不能活动或限制活动，其结果引起相关肌肉和关节软骨发生萎缩。在器官功能减退的情况下，相应器官的神经感受器得不到应有的刺激，向心冲动减弱或中止，离心性营养性冲动也随之减弱。这样导致局部血液供应不足和物质代谢降低，尤其是合成代谢降低，引起营养障碍而发生萎缩。

2. 压迫性萎缩 压迫性萎缩是由于器官或组织受到缓慢的

机械性压迫而引起的萎缩，比较常见。其发生机制一方面是由于外力压迫对组织的直接作用；另一方面受压迫的组织器官由于血液循环障碍使局部组织营养供应不足，导致组织的功能代谢障碍，也是引起局部组织萎缩的重要原因。压迫性萎缩常见于输尿管阻塞造成排尿困难时，肾盂和肾盏积水扩张进而压迫肾实质引起萎缩；肝瘀血时，由于肝窦扩张压迫周围肝细胞索，可造成肝细胞萎缩；受肿瘤、寄生虫包囊（如囊尾蚴、棘球蚴等）等压迫的器官和组织也可发生萎缩。

3. 神经性萎缩　神经性萎缩是指中枢或外周神经发炎或受损伤时，功能发生障碍，受其支配的器官或组织因神经营养调节丧失而发生的萎缩。

局部性萎缩的病理变化与全身性萎缩时的相应器官或组织的病理变化相同（除压迫性萎缩外）。萎缩是可复性的过程，程度不严重时，病因消除后，萎缩的器官、组织或细胞仍可逐渐恢复原状。但若病因不能及时消除，病变继续进展，则萎缩的细胞最终可能消失。

萎缩对机体的影响随萎缩发生的部位、范围及严重程度不同而异。从萎缩的本质来看，它是机体对环境条件改变的一种适应性反应。当由于工作负担减轻、营养不足或缺乏正常刺激时，细胞的体积缩小或数量减少，物质代谢降低，这有利于在不良环境条件下维持其生命活动，这是萎缩积极的一面。另一方面，由于组织细胞萎缩变小，功能活动降低，可对机体产生不利的影响；全身性萎缩时各组织器官的功能均下降。严重时，免疫系统也同时萎缩，机体长期处于免疫抑制状态而对病原抵抗力下降甚至丧失，如果得不到及时纠正，将随着病程的发展而不断恶化，导致机体衰竭，最后常因并发其他疾病而死亡。

局部性萎缩，如果程度较轻微，一般可由周围健康组织的功能代偿而不会产生明显的影响。但若萎缩发生在生命重要器官或萎缩程度严重时，可引起严重的功能障碍。

七、坏死

坏死是指活体内局部组织、细胞的病理性死亡。坏死组织、细胞的物质代谢停止，功能丧失，出现一系列形态学改变，是一种不可逆的病理变化。坏死除少数是由强烈致病因子（如强酸、强碱）作用而造成组织的立即死亡之外，大多数坏死由轻度变性逐渐发展而来，是一个由量变到质变的渐进过程，故称为渐进性坏死。这就决定了变性与坏死的不可分割性，在病理组织检查时，往往发现两者同时存在。在渐进性坏死期间，只要坏死尚未发生而病因被消除，则组织、细胞的损伤仍可能恢复（可复性损伤）。一旦组织、细胞的损伤严重，代谢停止，出现坏死的形态学特征时，则损伤不可能恢复（不可复性损伤）。

根据坏死组织的病变特点和机制，坏死可分为以下三种类型。

（一）凝固性坏死

坏死组织由于水分减少和蛋白质凝固而变成灰白或黄白、干燥无光泽的凝固状，称为凝固性坏死。眼观，凝固性坏死组织肿胀，质地坚实干燥而无光泽，坏死区界限清晰，呈灰白或黄白色，周围常有暗红色的充血和出血。镜下，坏死组织仍保持原来的结构轮廓，但实质细胞的精细结构已消失，胞核完全崩解消失，或有部分核碎片残留，胞浆崩解融合为一片淡红色均质无结构的颗粒状物质。凝固性坏死常见有以下三种形式。

1. 贫血性梗死　贫血性梗死常见于肾脏、心脏、脾脏等器官，坏死区灰白色、干燥、早期肿胀、稍突出于脏器的表面，切面坏死区呈楔形，周界清楚。

2. 干酪样坏死　干酪样坏死见于结核杆菌和鼻疽杆菌等引起的感染性炎症。干酪样坏死灶局部除了凝固的蛋白质外，还含有大量的由结核杆菌产生的脂类物质，使坏死灶外观呈灰白色或

黄白色，松软无结构，似干酪（奶酪）样或豆腐渣样，故称为干酪样坏死。镜下，坏死组织的固有结构完全被破坏而消失，融合成均质、红染的无定形结构，病程较长时，坏死灶内可见有蓝染的颗粒状的钙盐沉着。

3. 蜡样坏死　蜡样坏死是指发生于肌肉组织的凝固性坏死。见于动物的白肌病等。眼观肌肉肿胀，混浊、无光泽，干燥坚实，呈灰红或灰白色，如蜡样，故名蜡样坏死。

（二）液化性坏死

液化性坏死是指坏死组织因蛋白水解酶的作用而分解变为液态，常见于富含水分和脂质的组织（如脑组织）或蛋白分解酶丰富（如胰腺）的组织。脑组织中蛋白含量较少，水分与磷脂类物质含量多，而磷脂对凝固酶有一定的抑制作用，所以脑组织坏死后会很快液化，呈半流体状，故称脑软化。在脑组织中，严重的、大的液化性坏死灶肉眼可见呈空洞状，而轻度的小的液化性坏死灶只有在显微镜下才能看到。镜下，可见发生于脑灰质的液化性坏死灶局部神经细胞、胶质细胞和神经纤维消失，只见少量核碎屑，呈微细网孔或筛网状结构。发生于脑白质的液化性坏死灶可见神经纤维脱髓鞘。在化脓性炎灶或脓肿局部，由于大量中性粒细胞的渗出、崩解，释放出大量蛋白质水解酶，使坏死组织溶解液化。胰腺坏死则由于大量胰蛋白酶的释出，溶解坏死胰组织而形成液化性坏死。

（三）坏疽

坏疽是指组织坏死后继发有腐败菌感染和外界因素的影响而发生的一类变化。由于血红蛋白分解产生的铁与组织蛋白分解产生的硫化氢结合成硫化铁，使坏死组织呈黑色。坏疽可分为以下三种类型。

1. 干性坏疽　干性坏疽常见于缺血性坏死、冻伤等，多继发于肢体、耳壳、尾尖等水分容易蒸发的体表部位。坏疽组织干燥、皱缩、质硬，呈灰黑色。腐败菌感染一般较轻，坏疽区与周围健康组织间有一条较为明显的炎性反应带，所以边界清楚。最后坏疽部分可完全从正常组织分离脱落。例如，慢性猪丹毒导致颈部、背部直至尾根部常发生的皮肤坏死，牛慢性锥虫病导致的耳、尾、四肢下部和球节的皮肤坏死，皮肤冻伤形成的坏死等，都是典型的干性坏疽。

2. 湿性坏疽 湿性坏疽多发生于与外界相通的内脏（肠、子宫、肺脏等），也可见于动脉受阻同时伴有瘀血水肿的体表组织。由于坏死组织含水分较多，故腐败菌感染严重，使局部肿胀，呈黑色或暗绿色。由于病变发展较快，炎症比较弥漫，故坏死组织与健康组织间无明显的分界线。坏死组织经腐败分解可产生吲哚、粪臭素等，故有恶臭。同时，组织坏死腐败所产生的毒性产物及细菌毒素被吸收后，可引起全身中毒症状（毒血症），威胁生命。

3. 气性坏疽 气性坏疽常发生于深在的开放性创伤（如阉割等）合并产气荚膜杆菌等厌氧菌感染时，细菌分解坏死组织时产生大量气体（H_2S、CO_2、N_2），使坏死组织内含气泡，呈蜂窝样和污秽的棕黑色，用手按之有“捻发”音，如牛气肿疽时常见身体后部的骨骼肌发生气性坏疽。由于气性坏疽病变可迅速向周围和深部组织发展，产生大量有毒分解产物，可致机体迅速自体中毒而死亡。

第四节　猪病的病理学检查技术

一、猪尸体剖检技术

置死猪成背卧位，先切断肩胛骨内侧和髋关节周围的肌肉，

使四肢摊开，然后沿腹壁中线进刀，向前切至下颌骨，向后到肛门；掀开皮肤，再切开剑状软骨至肛门之间的腹壁，沿左右最后肋骨切腹壁至脊柱部，这样使腹腔脏器全部暴露。此时检查腹腔脏器的位置是否正常，有无异物和寄生虫，腹膜有无粘连，腹水的容量和颜色是否正常。然后由膈处切断食管，由骨盆腔切断直肠，按肝、脾、肾、胃、肠的次序分别取出检查。胸腔脏器的取出和检查：沿季肋部切去膈膜，先用刀或骨剪切断肋软骨和胸骨连接部，再把刀伸入胸腔，划断脊柱两侧肋骨和胸椎连接部的胸膜和肌肉，然后用两手按压两侧的胸壁肋骨，则肋骨和胸椎连接处的关节自行折裂而使胸腔敞开。首先检查胸腔液的量和性状，胸膜的色泽和光滑度，有无出血、炎症或粘连，而后摘取心、肺等进行检查。

二、解剖病理学观察

尸体解剖和病理检验一般同时进行，一边解剖一边检验，以便观察到新鲜的病理变化。对实质脏器如肝、脾、肾、心、肺、胰、淋巴结等的检验，应先观察器官的大小、颜色、光滑度及硬度，有无肿胀、结节、坏死、变性、出血、充血、瘀血等，然后切成数段，观察切面的病理变化。胃肠一般放在最后检验，先看浆膜的变化，然后剪开胃和肠管，观察胃肠黏膜的病变及胃肠内容物的变化。气管、膀胱、胆囊的检查方法与胃肠相同。脑和骨只在必要时进行检验。在肉眼观察的同时，应采取小块病变组织（2~3 立方厘米）放入盛有 10%福尔马林液的广口瓶固定，以便进行病理组织学检查。

三、组织病理学观察

有些疾病除了通过病理剖检眼观特征性病理变化外，还需做组织病理学检查以进一步对病性进行确定。组织病理学技术广泛应用于动物和人类疾病的研究与诊断。它是在眼观检查的基础之上，采取病变组织，制作石蜡切片或冰冻切片，之后通过不同方法染色，然后在光学显微镜下观察病变组织的微观变化，以此做出组织病理学诊断或从微观水平认识疾病的本质。最常用的染色方法是苏木素-伊红（HE）染色。有时也可以根据需要做特殊染色，来了解一些细胞、病理产物和化学成分等的情况。

（一）细胞损伤常见的超微结构变化

细胞损伤的超微结构变化主要包括：细胞膜、膜特化结构（细胞外衣、纤毛、微绒毛细胞间连接）、线粒体、内质网、高尔基复合体、溶酶体和细胞质包含物以及细胞核的形态和数目的变化。

（二）变性

变性是指细胞或间质内出现异常物质或正常物质的数量显著增多，并伴有不同程度的功能障碍。有时细胞内某种物质的增多属生理性适应的表现而非病理性改变，对这两种情况，应注意区别。变性可分为细胞变性和细胞间质的变性，常见的细胞变性有细胞肿胀、脂肪变性及玻璃样变性等；细胞间质的变性有黏液样变性、玻璃样变性、淀粉样变性等。一般而言，细胞内变性是可复性改变，当病因消除后，变性细胞的结构和功能仍可恢复，而细胞间质变性往往是不可复性变化，严重时发展为坏死。

（三）坏死

细胞坏死的主要标志是细胞核的变化，可表现为核浓缩、核碎裂、核溶解。

一般来说，细胞坏死时，胞浆首先发生变化，胞浆内的蛋白质发生凝固或崩解，呈颗粒状。最后，细胞膜破裂，整个细胞轮廓消失。细胞完全坏死后，胞浆、胞核全部崩解，组织结构完全消失，镜下形成一片模糊的、颗粒状的、无结构的红染物质。

（四）病理性物质沉着

病理性物质沉着包括糖原沉着、免疫复合物沉着、病理性钙化、尿酸盐沉着和病理性色素沉着。

第五节　猪病的实验室诊断方法

一、病料的采集、保存和送检

病料送检方法应依传染病的种类和送检目的的不同而有所区别。

（一）病料采取

合理取材是实验室检查能否成功的重要条件之一。第一，怀疑某种传染病时，则采取该病常侵害的部位。第二，找不出怀疑对象时，则采取全身各器官组织。第三，败血性传染病，如猪瘟、猪丹毒等，应采取心、肝、脾、肺、肾、淋巴结及胃肠等组织。第四，专嗜性传染病或以侵害某种器官为主的传染病，则采取该病侵害的主要器官组织，如狂犬病采取脑和脊髓、猪气喘病采取肺的病变部、呈现流产的传染病则采取胎儿和胎衣。第五，检查血清抗体时，则采取血液，待凝固析出血清后，分离血清，装入灭菌小瓶送检。

（二）病料保存

欲使实验室检查得出正确结果，除病料采取要适当外，还需使病料保持新鲜或接近新鲜的状态。如病料不能立即进行检验，或须寄送到外地检验时，应加入适量的保存剂。

1. 细菌检验材料的保存　将采取的组织块保存于饱和盐水或30%甘油缓冲液中，容器加塞封固。

（1）饱和盐水的配制：蒸馏水100毫升，加入氯化钠38~39

克，充分搅拌溶解后，用数层纱布滤过，高压灭菌后备用。

（2）30%甘油缓冲溶液的配制：纯净甘油 30 毫升，氯化钠 500 毫克，碱性磷酸钠（磷酸氢二钠）1 000 毫克，蒸馏水加至 100 毫升，混合后高压灭菌备用。

2. 病毒检验材料的保存 将采取的组织块保存于 50%甘油生理盐水或鸡蛋生理盐水中，容器加塞固定。

（1）50%甘油生理盐水的配制：氯化钠 8.5 克，蒸馏水 500 毫升，中性甘油 500 毫升，混合后分装，高压灭菌备用。

（2）鸡蛋生理盐水的配制：先将新鲜鸡蛋的表面用碘酊消毒，然后打开，将内容物倾入灭菌的容器内，按全蛋 9 份加入灭菌生理盐水 1 份，摇匀后用纱布滤过，然后加热至 56~58℃持续 30 分钟，第 2 天和第 3 天各按上法加热 1 次，冷却后即可使用。

3. 病理组织学检验材料的保存 将采取的组织块放入 10%的福尔马林溶液或 95%酒精中固定，固定液的用量须为标本体积的 5~6 倍以上，如用 10%福尔马林固定，应在 24 小时后换新鲜溶液 1 次。严寒季节为防组织块冻结，在送检时可将上述固定好的组织块取出，保存于甘油和 10%福尔马林等量混合液中。

（三）病料送检

1. 病料的记录和送检单 病料应在容器上编号，并详细记录，附有送检单。

2. 病料包装 病料包装要安全稳妥。对于危险材料、怕热或怕冻的材料，应分别采取措施。一般说来，微生物学检验材料都怕受热。病理检验材料都怕冻。

3. 病料运送 病料装箱后，应尽快送到检验单位，短途可派专人送去，远途可以空运。

4. 注意事项

（1）采取病料要及时，应在死后立即进行，最好不超过 6 小时。如拖延过久（特别是夏天），组织变性和腐败，不仅有碍于

病原微生物的检出，也影响病理组织学检验的正确性。

（2）应选择症状和病变典型的病例，最好能同时选择几种不同病程的病料。

（3）取材动物应是未经抗菌或杀虫药物治疗的，否则会影响微生物和寄生虫的检出结果。

（4）剖检取材之前，应先对病情、病史加以了解和记录，并详细进行剖检前的检查。

（5）除病理组织学检验材料及胃肠等以外，其他病料均辅以无菌操作采取。为了减少污染机会，一般先采取微生物学检验材料，然后再结合病理剖检，采取病理检验材料。

二、细菌的分离、培养和鉴定

猪病细菌性病原体检查包括细菌的分离培养、染色镜检和生化试验。

（一）细菌的分离培养

一般分离接种培养方法有以下几种。

1. 平皿划线分离培养法（图 4-3）

（1）用左手持平皿培养基，以食指为支点，并用拇指和无名指将平皿盖推开一空隙（不要开得过大，以免空气进入而污染培养基）。

（2）右手以执笔式持接种环，经酒精灯火焰灭菌，待冷却后，取被检材料，迅速将取有材料的接种环伸入平皿中，在培养基边缘轻轻涂布一下，然后将接种环上的剩余材料在火焰上烧去，再伸入接种环，与培养基约呈 40 度角，自涂布材料处开始，在培养基表面来回移动作曲线形划线接种。

（3）划线是以腕力使接种环在表面划动，尽量不要划破培养基。

（4）划线中不宜过多地重复旧线，以免形成菌苔。一般每次划线只能与上一次划线重叠，而且每次划线时可将接种环火焰灼烧灭菌后从上一次划线引出下一次划线，这样易获得单个菌落。

（5）划线完毕，接种环经火焰灭菌后放好；在平皿底用记号笔做记号和日期，将平皿倒置于37℃温箱培养，一般24小时后观察结果。

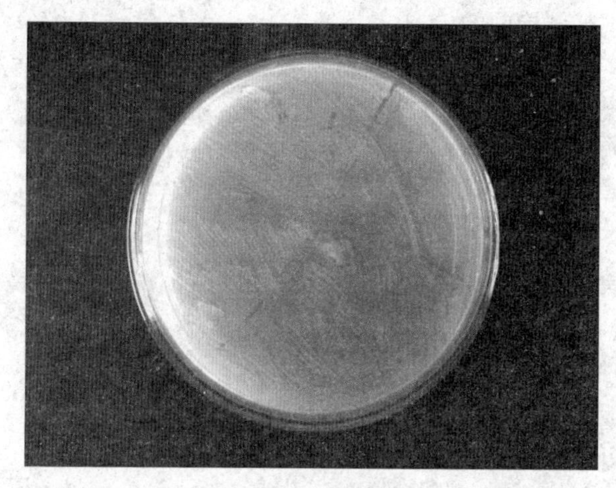

图4-3　细菌培养

2. 琼脂斜面划线分离培养法　左手持斜面培养基试管，右手执接种环，在酒精灯火焰上灼烧灭菌，随即以右手无名指和小指拔去并夹持斜面试管棉塞或试管盖，将试管口在火焰上灭菌，以接种环蘸取被检材料，迅速伸进试管底部与冷凝水混合，并在培养基斜面上划曲线。划毕，塞好棉塞或盖好盖，接种环经火焰灭菌。将斜面培养基置37℃温箱中培养24小时观察结果。

3. 加热分离培养法　此法专用来分离有芽孢或较耐热的细菌。其方法是：先将要分离的材料接种于一管液体培养基中，然后将该液体培养基置于水浴锅中，加热到80℃，维持20分钟，

再进行培养。材料中若带有芽孢的细菌或其他耐热的细菌，仍可存活，而这种细菌的繁殖体则被杀灭；若材料中含有两种以上有芽孢或耐热的细菌时，只用此法得不到纯培养，仍须结合琼脂平板划线分离培养法。

4. 穿刺接种法　此法用于明胶、半固体、双糖等培养基。方法：用接种针取菌落，由中央直刺培养基深处（稍离试管底部），然后将接种针拔出，在火焰上灭菌，培养基置 37℃温箱中培养。

5. 厌氧培养法　用此方法培养厌氧菌，需将培养环境或培养基中的氧气除去，常用的方法有生物学、化学及物理学三类。

（1）生物学方法。利用生物组织或需氧菌的呼吸作用消耗掉培养环境中的氧气以造成厌氧环境。常用的方法有：

1）在培养基中加入生物组织：培养基中含有动物组织（新鲜无菌的小片组织或加热杀菌的肌肉、心、脑等）或植物组织（如马铃薯、燕麦、发芽谷物等），由于新鲜组织的呼吸作用及加热处理过程中的可氧化物质的氧化，可消耗掉培养基中的氧气。

2）共生法：将培养材料置密闭的容器中，在培养厌氧菌的同时，接种一些需氧菌（枯草杆菌）或让植物种子（如燕麦）发芽，利用它们将氧气耗掉，造成厌氧环境。

（2）化学方法。利用化学反应将环境或培养基内的氧气吸收造成厌氧环境。常用的方法有：

1）焦性没食子酸平皿法：将被检材料接种在两只鲜血琼脂平板中，其中一只放在 37℃普通环境下培养，作为对照。称取焦性没食子酸 1 克，放在翻转的平皿盖的中央，覆一小块脱脂棉（压平，使扣上鲜血平板后，培养基不会接触棉花），迅速在脱脂棉上滴加 10%氢氧化钠溶液 1 毫升，将已接种好的鲜血琼脂平板（去盖）覆盖在此翻转的盖上，周围用蜡封固。置 37℃温箱中培养2~4天观察。

2）焦性没食子酸试管法：取一大试管，在管底放一弹簧或适量玻璃珠，再加入焦性没食子酸1克，将已接种厌氧菌的小试管放入大试管中，沿大试管壁加入10%氢氧化钠液1~2毫升，迅速用橡胶皮塞塞住管口，周围用蜡密封，密置37℃培养2~4天。

3）硫乙醇酸钠培养基法：将待检菌接种于硫乙醇酸钠培养基。如为专性厌氧菌，经培养后，底部混浊或有灰白色颗粒。如为专性需氧菌则上部混浊，如为兼性菌则全部混浊。

（3）物理学方法。利用加热、密封、抽气等物理学方法驱除或隔绝环境中或培养基中的氧气，以形成厌氧状态，有利于厌氧菌的生长。常用的方法有：

1）高层琼脂柱摇震培养法：加热融化高层琼脂，待冷却到45~50℃时接种厌氧菌，迅速振荡混合均匀。凝固后置37℃培养，厌氧菌在近管底处生长。

2）真空干燥器培养法：将已接种厌氧菌的培养平皿或试管放真空干燥器内，密封，用抽气机抽掉空气，代之以氢、氮或一氧化碳气体，然后将干燥器放培养箱内培养。

6. 二氧化碳培养法

（1）烛缸法：取标本缸或玻璃干燥器一个，将已接种细菌的平皿或试管放在烛缸内，同时放入一小段点燃的蜡烛，缸上加盖封好，置37℃温箱培养即可。缸内蜡烛一般于1分钟左右熄灭，消耗缸内的氧气，使二氧化碳的量为3%~5%。注意蜡烛火焰不要太靠近缸壁和缸盖，以免玻璃被烧裂。

（2）化学法。将已接种细菌的培养基放在一个玻璃缸内，同时放一个盛有粗硫酸的小烧杯，迅速于杯中投入碳酸氢钠（每1 000毫升容积用1：10粗硫酸10毫升及碳酸氢钠0.4克），起反应后即产生二氧化碳（约10%）。加好试剂后立即密闭缸盖，置37℃环境培养。

为测定缸内二氧化碳浓度，可放入一支小试管，内盛0.15毫升碳酸钠溶液（每100毫升碳酸钠溶液中加有0.5%溴麝香草酚蓝2毫升）。在不同浓度二氧化碳环境下，指示剂呈不同颜色，呈色反应约需1小时。无二氧化碳呈蓝色；5%二氧化碳呈蓝绿色；10%二氧化碳呈绿色；15%二氧化碳呈绿黄色；20%二氧化碳呈黄色。

（二）染色镜检和生化试验

分离培养出的细菌可以通过染色镜检和生化试验进一步鉴定。常用的染色方法是革兰氏染色法，通过初染、媒染、脱色、复染、干燥和镜检步骤确定细菌的形态结构。革兰氏阳性细菌呈蓝紫色，革兰氏阴性细菌呈红色。不同微生物在代谢类型上表现出很大的差异，如表现在对大分子糖类和蛋白质的分解能力以及分解代谢的最终产物的不同，反映出各菌属间具有不同的酶系和生理特性，这些特性可被用作为细菌鉴定和分类的依据。常用的生化试验包括碳水化合物代谢试验、蛋白质、氨基酸和含氮化合物试验、碳源与氮源利用试验和酶类试验等（图4-4，图4-5）。

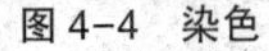

图4-4　染色

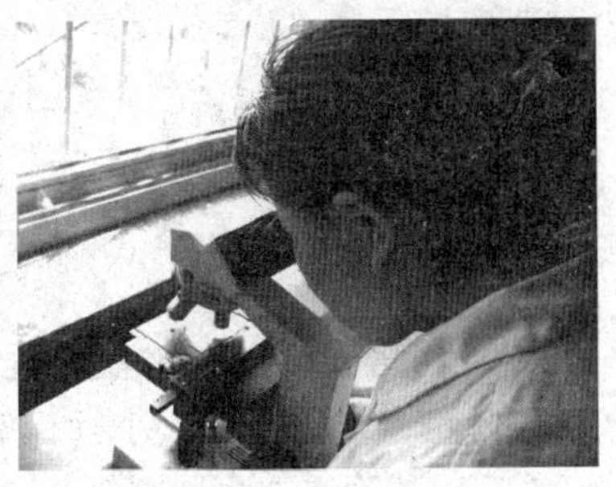

图4-5　镜检

三、药物敏感试验

抗菌药物在猪病防制上已得到了广泛的使用，但是对某种抗

菌药物长期或不合理的使用，可引起这些细菌产生耐药性。如果盲目地滥用抗菌药物，不仅造成药物的浪费，同时也贻误了治疗时机。药物敏感试验是一项药物体外抗菌作用的测定技术，通过本试验，可选用最敏感的药物进行临诊治疗，同时也可根据这一原理，测定抗菌药物的质量，以防伪劣假冒产品和过期失效药物进入猪场。常用的药敏试验方法有纸片法、试管法、琼脂扩散法三种，现分别介绍如下。

（一）纸片法

各种抗菌药物的纸片，市场有售，是一种直径 6 毫米的圆形小纸片，要注意密封保存，藏于阴暗干燥处，切勿受潮。注意有效期，一般不超过 6 个月。

1. 试验材料　经分离和鉴定后的纯培养菌株（如大肠杆菌、链球菌等）、营养肉汤、琼脂平皿、棉拭子、镊子、酒精灯、药敏纸片若干。

2. 试验步骤

（1）将测定菌株接种到营养肉汤中，置 37℃ 条件下培养 12 小时，取出备用。

（2）用无菌棉拭子蘸取上述菌液，均匀涂于琼脂平皿上。

（3）待培养基表面稍干后，用无菌小镊子分别取所需的药敏纸片均匀地贴在培养基的表面，轻轻压平，各纸片间应有一定的距离，并分别做上标记。

（4）将培养皿置 37℃ 温箱内培养 12~18 小时后，测量各种药敏纸片抑菌圈直径的大小（以毫米表示）（图 4-6）。

（二）试管法

本法较纸片法复杂，但结果较准确、可靠。此法不仅能用于各种抗菌药物对细菌的敏感性测定，也可用于定量检查。

1. 试验方法　取试管 10 支，排放在试管架上，于第 1 支管中加入肉汤 1.9 毫升，其余各管均各加 1 毫升。吸取配好的抗菌

图 4-6 平板药敏试验

药物 0.1 毫升，加入第 1 支管，混合后吸取 1 毫升放入第 2 支管，混合后再由第 2 支管移 1 毫升到第 3 支管，如此倍比稀释到第 9 支管，从中吸取 1 毫升弃掉，第 10 支管不加药物作为对照。然后，各管加入幼龄试验菌 0.05 毫升（培养 18 小时的菌液，1∶1 000稀释），置 37℃温箱内培养 18~24 小时观察结果。必要时也可对每管取 0.2 毫升分别接种于培养基上，经 12 小时培养后计数菌落（图 4-7）。

2. 结果判定 培养 18 个小时后，凡无菌生长的药物最高稀释管，即为该菌对药物的敏感度。若药物本身混浊而肉眼不易观察，可将各稀释度的细菌涂片镜检，或计数培养皿上的菌落。

（三）琼脂扩散法

本法是利用药物可以在琼脂培养基中扩散的原理进行抗菌试验，其目的是测定药物的质量，初步判断药物抗菌作用的强弱，用于定性，方法较简便。

1. 试验材料 被测定的抗菌药物（如青霉素，选择不同厂

图 4-7　试管药敏试验

家生产的几个品种，以做比较)、试验用的菌株（如链球菌)、营养肉汤、营养琼脂平皿、棉拭子、微量吸管等。

2. 试验步骤

(1) 将试验细菌接种到营养肉汤中，置 37℃温箱培养 12 小时，取出备用。

(2) 用无菌棉拭子蘸取上述菌液均匀涂于营养琼脂平皿上。

(3) 用各种方法将等量的被测药液（如同样的稀释度和数量）置于含菌的平板上，培养后，根据抑菌圈的大小，初步判定该药物抑菌作用的强弱。

药物放置的方法有多种：第一，直接将药液滴在平板上；第二，用滤纸片蘸药液置于含菌的平板上；第三，在平板上打孔(用琼脂沉淀试验的打孔器)，然后将药液滴入孔内；第四，先在无菌平板上划出一道沟，在沟内加入被检的药液，沟上方划线接种试验菌株。以上药物放置方法可根据具体条件选择使用。

四、用于抗原检测的聚合酶链式反应（PCR）

传统的动物疫病诊断方法有临床学诊断、生物学诊断、形态学诊断和免疫学诊断。随着分子生物学知识的不断积累，可能采用各种分子生物学技术直接探查病原体基因的存在和变异，从而对生物体的状态和疫病做出诊断，这就是基因诊断。在多种多样的基因诊断技术中，PCR 因其巧妙的原理和与众不同的特点，已成为基因诊断的首选技术。

PCR 技术又称基因体外扩增技术。根据已知病原微生物特异性核酸序列（目前可以在因特网 GeneBank 中检索到很大一部分病原微生物特异性核酸序列），设计合成与其 5′端同源、3′端互补的 2 条引物，在反应管中加入待检的病原微生物核酸（称为模板 DNA）、引物 dNTP 和具有热稳定性的碱基 DNA 聚合酶。在适当条件（Mg^{2+}、pH 值等）下，置于自动化热循环仪（PCR 仪）中，经过变性、复性、延伸三种反应温度，此为一个循环，每次扩增可进行 20~30 个循环。如果待检的病原微生物核酸与引物上的碱基匹配，合成的核酸产物就会以 $2n$（n 为循环次数）指数形式递增。产物经琼脂糖凝胶电泳，可见到预期大小的 DNA 条带，根据电泳结果可做出确切诊断。PCR 技术具有高度敏感性和特异性，只要知道病原微生物特异的核酸序列，就可用 PCR 方法检测。另外，PCR 技术为检测那些生长条件苛刻、培养困难的病原体，为潜伏感染或病原核酸整合到感染动物体细胞基因组的病原体检疫，提供了极为有效的手段。PCR 技术与其他分子生物学诊断技术组合，形成了限制性片段长度多态性（PCR-RFLP）、反转录 PCR（RT-PCR）、单链构象多态性（PCR-SSCP）、随机扩增多态性 DNA（RAPD）等技术。

（一）限制性片段长度多态性

将以 PCR 方法扩增的 DNA 片段，用限制性内切酶进行酶切后，经电泳比较酶切片段的方法。电泳后还可以利用 DNA 杂交技术进一步分析。

（二）反转录 PCR

利用反转录酶将 RNA 反转录成 cDNA 后，用常规的 PCR 方法扩增特异性片段。这种方法可扩增出 mRNA 或 RNA 病毒基因组中特异性片段。

（三）单链构象多态性

将双链 DNA 片段变性后成为单链时，单链 DNA 靠自身碱基序列形成立体结构。这种 DNA 在非变性聚丙烯酰胺凝胶中边加热边电泳时，由于其立体结构的差异，即使是长度相同但立体结构不同的 DNA 片段，其电泳位置也不同。

该方法可检出数百个碱基序列的 DNA 片段中只有一个碱基差异的不同 DNA 片段，故非常敏感。

（四）随机扩增多态性 DNA

这种方法是利用随机引物或病原体基因组中的重复序列或某生物种中常见基因的特异性引物进行 PCR，其结果扩增出不同长度的 DNA 片段，根据其片段长度鉴定病原体和血清型。

综上所述，传染病的每一种诊断方法都有其特定的作用和使用范围，单靠某一种方法不能把所有的传染病和带菌（毒）动物都检查出来，有些传染病应尽可能应用几种方法综合诊断。

随着 PCR 技术在动物疫病诊断上的快速发展，衍生出了诸如 RT-PCR 技术、半套式 PCR 技术、二温式多重 PCR 技术、三温式多重 PCR 技术、复合 PCR 技术等；并将之充分运用到动物疾病诊断、传染病流行病学调查、外来疫情监测和免疫后强毒株检测等方面。为控制动物疫病的发生和传播起到了不可磨灭的作用。

五、猪的血液常规检查法

畜禽发生疾病可以引起血液固有成分的改变。因此，血液检验是了解机体的健康状态、判定疾病的性质、治疗效果和预后等不可缺少的检验项目。血液的检验包括血液物理性状的检验、血细胞计数和形态学检验，以及血红蛋白的测定。

（一）血液物理性状的检验

1. 红细胞沉降率的测定 血液加入抗凝剂后，一定时间内红细胞向下沉降的毫米数，叫作红细胞沉降速度，简称“血沉”或缩写为ESR。红细胞沉降速度是一个比较复杂的物理化学和胶体化学的过程，其原理至今尚未完全阐明，一般认为与血中电荷的含量有关。正常时，红细胞表面带负电荷，血浆中的白蛋白也带负电荷；而血浆中的球蛋白、纤维蛋白原却带正电荷。畜禽体内发生异常变化时，血细胞的数量及血中的化学成分也会有所改变，直接影响正、负电荷相对的稳定性。假如正电荷增多，则负电荷相对减少，红细胞相互吸附，形成串钱状，由于物理性的匮力加速，红细胞沉降的速度加快；反之，红细胞相互排斥，其沉降速度变慢。

2. 红细胞压积容量的测定 红细胞压积容量的测定是指压紧的红细胞在全血中所占的百分率，是鉴别各种贫血的一项不可缺少的指标，兽医临床广为使用，简称“比容”，也称作“红细胞比积”“红细胞压积”或缩写为PCV。其原理为，向血液中加入可以保持红细胞体积大小不变的抗凝剂，混合均匀，用特制吸管吸取抗凝全血随即注入温氏测定管中，电动离心，使红细胞压缩到最小体积，然后读取红细胞在单位体积内所占百分比。

3. 红细胞渗透脆性的测定 红细胞在等渗的氯化钠溶液中，它的形态保持不变。红细胞在不同浓度的低渗氯化钠溶液中，水分进入红细胞，红细胞逐渐胀大以至破裂溶血。开始溶血（即部分红细胞破裂）为最小抵抗力；完全溶血（即全部红细胞破裂）为最大抵抗力。抵抗力小，表示渗透脆性高；抵抗力大，表示渗透脆性低。通过这个试验测定红细胞对于低渗溶液的抵抗能力。

（二）血细胞计数

1. 红细胞计数 目前多采用试管法，即把全血在试管内用稀释液稀释。此液不能破坏白细胞，但对红细胞计数影响不大，因为在一般情况下，白细胞数仅为红细胞数的1/104稀释200倍，在血细胞计数板的计数室内数一定体积的红细胞数，然后再推算出1立方毫米血液内的红细胞数。

2. 白细胞计数 一定量的血液用冰醋酸溶液稀释后，可将红细胞破坏，然后在细胞计数板的计数室内计数一定容积的白细胞数，以此推算出每立方毫米血液内的白细胞数。此项检验需与白细胞分类计数相配合，才能正确分析与判断疾病。

3. 血小板计数 尿素能溶解红细胞及白细胞而保存完整形态的血小板，经稀释后在细胞计数室内直接计数，以求得每立方毫米血液内的血小板数。稀释液中的枸橼酸钠有抗凝作用，甲醛可固定血小板的形态。

4. 嗜酸性白细胞计数 在血细胞计数板上，直接计数嗜酸性白细胞的数目，换算成每立方毫米中的个数，即绝对值，此为直接计数法。稀释液中含有尿素，它能破坏红细胞和嗜酸性白细胞以外的其他白细胞（偶尔也可有少数淋巴细胞存在，但不被着色），经伊红染色，嗜酸性颗粒被染成粉红色。

（三）血细胞形态学的检验

观察血细胞形态需要制作血液涂片，经染色后进行显微观察。

猪的血细胞形态特征是：红细胞平均直径为6.2微米，圆形可形成串钱状，有时呈现出中央淡染苍白。在3周龄的猪，一般能看到多染性红细胞及有核红细胞。

(1) 嗜中性白细胞成熟型的核分为数叶，核丝不明显，核染色质呈鲜明的斑点状构造。杆状核细胞的核呈U形或S形，核膜平滑。在1日龄的健康仔猪血液中往往出现晚幼嗜中性白细胞，其细胞浆呈淡蓝色乃至蓝色。

(2) 嗜酸性白细胞颗粒呈圆形或卵圆形，染成橙红色，均匀分布于细胞浆中。核为肾形、杆状或分叶。

(3) 嗜碱性白细胞细胞核明显，呈淡紫色。嗜碱性颗粒为蓝紫色。

(4) 淋巴细胞分大、中、小淋巴细胞，在胞浆与核之间有一透明带，胞浆的边缘有小而细长的嗜天青颗粒。

(5) 单核细胞核边的边缘不整齐，核的染色质呈钮扣状。胞浆为灰蓝色，胞浆中的颗粒几乎看不到。

(6) 血小板呈小的卵圆形，有时也可见到细长的巨型血小板。

(四) 血红蛋白的测定

1. 电子血球计数仪法　全血加入BE941型溶血剂，血红蛋白衍生物均能转化为稳定的棕红色氰化高铁血红蛋白，在电子球计数仪上，可以通过血红蛋白通道直接测定。

2. 氰化高铁血红蛋白（HiCN）分光光度计法　全血加HiCN试剂，除HbS及HbC外其他血红蛋白衍生形均能转化成稳定的棕红色氰化高铁血红蛋白。在分光光度计540纳米处比色测定，根据标准读数和标本读数计算其浓度。在有条件的单位，可根据其毫摩尔消化系数计算含量。

3. 碱羟高铁血红素（AHD-575）法　非离子化去垢剂碱性溶液（AHD试剂）能使血红素、血红蛋白及其衍生物全部转化为一种稳定碱性羟高铁血红素，在575纳米有一特征性的吸收峰。

六、猪病常用的血清学诊断方法

血清学检查是检测猪病特异性抗体和抗原的常用方法，包括沉淀试验（含琼脂扩散试验）、凝集试验（含间接血凝试验等）、补体结合试验、中和试验、免疫荧光试验、放射免疫试验、酶联免疫吸附试验等。

七、猪的粪、尿常规检查法

（一）猪粪的常规检查

1. 动物粪便的显微镜检查　采集少许粪便，放在洁净的载玻片上，加少量生理盐水，用牙签混合并涂成薄层，无须加盖玻片，用低倍镜检视。遇到水样粪便时，因其含有大量的水分，检查前让其行沉淀或低速离心片刻，然后用吸管吸取沉渣，制片进行镜检。

对粪球表面或粪便中的肉眼可见的异常混合物，如血液、脓汁、脓块、肠道黏膜及伪膜等，应仔细地将其挑选出来，移到载玻片上，覆盖盖玻片，随后用低倍镜或高倍镜镜检。检查内容包括：①寄生虫及虫卵；②细菌；③血细胞、脓球；④上皮细胞；⑤脂肪颗粒及其他食物残渣；⑥伪膜。

2. 动物粪便的化学检验　包括酸碱度、潜血。

（二）尿常规检查法

尿液检验分析是一种相对简单、快速、经济的实验室检查，它可评估尿液和尿沉渣的物理和化学性质。尿液分析可为兽医提供泌尿系统、代谢和内分泌系统、电解质和水合状态方面的信息。

1. 尿液的一般性状检查　尿液的一般性检查内容包括：①尿量；②尿色；③澄清度/透明度；④气味；⑤相对密度。

2. 尿液的显微镜检查

（1）尿液中有机沉渣的检查包括红细胞、白细胞、上皮细

胞 、黏液和管型。

（2）尿液中无机沉渣的检查包括磷酸铵镁结晶、无定形磷酸盐、碳酸钙结晶、无定形尿酸盐、尿酸铵结晶、草酸钙、磺胺类结晶和尿酸结晶。

3. 尿液的化学检验

尿液的化学检验内容包括：①pH 值；②蛋白质；③葡萄糖；④酮体；⑤胆色素；⑥潜血；⑦亚硝酸盐。

第五章　猪常见病的防制技术

第一节　常见病毒性疾病的防制

一、猪瘟

猪瘟是由猪瘟病毒引起的一种高度接触传染和致死性的病毒性疾病，是严重威胁养猪业发展的重大传染病之一。

【病原】 猪瘟病毒属 RNA 型病毒，是黄病毒科瘟病毒属的一个成员。其直径为 40 纳米左右，呈圆形或六角形体，中心系 RNA 所组成的螺旋状体，外有包囊。病毒存在于猪的各种组织器官和血液中，一般认为红细胞含毒量高，白细胞含毒量较低。含毒量最高的是脾脏，约为血液的 10 倍。淋巴中含毒量比脾脏略低。红骨髓、肝和肾等含毒量接近于血液。干燥易于毁灭病毒。血液中的病毒在室温里可存活 2~3 个月；在骨髓里的病毒可生存 15 天左右；在冷冻猪肉中其毒力能保持 90~225 天。粪尿及内脏的病毒，可在 2~3 天内因腐败作用而迅速死亡；直射阳光经 5~9 小时，不能使病毒丧失其致病力；煮沸能迅速杀死病毒。满意的消毒药为 2%氢氧化钠热溶液。

【流行特点】 在自然条件下，猪和野猪是本病的唯一宿主。病猪是主要的传染源。强毒感染猪在发病前可从口、鼻、眼分泌

物、尿及粪中排毒，并延续到整个病程。低毒株的感染猪排毒期较短。若感染妊娠母猪，则病毒可侵袭子宫内的胎儿，造成死产或产弱仔，分娩时排出大量病毒，而母猪本身无明显症状。如果这种先天感染的胎儿正常分娩，且仔猪健活数月，则可成为散布病毒的传染源。

猪群暴发猪瘟多数由于感染猪瘟病毒而未发病的猪群，也可通过病猪肉或未经煮沸消毒的含毒残羹而传播。人和其他动物可机械地传播病毒。主要的感染途径是口腔、鼻腔，也可通过结膜感染。

猪瘟的发生无季节性，各种品种、年龄和性别的猪均易感。强毒感染时发病率和病死率极高，各种抗菌药物治疗无效。

【临床症状】 潜伏期5~7天，短的2天发病，长的21天发病。根据症状和其他特征，可分为急性、慢性、迟发性和温和性四种类型。

1. 急性型 病猪高度沉郁，减食或拒食，怕冷挤卧，体温持续升高至41℃左右。先便秘，粪干硬呈球状，带有黏液或血液，随后下痢，有的发生呕吐。病猪有结膜炎，两眼有多量黏性或脓性分泌物。步态不稳，后期发生后肢麻痹。皮肤先充血，继而发绀，并出现许多小出血点，以耳、四肢、腹下及会阴等部位最为常见。少数病猪出现惊厥、痉挛等神经症状。病程10~20天死亡。

2. 慢性型 初期食欲减退，精神委顿，体温升高，白细胞减少。几周后食欲和一般症状改善，但白细胞仍减少。继而病猪症状加重，体温升高不降，皮肤有紫斑或坏死，日渐消瘦，全身衰弱，病程1个月以上，甚至3个月。

3. 迟发性型 是先天性感染低毒猪瘟病毒的结果。胚胎感染低毒猪瘟病毒后，如产出正常仔猪，则可终生带毒，不产生对猪瘟病毒的抗体，表现免疫耐受现象。感染猪在出生后几个月可表现正常，随后发生减食、沉郁、结膜炎、皮炎、下痢及运动失调症状，体温正常，大多数猪能存活6个月以上。先天性的猪瘟病毒感染，可导致流产、木乃伊胎、畸形、死产、产出有颤抖症状的弱仔或外表健康的感染仔猪。子宫内感染的仔猪，皮肤常见出血，且初生猪的死亡率很高。

4. 温和型 病情发展缓慢，病猪体温一般为40~41℃，皮肤常无出血小点，但在腹下部多见瘀血和坏死。有时可见耳部及尾处皮肤坏死，俗称干耳朵、干尾巴。病程2~3个月。温和型猪瘟是目前生产中最常见的猪瘟。

【病理变化】 急性猪瘟呈现以多发性出血为特征的败血病变化。在皮肤、浆膜、黏膜、淋巴结、肾、膀胱、喉头、扁桃体、胆囊等处都有程度不同的出血变化。一般呈斑点状，有的出血点少而散在，有的星罗棋布，以肾（图5-1）和淋巴结出血最为常见。淋巴结肿大，呈暗红色，切面呈弥散性出血和周边性出血，如大理石样外观，多见于腹腔淋巴结和颌下淋巴结。肾脏色彩变淡，表面有数量不等的小出血点。胃尤其是胃底出血、溃疡（图5-2），脾脏的边缘常可见到紫黑色突起（出血性梗死），这是猪瘟有诊断意义的病变。慢性猪瘟的出血和梗死变化较少，但回肠末端、盲肠，特别是回盲口，有许多的轮层状溃疡（纽扣状溃疡）（图5-3，图5-4）。

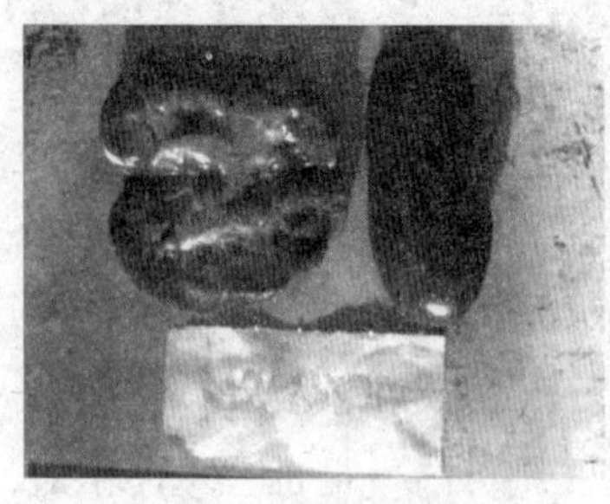

图5-1　肾脏出血

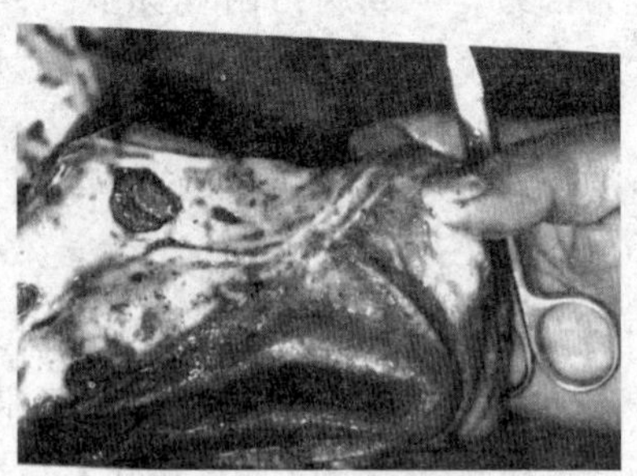

图5-2　胃底出血

图5-3 回盲口溃疡

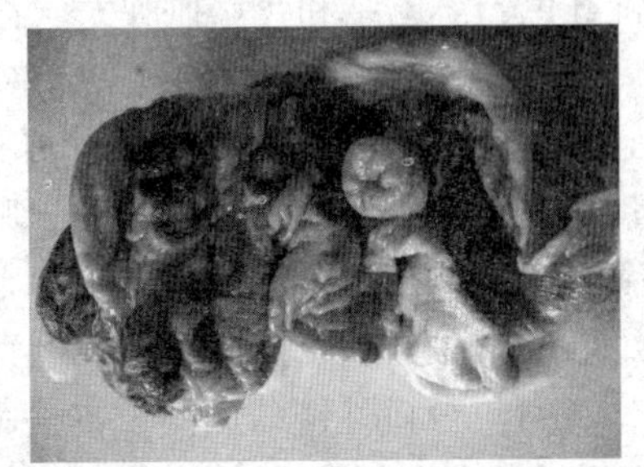

图5-4 回盲瓣纽扣状溃疡

【诊断】

1. 实验室检查 主要是检查病毒抗原。采取死猪的脾和淋巴结，或病猪的扁桃体，迅速送实验室做直接荧光抗体试验或酶标抗体试验，这些方法简单、快速、可靠，但不能区分猪瘟病毒与牛病毒性腹泻病毒，最好使用仅对猪瘟病毒而不对牛病毒性腹泻病毒发生反应的单抗作为标记抗体。在条件允许的情况下，可进行家兔接种试验。6小时测温1次，连续3天，如果被接种家兔体温升高0.5~1.0℃及以上，则可以确诊为猪瘟。

为了确定最佳免疫接种时机，检测母源抗体或免疫水平时，可用荧光抗体血清中和试验、酶联免疫吸附试验或间接血凝试验，抗体滴度在1：16以下时，应立即注射猪瘟兔化弱毒冻干疫苗。

2. 鉴别诊断 临床上急性猪瘟与急性猪丹毒、最急性猪肺疫、败血性链球菌病、猪副伤寒、猪黏膜病毒感染、弓形虫病有许多类似之处，其区别要点如下：

(1) 急性猪丹毒。多发生于夏天，病程短，发病率和病死率比猪瘟低。体温很高，但仍有一定食欲。皮肤上的红斑，指压褪色，病程较长时，皮肤上有紫红色疹块。眼睛清凉有神，步态僵硬。死后剖检，胃和小肠有严重的充血、出血；脾肿大，呈樱桃红色；淋巴结和肾瘀血肿大。青霉素等治疗有显著疗效。

（2）最急性猪肺疫。气候和饲养条件剧变时多发，病死率比猪瘟低，咽喉部急性肿胀，呼吸困难，口鼻流泡沫，皮肤蓝紫，或有少数出血点。剖检时，咽喉部肿胀出血；肺充血水肿；颌下淋巴结出血，切面呈红色；脾部肿大。抗菌药治疗有一定效果。

（3）败血性链球菌病。本病多见于仔猪。除有败血症状外，常伴有多发性关节炎和脑膜脑炎症状，病程短。剖检见各器官充血、出血明显。心包液增量；脾肿大；有神经症状的病例，脑和脑膜充血、出血，脑脊髓液增量、混浊，脑实质有化脓性脑炎变化。抗菌药物治疗有效。

（4）急性猪副伤寒。多见于2~4月龄的猪，在阴雨连绵季节多发，一般呈散发。先便秘后下痢，有时粪便带血，胸腹部皮肤呈蓝紫色。剖检肠系膜淋巴结显著肿大；肝可见黄色或灰色小点状坏死；大肠有溃疡；脾肿大。

（5）慢性猪副伤寒。与慢性猪瘟容易混淆。其区别点是：慢性副伤寒呈顽固性下痢，体温不高，皮肤无出血点，有时咳嗽。剖检时，大肠有弥漫性坏死性肠炎变化，脾增生肿大；肝、脾、肠系膜淋巴结有灰黄色坏死灶或灰白色结节，有时肺有卡他性炎症。

（6）猪黏膜病毒感染。黏膜病毒与猪瘟病毒同属瘟病毒属，主要侵害牛，猪感染后多数没有明显症状或无症状。部分猪可出现类似温和型猪瘟的症状，难以区别，需采取脾、淋巴结做实验室检查。

（7）弓形虫病。弓形虫病也有持续高热、皮肤紫斑和出血点、大便干燥等症状，容易同猪瘟相混。但弓形虫病呼吸高度困难，磺胺类药治疗有效。剖检时，肺发生水肿；肝及全身淋巴结肿大，各器官有程度不等的出血点和坏死灶，采取肺和支气管淋

巴结检查，可检出弓形虫。

【防制措施】

1. 预防

（1）平时的预防措施。提高猪群的免疫水平，防止引入病猪，切断传播途径，严格按照免疫程序接种猪瘟疫苗，是预防猪瘟发生的重要措施。具体免疫方法参见本书第三章第二节猪瘟的免疫防控部分内容。

（2）流行时的防制措施。

1）封锁疫点。在封锁地点内停止生猪及猪产品的集市买卖和外运，最后 1 头病猪死亡或处理后 3 周，经彻底消毒，可以解除封锁。

2）处理病猪。对所有猪进行测温和临床检查，病猪以急宰为宜，急宰病的血液、内脏和污物等应就地深埋。污染的场地、用具和工作人员都应严格消毒，防止病毒扩散。可疑病猪予以隔离。对有带毒综合征的母猪，应坚决淘汰。这种母猪虽不发病，但可经胎盘感染胎儿，引起死胎、弱胎，生下的仔猪也可能带毒，这种仔猪对免疫接种有耐受现象，不产生免疫应答，而成为猪瘟的传染源。

3）紧急预防接种。对疫区内的假定健康猪和受威胁区的猪群，立即注射猪瘟兔化弱毒疫苗，剂量可增至常规量的 6~8 倍。

4）彻底消毒。病猪圈、垫草、粪水、吃剩的饲料和用具均应彻底消毒，最好将病猪圈的表土铲出，换上一层新土。在猪瘟流行期间，对饲养用具应每隔 2~3 天消毒 1 次，碱性消毒药均有良好的消毒效果。

2. 治疗　尚无有效的治疗药物，用高免血清治疗有一定效果。

二、猪口蹄疫

口蹄疫是口蹄疫病毒感染引起的牛、羊、猪等偶蹄动物共患的一种急性、热性传染病，是一种人畜共患病。本病毒有甲型（A 型）、乙型（O 型）、丙型（C 型）、南非 1 型、南非 2 型、南非 3 型和亚洲 1 型 7 个血清主型，每个主型又有许多亚型。由于本病传播快、发病率高、传染途径复杂、病毒型多易变，而成为近年来危害养猪业的主要疫病之一。

【病原】 口蹄疫病毒属微核糖核酸科口蹄疫病毒属，体积最小。病毒粒子呈二十面体对称，直径 20～23 纳米。口蹄疫病毒对外界环境的抵抗力很强，不怕干燥，在自然条件下，含病毒的组织与被污染的饲料、饲草、皮毛及土壤等保持传染性达数周至数月之久。粪便中的病毒，在温暖的季节可存活 29～60 天，在冻结条件下可以越冬。但对酸和碱十分敏感，易被碱性或酸性消毒药杀死。

【流行特点】 本病主要侵害牛、羊、猪及野生偶蹄动物，人也可感染。主要传染源是患病家畜和带毒动物。通过水疱液、排泄物、分泌物、呼出的气体等途径向外排散感染力极强的病毒，从而感染其他健康家畜。本病发生没有明显的季节性，但是，由于气温和光照强度等自然条件对口蹄疫病毒的存活有直接影响，因此本病的流行又呈现一定的季节性，表现为冬春季多发，夏秋季节发病较少。单纯性猪口蹄疫的流行特点略有不同，仅猪发病，不感染牛、羊，不引起迅速扩散或跳跃式流行，主要发生于集中饲养的猪场和食品公司的活猪仓库或城郊猪场以及交通密集的铁路、公路沿线，农村分散饲养的猪较少发生。

【临床症状】 潜伏期 1～2 天，病猪以蹄部水疱为主要特征，病初体温 40～41℃，精神不振，食欲减退或不食，蹄冠、趾间、蹄踵、嘴角等处出现发红、微热、敏感等症状，不久形成黄豆大、蚕豆大的水疱，水疱破裂后形成出血性烂斑、溃疡（图 5-5，图 5-6），1 周左右恢复。若有细菌感染，则局部化脓坏死，可引起蹄壳脱落，患肢不能着地，常卧地不起，部分病猪的口腔黏膜（包括舌、唇、齿龈、咽、腭）、鼻盘和哺乳母猪的乳头，也可见到水疱和烂斑。吃奶仔猪患口蹄疫时，通常很少见到水疱和烂斑，呈急性胃肠炎和心肌炎突然死亡，病死率可达 60%。仔猪感染时水疱症状不明显，主要表现为胃肠炎和心肌炎，致死率高达 80%以上。

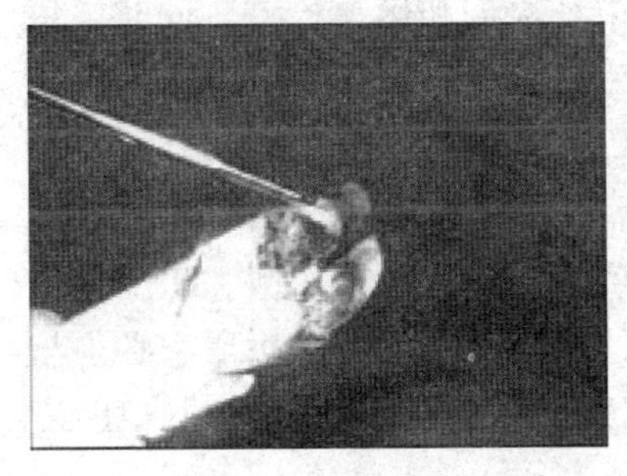

图 5-5 猪口蹄疫蹄部烂斑、溃烂

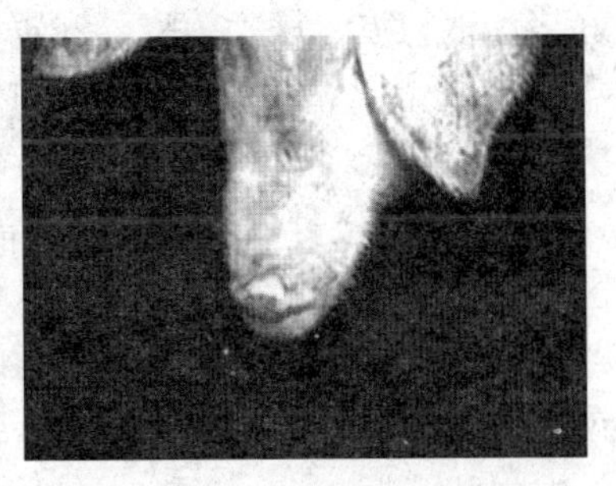

图 5-6 猪口蹄疫嘴角烂斑、溃烂

【病理变化】 除口腔、蹄部或鼻端（吻突）、乳房等处出现水疱及烂斑外，咽喉、气管、支气管和胃黏膜也有烂斑或溃疡，小肠、大肠黏膜可见出血性炎症。仔猪心包膜有弥散性出血点，心肌切面有灰色或黄色斑点或条纹，心肌松软似煮熟状。组织学检查心肌有病变灶，细胞呈颗粒变性、脂肪变性或蜡样坏死，俗称“虎斑心”。

【诊断】

1. 实验室检查 口蹄疫病毒具有多型性，而其流行特点和临床症状相同，其病毒属于哪一型，需经实验室检查才能确定。另外，猪口蹄疫与猪水疱病的临床症状几乎无差别，也有赖于实验室检查予以鉴别。首先将病猪蹄部用清水洗净，用干净剪子剪取水疱皮，装入青霉素（或链霉素）空瓶，最好采3~5头病猪的水疱皮，冷藏保管，一并迅速送到有关检验部门检查。常用酶联免疫吸附试验进行诊断。

2. 鉴别诊断 与猪水疱病等相鉴别。

【防制措施】

1. 预防

（1）平时的预防措施：

1）加强检疫和普查工作。经常检疫和定期普查相结合，做好猪产地检疫、屠宰检疫、农贸市场检疫和运输检疫。同时，每年冬季重点普查1次，了解和发现疫情，以便及时采取相应措施。

2）及时接种疫苗。容易传播口蹄疫的地区，如国境边界地区、城市郊区等，要注射口蹄疫疫苗。猪注射猪乙型（O型）口蹄疫油乳剂灭活疫苗。值得注意的是，所用疫苗的病毒型必须与该地区流行的口蹄疫病毒型相一致，否则不能预防和控制口蹄疫的发生和流行。

3）加强相应防疫措施。严禁从疫区（场）买猪及其肉制品，不得用未经煮开的洗肉水、泔水喂猪。

（2）流行时的防制措施：

1）一旦怀疑口蹄疫流行，应立即上报，迅速确诊，并对疫点采取封锁措施，防止疫情扩散蔓延。

2）疫区内的猪、牛、羊，应由兽医进行检疫，病畜及其同栏猪立即急宰，内脏及污染物（指不易消毒的物品）深埋或者烧掉。

3）疫点周围及疫点内尚未感染的猪、牛、羊，应立即注射口蹄疫疫苗。疫区外围的牲畜注射完后，再注射疫区内的牲畜。

4）对疫点（包括猪圈、运动场、用具、垫料等）用2%氢氧化钠溶液进行彻底消毒，在口蹄疫流行期间，每隔2~3天消

毒1次。

5）疫点内最后一头病猪痊愈或死亡后14天，如再未发生口蹄疫，经过彻底消毒后，可申报解除封锁。但痊愈猪仍需隔离1个月方可出售。

2. 治疗　轻症病猪，经过10天左右多能自愈。重症病猪，可先用食醋水或0.1%高锰酸钾溶液洗净局部，再涂布甲紫溶液或碘甘油，经过数日治疗，绝大多数可以治愈。但是，根据国家的规定，口蹄疫病猪应一律急宰，不准治疗，以防散播传染。

三、猪繁殖与呼吸综合征（经典猪蓝耳病和高致病性猪蓝耳病）

猪繁殖与呼吸综合征是1987年新发现的一种接触性传染病。主要特征是母猪呈现发热、流产、木乃伊胎、死产、弱仔等症状；仔猪表现异常呼吸症状和高死亡率。当时由于病原不明，症状不一，曾先后命名为“猪神秘病”“蓝耳病”“猪繁殖失败综合征”“猪不孕与呼吸综合征”等十几个病名，至1992年在猪病国际学术讨论会上才确定其病名为“猪繁殖与呼吸综合征”。

【病原】　猪繁殖与呼吸综合征病毒是有囊膜的核糖核酸病毒，呈球状，直径45~65纳米，内含一正方体核衣壳核心，边长20~35纳米，病毒粒子表面有许多小突起。根据其形态及其基因结构，归属于动脉炎病毒属，现有两个血清型，从欧洲分离到的病毒叫Lelvstad病毒（LV），从美国分离到的病毒叫ATC-CVR-2332（VR2332）。各病毒株的致病力有很大的差异，这是造成病猪症状不尽相同的原因之一。可被脂溶性剂（氯仿、乙醚）或去污剂（胆酸钠、TritonX-100、NP-40）灭活。

【流行特点】　本病主要侵害种猪、繁殖母猪及其仔猪，而肥育猪发病比较温和。本病的传染源是病猪、康复猪及临床健康带毒猪，病毒在康复猪体内至少可存留6个月。病毒可从鼻分泌物、粪尿等途径排出体外，经多种途径进行传播，如空气传播、接触传播、胎盘传播和交配传播等。卫生条件不良，气候恶劣，饲养密度过高，可促进本病发生。

【临床症状】 本病的症状在不同感染猪群中有很大的差异，潜伏期各地报道也不一致。病的经过通常为3~4周，最长可达6~12周。感染猪群的早期症状类似流行性感冒，出现发热、嗜睡、食欲减退、疲倦、呼吸困难、咳嗽等症状。发病数日后，少数病猪的耳朵、外阴部、腹部及口鼻皮肤呈青紫色，以耳尖发绀最常见。部分猪（40%~50%）感染后没有任何症状，或症状很轻微，但长期携带病毒，会成为猪场持久的传染源。

1. 母猪 反复出现食欲减退、发热、嗜睡，继而发生流产（多发生于妊娠后期）、早产、死胎（图5-7）或木乃伊胎。活产的仔猪体重小而且衰弱，经2~3周后，母猪开始康复，再次配种时受精率可降低50%，发情期推迟。

2. 公猪 表现为厌食、沉郁、嗜睡、发热，并有异常呼吸症状。精液质量暂时下降，精子数量少，活力低。

3. 肥育猪 症状较轻，仅表现5~7天厌食、呼吸增数、不安、易受刺激、体温升高、皮肤瘙痒、发育迟缓。患猪耳尖坏死脱落（图5-8）。发生慢性肺炎或有继发感染时，死亡率明显增高。

图5-7 猪繁殖与呼吸障碍综合征死胎猪

图5-8 患猪耳尖坏死脱落

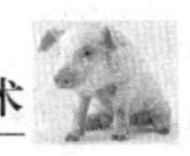

图 5-9　仔猪皮肤发绀

4. 哺乳仔猪　呼吸困难，甚至出现哮喘样的呼吸障碍（由间质性肺炎所致），张口呼吸、流鼻涕、不安、侧卧、四肢划动、有时可见呕吐、腹泻、瘫痪、平衡失调、多发性关节炎及皮肤发绀（图 5-9）等症状。仔猪的病死率可达 50%~60%。

【病理变化】　病毒主要侵害肺脏，大多数病例如无继发感染，肺部看不到明显的肉眼病变。病理组织学检查，在肺部见有特征性的细胞性间质性肺炎，肺泡壁间隔增厚，充满巨噬细胞。鼻甲骨的纤毛脱落，上皮细胞变性，淋巴细胞和浆细胞积聚。

【诊断】

1. 实验室检查　采取有急性呼吸异常症状的弱仔猪、死产及流产胎儿的肺、脾和淋巴结，送实验室进行病毒分离、鉴定，病毒可在猪巨噬细胞或 CL2621 和 Marc145 传代细胞上繁殖。耐过猪可采取血清，做间接免疫荧光试验或酶联免疫吸附试验。猪感染本病后 1~2 周可出现血清抗体，且可持续 1 年左右。

2. 鉴别诊断　应注意与猪细小病毒病、猪伪狂犬病、猪日本乙型脑炎、猪衣原体病相鉴别。

【防制措施】　种猪场或规模养猪场要从无本病的地区或猪

场引种，并隔离观察 1 个月，确诊无病方可入群。暴发本病时，育成猪实行“全进全出制”，每批进出前后，猪舍都要严格消毒；哺乳猪早断奶，母仔隔离饲养，杜绝病毒垂直传给猪；同时注意通风，加强消毒，增加营养，并使用抗生素和维生素 E，控制继发感染。在流行地区必要时可试用灭活油乳剂疫苗，免疫后备母猪和怀孕母猪（间隔 21 天，肌内注射 2 次），对后备母猪和育成猪也可试用弱毒疫苗。发病猪场的阳性母猪及其仔猪，应予淘汰。

四、猪圆环病毒病

猪圆环病毒病是近年来猪发生的一种新传染病。

【病原】 猪圆环病毒病的病原体是猪圆环病毒（PCV-2）。此病毒主要感染断奶后仔猪，一般集中于断奶后 2~3 周和 5~8 周龄的仔猪。PCV 分布很广，在美、法、英等国流行。猪群血清阳性率可达 20%~80%，但是，实际上只有相对较小比例的猪或猪群发病。目前已知与 PCV 感染有关的有 5 种疾病：①断奶后多系统衰竭综合征；②猪皮炎肾病综合征；③间质性肺炎；④繁殖障碍；⑤传染性先天性震颤。

（一）猪断奶后多系统衰竭综合征（PMWS）

猪断奶后多系统衰竭综合征，多发生在 5~12 周龄断奶猪和生长猪。

【流行特点】 哺乳仔猪很少发病，主要在断奶后 2~3 周发病。本病的主要病原是 PCV-2（猪圆环病毒），其在猪群血清阳性率达 20%~80%，多存在隐性感染。发病时病原还有 PRRSV（猪繁殖呼吸综合征病毒）、PRV（猪细小病毒）、MH（猪肺炎支原体）、PRV（猪伪狂犬病毒）、APP（猪胸膜炎放线杆菌）、PM（猪多杀性巴氏杆菌）等混合感染。PMWS 的发病往往与饲养密度大、环境恶劣（空气不新鲜、湿度大、温度低、饲料营养

差、管理不善等有密切关联，患病率为 3%～50%，致死率为 80%～90%。

【临床症状】　主要表现为精神不振、食欲下降、进行性呼吸困难、消瘦、贫血、皮肤苍白、肌肉无力、黄疸、体表淋巴结肿大；被毛粗乱，怕冷，可视黏膜黄疸，下痢，嗜睡，腹股沟浅淋巴结肿大。由于细菌、病毒的重感染而使症状复杂化与严重化。

【病理变化】　皮肤苍白，有 20%出现黄疸。淋巴结异常肿胀，切面呈均匀的苍白色；肺呈弥漫性间质性肺炎；肾脏肿大，外观呈蜡样，其皮质和髓质有大小不一的点状或条状白色坏死灶（图 5-10）。肝脏外观呈现浅黄色到橘黄色；脾稍肿大，边缘有梗死灶（图 5-11）。胃肠道呈现不同程度的炎症损伤，结肠和盲肠黏膜充血或瘀血。肠壁外覆盖一层厚的胶冻样黄色膜。胰损伤、坏死。死后，其全身器官组织表现炎症变化，出现多灶性间质性肺炎、肝炎、肾炎、心肌炎以及胃溃疡等病变。

图 5-10　肾脏肿大，有出血斑点、坏死灶

图 5-11　脾脏肿大，边缘有梗死灶

【诊断】

1. 实验室检查　主要是在病变部位检测到 PCV-2 抗原或核酸。应用 PCR 检测方法和病毒的分离。

2. 综合诊断 综合流行特点、临床症状、病理变化和实验室检查，即可确诊为猪圆环病毒病。

【防制措施】

1. 一般疗法 目前尚无有效的治疗办法和疫苗。使用抗生素和加强饲养管理，有助于控制二重感染。

（1）支原净 0.125 千克、多西环素 0.125 千克和阿莫西林 0.125 千克，3 种药加入 1 000 千克饲料日粮中拌匀喂饲。连用 1~2 周。

（2）按每千克体重支原净 125 毫克给病猪注射 2 次/天，连用 3~5 天。

（3）按每 1 000 千克饮水中加入支原净 0.12~0.18 千克，供病猪饮服，连用 3~5 天。

2. 仔猪断奶前 1 周和断奶后 2~3 周 可选用以下措施：

（1）用优良的乳猪料或添加 1.5%~3%柠檬酸、适量酶制剂，或用抗综合应激征的断奶安等药拌服。

（2）每千克日粮中添加支原净 50 毫克、多西环素 0.05 千克、阿莫西林 0.05 千克。拌匀喂服。

（3）饮服口服补液盐水，并在每 1 000 千克补液盐水中加入 0.05 千克支原净和 0.05 千克水溶性阿莫西林。

（4）实行严格的全进全出制，防止不同来源、年龄的猪混养，减少各种应激，降低饲养密度，防止温差过大的变化，尤其后半夜保温，防贼风和有害气体。

（5）加强泌乳母猪的营养，添加氧化锌、丙酸，防止发生胃溃疡。

（二）猪皮炎和肾病综合征

【流行特点】 英国于 1993 年首次报道此病，随后美国、欧洲和南非均有报道。通常只发生在 8~18 周龄的猪。发病率为 0.5%~2%，有的可达到 7%，通常病猪在 3 天内死亡，有的在出

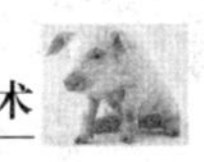

现临床症状后2~3周发生死亡。

【临床症状】 病猪食欲减退或废绝，皮肤上出现圆形或不规则的红紫色病变斑点或斑块，有时这些斑块相互融合。尤其在会阴部和四肢最明显。体温有时升高。

【病理变化】 主要是出血性坏死性皮炎和动脉炎，以及渗出性肾小球性肾炎和间质性肾炎。因此而出现皮下水肿、胸水增多和心包积液。病原检测送检血清和病料中，可查出PCV-2病毒，又能查出猪繁殖和呼吸综合征病毒、细小病毒，并且都存在相应的抗体。

（三）猪间质性肺炎

本病主要危害6~14周龄的猪，发病率为2%~3%，死亡率为4%~10%。眼观病变为弥漫性间质性肺炎，呈灰红色。实验室检查有时可见肺部存在PCV-2型病毒，其存在于肺细胞增生区和细支气管上皮坏死细胞碎片区域内，肺泡腔内有时可见透明蛋白。

（四）繁殖障碍

研究发现有些繁殖障碍表现可与PCV-2型病毒相联系。该病毒造成比如返情率增加，子宫内感染，木乃伊胎儿，孕期流产以及死产和产弱仔等。有些产下的仔猪中发现PCV-2型病毒血症。

在有很高比例新母猪的猪群中，可见到非常严重的繁殖障碍。急性繁殖障碍，如发情延迟和流产增加，通常可在2~4周后消失。但其后就在断奶后发生多系统衰竭综合征。用PCR技术对猪进行血清PCV-2型病毒监测，结果表明有些母猪有延续数个月时间的病毒血症。

（五）传染性先天性震颤

多在仔猪出生后第1周内发生，震颤由轻变重，卧下或睡觉时震颤消失，受外界刺激（如突发的噪声或寒冷等）时可以引发或是加重震颤，严重地影响吃奶，以致死亡。每窝仔猪受病毒感染的发病数目不等，大多是新引入的头胎母猪所产的仔猪。在精心护理1周后，存活的病仔猪多数于3周后逐渐恢复。但是，有的猪直至肥育期仍然不断发生震颤。

五、猪狂犬病

狂犬病是由狂犬病病毒经狗传播的人和温血动物共患的一种传染病。本病毒主要侵害中枢神经系统，临床上主要特征是神经功能失常，表现为各种形式的兴奋和麻痹。

【病原】 狂犬病病毒属RNA型的弹状病毒科狂犬病病毒属，病毒粒子直径75~80纳米，长140~180纳米，一端钝圆，另一端平凹，呈子弹形或试管状外观。

病毒能在脊椎动物及昆虫体内增殖，并能凝集鹅的红细胞。种间有血清学交叉反应。

病毒对酸、碱、福尔马林、石炭酸、升汞等消毒药敏感，1%~2%肥皂水、43%~70%乙醇、2%~3%碘酊、丙酮、乙醚，都能使之灭活。病毒不耐湿热，50℃加热15分钟，60℃加热2分钟，100℃加热数秒以及紫外线和X射线均能灭活，但在冷冻和冻干状态下可长期保存，在50%甘油缓冲液中或4℃下可存活数月到一年。

【流行特点】 病毒主要通过咬伤感染，也有经消化道、呼吸道和胎盘感染的病例。由于本病多数由疯狗咬伤引起，所以流行呈连锁性，以一个接一个的顺序呈散发形式出现，一般春季较秋季多发，伤口越靠头部或伤口越深，其发病率越高。

【临床症状】 潜伏期不一，长的1年以上，短的10天，一般平均为21天。发病突然，狂躁不安，兴奋，横冲直撞，攻击人，运动笨拙、失调。全身痉挛，静卧，受到刺激可突然跃起，盲目乱窜，惊恐，麻痹，衰竭死亡。

【病理变化】　眼观无特征性变化，一般表现为尸体消瘦，血液浓稠、凝固不良，口腔黏膜和舌黏膜常见糜烂和溃疡。胃内常有石块、泥土、毛发等异物，胃黏膜充血、出血或溃疡，脑水肿，脑膜和脑实质的小血管充血，并常见点状出血。

【诊断】　怀疑被疑似患狂犬病的动物咬过应进行实验室检查。

常用的血清学方法有补体结合反应、中和试验、血凝抑制试验和酶联免疫吸附试验等。

【防制措施】

1. 预防　带毒犬是人类和其他家畜狂犬病的主要传染源，因此对家犬进行大规模免疫接种和消灭野犬，是预防狂犬病的最有效的措施，在流行地区给家犬和家猫普遍接种疫苗，对患猪和患狂犬病死亡的猪，一般不剖检，应将病尸焚毁或深埋。

2. 治疗　猪被可疑动物咬伤后，首先要妥善处理伤口，用大量肥皂水或 0.1%新洁尔灭溶液冲洗，再用 75%乙醇或 2%~3%碘酒消毒。局部处理越早越好；其次被咬伤后要迅速注射狂犬病疫苗，使被咬动物在病的潜伏期内就产生免疫，可免于发病。

六、猪伪狂犬病

猪伪狂犬病是多种哺乳动物和鸟类的急性传染病。在临床上以中枢神经系统障碍、发热、局部皮肤持续性剧烈瘙痒为主要特征。

【病原】　伪狂犬病病原体是疱疹病毒科疱疹病毒亚科的猪疱疹病毒Ⅰ型。无囊膜病毒粒子直径为 110~150 纳米，有囊膜病毒粒子直径约为 180 纳米。病毒对低温、干燥的抵抗力较强，在被污染的猪圈或干草上能存活数月之久，在肉中能存活 5 周以上，季铵盐类消毒药、2%氢氧化钠溶液和 3%来苏水能很快杀死病毒。

【流行特点】 伪狂犬病病毒在全世界广泛分布。易感动物甚多，有猪、牛、羊、犬、猫及某些野生动物等，而发病最多的是哺乳仔猪，且病死率极高，成猪多为隐性感染。这些病猪和隐性感染猪可较长期地带毒排毒，是本病的主要传染源。鼠类粪尿中含大量病毒，也能传播本病。本病的传播途径较多，经消化道、呼吸道、损伤的皮肤以及生殖道均可感染。仔猪常因吃了感染母猪的乳而发病。怀孕母猪感染本病后，病毒可经胎盘而使胎儿感染，以致引起流产和死产。一般呈地方流行性发生，多发生于寒冷季节。

【临床症状】 猪的临床症状随着年龄的不同有很大的差异。但归纳起来主要有四大症状。

1. 哺乳仔猪及断奶幼猪 症状最严重，往往体温升高，呼吸困难、流涎、呕吐、下痢、食欲减退、精神沉郁、肌肉震颤、步态不稳、四肢运动不协调、眼球震颤、间歇性痉挛、后躯麻痹，有前进、后退或转圈等强迫运动，常伴有癫痫样发作及昏睡等现象，神经症状出现后1~2天死亡，病死率可达100%。若发病6天后才出现神经症状，则有恢复的希望，但可能有永久性后遗症，如眼瞎、偏瘫、发育障碍等。

2. 中猪 常见便秘，一般症状和神经症状较幼猪轻，病死率也低，病程一般4~8天。

3. 成猪 常呈隐性感染，较常见的症状为微热、打喷嚏或咳嗽、精神沉郁、便秘、食欲减退，数日即恢复正常，一般没有神经症状。但是，容易发生母猪久配不孕、种公猪睾丸肿胀，萎缩，失去种用能力。

4. 怀孕母猪 感染后，常有流产、产死胎（图5-12）及延迟分娩等现象。死产胎儿有不同程度的软化现象，流产胎儿大多甚为新鲜，脑壳及臀部皮肤有出血点，胸腔、腹腔及心包腔有多

量棕褐色潴留液，肾及心肌出血，肝、脾有灰白色坏死点。

图 5-12　猪伪狂犬病造成的死胎

【病理变化】　临床上呈现严重神经症状的病猪，死后常见明显的脑膜充血及脑脊髓液增加；鼻咽部充血，扁桃体、咽喉部及淋巴结有坏死病灶；肝、脾有直径 1~2 毫米灰白色坏死点，心包液增加，肺可见水肿和出血点。组织学检查，有非化脓性脑膜脑炎及神经节炎变化。

【诊断】

1. 实验室检查　既简单易行，又可靠的方法是动物接种试验。采取病猪脑组织，磨碎后，加生理盐水，制成10%悬液，同时每毫升加青霉素 1 000 单位、链霉素 1 毫克，放入4℃冰箱过夜，离心沉淀，取上清液于后腿外侧部皮下注射，家兔 1~2 毫升，接种后 2~3 天死亡。死亡前，注射部位的皮肤发生剧痒。患兔抓咬患部，以致呈现出血性皮炎，局部脱毛出血。同时可用免疫荧光试验、琼脂扩散试验、酶联免疫吸附试验和间接血凝试验等进行检查。

2. 鉴别诊断　对有神经症状的病猪，应与链球菌性脑膜炎、水肿病、食盐中毒等鉴别。母猪发生流产、死胎时，应与猪细小病毒病、猪繁殖与呼吸综合征、猪乙型脑炎、猪衣原体病等相区别。

【防制措施】

1. 预防

（1）平时的预防措施。

1）要从洁净猪场引种，并严格隔离检疫 30 天。

2）猪舍地面、墙壁及用具等每周消毒 1 次，粪尿进行发酵或沼气处理。

3）捕灭猪舍鼠类等。

4）种猪场的母猪应每 3 个月采血检查 1 次。

（2）流行时的防制措施。

1）感染种猪场的净化措施。根据种猪场的条件可采取全群淘汰更新、淘汰阳性反应猪群、隔离饲养阳性反应母猪所生仔猪及注射伪狂犬病油乳剂灭活苗 4 种措施。接种疫苗的具体方法为：种猪（包括公母）每 6 个月注射 1 次，母猪于产前 1 个月再加强免疫 1 次。种用仔猪于 1 月龄左右注射 1 次，隔 4~5 周重复注射 1 次，以后每半年注射 1 次。种猪场一般不宜用弱毒疫苗。

2）肥育猪发病后的处理。发病后可采取全面免疫的方法，除发病仔猪予以扑杀外，其余仔猪和母猪一律注射伪狂犬病弱毒疫苗（K6：弱毒株），乳猪第 1 次注苗 0.5 毫升，断奶后再注苗 1 毫升；3 月龄以上的中猪、成猪及怀孕母猪（产前 1 个月）2 毫升。免疫期 1 年。也可注射伪狂犬病油乳剂灭活菌。同时，还应加强猪场疫病综合防制。

2. 治疗　在病猪出现神经症状之前，注射高免血清或病愈猪血液，有一定疗效，对携带病毒猪要隔离饲养。

七、猪细小病毒病

猪细小病毒病可引起猪的繁殖障碍，故又称猪繁殖障碍病。其特征为受感染的母猪，特别是初产母猪产出死胎、畸形胎和木乃伊胎，而母猪本身无明显症状。

【病原】 猪细小病毒病病原体为细小病毒科的猪细小病毒，病毒粒子呈圆形或六角形，无囊膜，直径约为20纳米，核酸为单股DNA。本病毒对热、消毒药和骏碱的抵抗力均很强。病毒能凝集豚鼠、鸡、大鼠和小鼠等动物的红细胞。

【流行特点】 猪是唯一已知的易感动物。不同品种、性别、年龄猪均可发病，病猪和带病毒猪是传染源。急性感染猪的排泄物和分泌物中含有较多的病毒，子宫内感染的胎儿至少出生后9周仍可带毒排毒。一般经口、鼻和交配感染，出生前经胎盘感染。本病毒对外界环境的抵抗力很强，可在被污染的猪舍内生存数月之久，容易造成长期连续传播。精液带病毒的种公猪配种时，常引起本病的扩大传播。猪场的老鼠感染后，其粪便带有病毒，可能也是本病的传染源和媒介。本病发生无季节性。

【临床症状】 仔猪和母猪的急性感染通常没有明显症状，但在其体内很多组织器官（尤其是淋巴组织）中均有病毒存在。

怀孕母猪被感染时，主要临床表现为母源性繁殖障碍，如多次发情而不受孕或产出死胎、木乃伊胎（图5-13），或只产出少数仔猪。在怀孕早期感染时，则因胚胎死亡而被吸收，使母猪不孕和不规则地反复发情。怀孕中期感染时，则胎儿死亡后，逐渐木乃伊化，在1窝仔猪中有木乃伊胎儿存在时，可使怀孕期或胎儿娩出间隔时间延长，这样就易造成外表正常的同窝仔猪的死产。怀孕后期（70天后）感染时，则大多数胎儿能存活下来，并且外观正常，但是长期带毒、排毒。本病最多见于初产母猪，母猪首次受感染后可获较强的免疫力，甚至可持续终生。细小病毒感染对公猪的性欲和受精率没有明显影响。

图 5-13　木乃伊胎

【病理变化】　怀孕母猪感染后本身没有病变。胚胎的病变是死后液体被吸收，组织软化。受感染而死亡的胎儿可见充血、水肿、出血、体腔积液、脱水（木乃伊化）等病变。组织学检查，可见大脑灰质、白质和软脑膜有以增生的外膜细胞、组织细胞和浆细胞形成的血管周围管套为特征的脑膜炎变化。

【诊断】

1. 实验室检查　对于流产、死产或木乃伊胎儿的检验，可根据胎儿的不同胎龄采用不同的检验方法。对大于 70 日龄的木乃伊胎儿、死产仔猪和初生仔猪，应采取心脏血液或体腔积液，测定其中抗体的血凝抑制滴度。对 70 日龄以下的感染胎儿，则可采取体长小于 16 厘米的木乃伊胎的肺脏送检。方法是将组织磨碎、离心后，取其上清液与豚鼠的红细胞进行血球凝集反应。此外，也可用荧光抗体技术检测猪细小病毒抗原。

2. 鉴别诊断　猪伪狂犬病、猪乙型脑炎、猪繁殖与呼吸综合征、猪衣原体病和猪布鲁杆菌病也可引起流产和死胎，应注意

鉴别。

【防制措施】

1. 预防　为了防止本病传入猪场，应从无病猪场引进种猪。若从本病阳性猪场引种猪时，应隔离观察 14 天，进行 2 次血凝抑制试验，当血凝抑制滴度在 1∶256 以下或阴性时，才可以混群。

在本病流行的猪场，可采取自然感染免疫或免疫接种的方法控制本病发生。即在后备种猪群中放进一些血清阳性的母猪，使其受到自然感染而产生主动免疫力。

我国自制的猪细小病毒灭活疫苗，注射后可产生较好的预防效果。

仔猪母源抗体的持续期为 14~24 周，在抗体滴度大于 1∶80 时，可抵抗猪细小病毒的感染。因此，在断奶时将仔猪从污染猪群移到没有本病污染的地方饲养，可培育出血清阴性猪群。

2. 治疗　目前对本病尚无有效的治疗方法。

八、猪水疱病

猪水疱病（SVD）是由猪水疱病病毒引起的猪的一种急性、热性、接触性传染病，该病传染性强，发病率高。其临诊特征是猪的蹄部、鼻端、口腔黏膜、乳房皮肤发生水疱，类似于口蹄疫，但该病只引起猪发病，对其他家畜无致病性。

【病原】　猪水疱病病毒属于微 RNA 病毒科肠道病毒属，病毒粒子呈球形，在超薄切片中直径为 20~23 纳米，用磷酸钨负染法测定为 28~30 纳米，用沉降法测定为 28.6 纳米。病毒粒子在细胞质内呈晶格排列，在病理变化细胞质的囊泡内凹陷处呈环形串珠状排列。

病毒的衣壳呈二十面体对称，基因组为单股正链 RNA，大小约 7.4 千比特，无囊膜，对乙醚不敏感，在 pH 值 3.0~5.0 表现稳定。

本病毒无血凝特性。病毒对环境和消毒剂有较强抵抗力，在50℃ 30分钟仍不失感染力，60℃ 30分钟和80℃ 1分钟即可灭活，在低温中可长期保存。病毒在污染的猪舍内存活8周以上，病猪的肌肉、皮肤、肾脏保存于-20℃经11个月，病毒滴度未见显著下降。病猪肉腌制后3个月仍可检出病毒。3%氢氧化钠溶液在33℃ 24小时能杀死水疱皮中的病毒，1%过氧乙酸60分钟可杀死病毒。

【流行特点】 在自然流行中，本病仅发生于猪，而牛、羊等家畜不发病，猪只不分年龄、性别、品种均可感染。在猪只高度集中或调运频繁的单位和地区，容易造成本病的流行，尤其是在猪集中的猪舍，集中的数量和密度愈大，发病率愈高。在分散饲养的情况下，很少引起流行。本病在农村主要由于饲喂城市的泔水，特别是洗猪头和蹄的污水而感染。

病猪、带毒猪是本病的主要传染源，通过粪、尿、水疱液、乳汁排出病毒。感染常由接触、饲喂病毒污染的泔水和屠宰下脚料、生猪交易、运输工具（被污染的车、船）等引起。被病毒污染的饲料、垫草、运动场和用具以及饲养员等往往造成本病的间接传播；受伤的蹄部、鼻端皮肤、消化道黏膜等是主要传播途径。

健猪与病猪同居24~45小时，虽未出现临诊症状，但体内已含有病毒。发病后第3天，病猪的肌肉、内脏、水疱皮，第15天的内脏、水疱皮及第20天的水疱皮等均带毒，第5天和第11天的血液带毒，第18天采集的血液常不带毒。病猪的淋巴结和骨髓带毒2周以上。储存于-20℃，经11个月的病猪肉块、皮肤、肋骨、肾等的病毒滴度未见显著下降。盐渍病猪肉中的病毒需经110天后才能被灭活。

【临诊症状】 自然感染潜伏期一般为2~5天，有的延至7~

8 天或更长。人工感染最短为 36 小时。临诊症状可分为典型、温和型和亚临诊型（隐性型）。

1. 典型的水疱病　其特征性的水疱常见于主趾和附趾的蹄冠上。早期临诊症状为上皮苍白肿胀，在蹄冠和蹄踵的角质与皮肤结合处首先见到，36~48 小时时水疱明显凸出，里面充满水疱液，很快破裂，但有时维持数天。水疱破后形成溃疡，真皮暴露，颜色鲜红，常常环绕蹄冠皮肤与蹄壳之间裂开。病理变化严重时蹄壳脱落。部分猪的病理变化部因继发细菌感染而成化脓性溃疡。由于蹄部受到损害而出现跛行。有的猪呈犬坐式或躺卧地下，严重者用膝部爬行。水疱也见于鼻盘、舌、唇和母猪乳头上。多数仔猪病例在鼻盘发生水疱。也可发生于其他部位（图 5-14）。体温升高（40~42℃），水疱破裂后体温下降至正常。病猪精神沉郁、食欲减退或停食，肥育猪显著掉膘。在一般情况下，如无并发其他疾病者不引起死亡，初生仔猪可造成死亡。病猪康复较快，病愈后 2 周，创面可痊愈，如蹄壳脱落，则相当长时间后才能恢复。

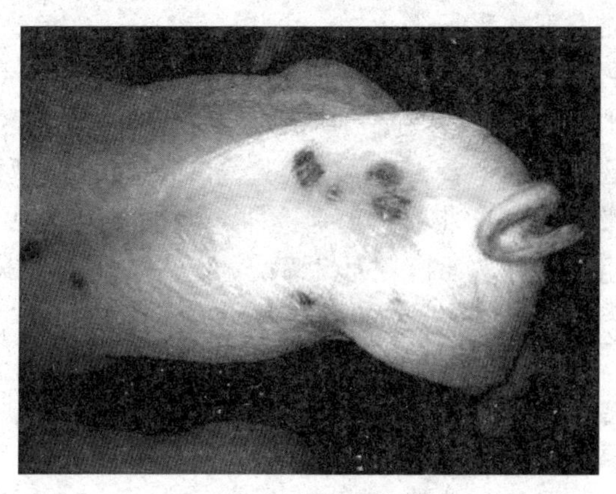

图 5-14　背部水疱破溃

2. 温和型（亚急性型） 只见少数猪只出现水疱，病的传播缓慢，症状轻微，往往不容易被察觉。

3. 亚临诊型（隐性感染） 用不同剂量的病毒，经一次或多次饲喂猪，没有发生临诊症状，但可产生高滴度的中和抗体。据报道，将一头亚临诊感染猪与其他 5 头易感猪同圈饲养，10 天后有 2 头易感猪发生了亚临诊感染，这说明亚临诊感染猪能排出病毒，对易感猪有很大的危险性。

水疱病发生后，约有 2%的猪发生中枢神经系统紊乱，表现向前冲、转圈运动，用鼻摩擦、咬啮猪舍用具，眼球转动，有时出现强直性痉挛。

【病理变化】 特征性病理变化为在蹄部、鼻盘、唇、舌面、乳房出现水疱，水疱破裂，水疱皮脱落后，暴露出创面有出血和溃疡。个别病例心内膜上有条状出血斑，其他内脏器官无可见病理变化。组织学变化为非化脓性脑膜炎和脑脊髓炎病理变化，大脑中部病理变化较背部严重。脑膜含有大量淋巴细胞，血管嵌边明显，多数为网状组织细胞，少数为淋巴细胞和嗜伊红细胞。脑灰质和白质发现软化病灶。

【诊断】 临诊症状无助于区分猪水疱病、口蹄疫、猪水疱性疹和猪水疱性口炎，因此必须依靠实验室诊断加以区别。本病与口蹄疫区别更为重要，常用的实验室诊断方法有下列几种。

1. 生物学诊断 将病料分别接种 1~2 日龄和 7~9 日龄乳小鼠，如 2 组乳小鼠均死亡者为口蹄疫；1~2 日龄乳小鼠死亡，而 7~9 日龄乳小鼠不死者，为猪水疱病。病料经在 pH 值 3~5 缓冲液处理后，接种 1~2 日龄乳小鼠死亡者为猪水疱病，反之则为口蹄疫。或以可靠的猪水疱病免疫猪或病愈猪与发病猪混群饲养，如两种猪都发病者为口蹄疫。

2. 反向间接血凝试验 用口蹄疫 A、O、C 型的豚鼠高免血清与猪水疱病高免血清抗体球蛋白（IgG）致敏经 1%戊二醛或

甲醛固定的绵羊红细胞，制备抗体红细胞与不同稀释的待检抗原，进行反向间接血凝试验，可在2～7小时内快速区别诊断猪水疱病和口蹄疫。

3. 补体结合试验　以豚鼠制备的诊断血清与待检病料进行补体结合试验，可用于猪水疱病和口蹄疫鉴别诊断。

4. ELISA　用间接夹心ELISA，可以进行病原的检测，目前该方法逐渐取代补体结合试验。

5. 荧光抗体试验　用直接和间接免疫荧光抗体试验，可检出病猪淋巴结冰冻切片和涂片中的感染细胞，也可检出水疱皮和肌肉中的病毒。

6. RT-PCR　可以用于区分口蹄疫和猪水疱病。

此外，放射免疫、对流免疫电泳、中和试验都可作为猪水疱病的诊断方法。

【防制措施】　猪感染水疱病病毒7天左右，在猪血清中出现中和抗体，28天达到高峰。因此用猪水疱病高免血清和康复血清进行被动免疫有良好效果，免疫期达1个月以上。为此在商品猪大量应用被动免疫，对控制疫情扩散、减少发病率会起到良好作用。用于水疱病免疫预防的疫苗有弱毒疫苗和灭活疫苗，但由于弱毒疫苗在实践应用中暴露出许多不足，目前已停止使用。灭活疫苗安全可靠，注苗后7～10天即可产生免疫力，保护率在80%以上，免疫保护期在4个月以上。用水疱皮和仓鼠传代毒制成灭活苗有良好的免疫效果，保护率为75%～100%。

控制猪水疱病很重要的措施是防止将病原带到非疫区，应特别注意监督牲畜交易和转运的畜产品。运输时对交通工具应彻底消毒，屠宰下脚料和泔水经煮沸方可喂猪。

加强检疫，在收购和调运时，应逐头进行检疫，一旦发现疫情立即向主管部门报告，按早、快、严、小的原则，实行隔离封锁。对疫区和受威胁区的猪只，可采用被动免疫或疫苗接种，以后实行定期免疫接种。病猪及屠宰猪肉、下脚料应严格实行无害处理。环境及猪舍要进行严格消毒，常用于本病的消毒剂有过氧乙酸、菌毒敌（原名农乐）、氨水和次氯酸钠等。试验证明，以二氯异氰尿酸钠为主剂的复方含氯制品“抗毒威”“强力消毒灵”等消毒效果也很好，有效浓度为0.5%～1%（含有效氯50～100毫克/千克）。复合酚类的菌毒敌等的有效浓度为1：（100～200），过氧乙酸为0.1%～0.5%，次氯酸钠为0.5%～1%，氨水为5%，福尔马林和苛性钠的消毒效果较差，且有较强腐蚀性和刺激性，已不广泛应用。

九、非洲猪瘟

非洲猪瘟（ASF）是一种对猪具有高度致病性的病毒性疾病，其主要症状为出血热，致死率可高达100%。

【病原】 非洲猪瘟的病原为非洲猪瘟病毒（ASFV）。它属于虹彩病毒科，虹科病毒属，形呈五角或六角形，大小为175～215纳米。呈20面体对称，有囊膜。基因组为双股线状DNA，大小为170～190千比特。在猪体内，非洲猪瘟病毒可在几种类型的细胞浆中，尤其是网状内皮细胞和单核巨噬细胞中复制。

【流行病学】 猪与野猪对本病毒都具有自然易感性，各品种及各不同年龄之猪群同样有易感性，非洲和西班牙半岛有几种软蜱是ASFV的储藏宿主和媒介（该病毒可在钝缘蜱中增殖，并使其成为主要的传播媒介）。近来发现，美洲等地分布广泛的很多其他蜱种也可传播ASFV。一般认为，ASFV传入无病地区都与来自国际机场和港口的未经煮过的感染猪制品或残羹喂猪有关，或由于接触了感染的家猪的污染物、胎儿、粪便、病猪组织，并饲喂了污染饲料而发生。

【临床症状】 潜伏期5～9天，病猪最初4天之内体温上升至40.5℃，呈稽留热，无其他症状，但在发烧期食欲如常，精

神良好。到死亡前 48 小时，体温下降，停止吃食。身体虚弱，伏卧一角或呆立，不愿行动，脉搏加速，强迫行走时困难，特别是后肢虚弱，甚至麻痹。有些病猪咳嗽，呼吸困难，结膜发炎，有脓性分泌物。有的下痢或呕吐、鼻镜干燥。四肢下端发绀，白细胞总数下降，淋巴细胞减少。一般病猪在发烧后，约 7 日死亡。可见，非洲猪疫通常是先出现体温升高，后出现其他症状，而猪瘟则随体温升高，几乎同时出现其他症状，可作为二者鉴别诊断的一个指标。

血液的变化很类似猪瘟，以白细胞减少为特征，约半数以上病猪比正常白细胞数减少 50%。这种白细胞减少，是由广泛存在于淋巴组织中的淋巴细胞坏死，导致血液中淋巴细胞显著减少造成的。白细胞减少时，正值体温开始上升，发热 4 天后，约减少 40%。此外，还发现未成熟的中性粒细胞增多，嗜酸、嗜碱性细胞等无变化，红细胞、血红素及血沉等未见异常。

病猪一般常在发热后 7 天，出现症状后 1～2 天死亡。致死率接近 100%。

病猪自然恢复的极少。极少数病例转为慢性经过，多为幼龄病猪，呈间歇热型，并有发育不全、关节障碍、失明、角膜混浊等后遗症。

【病理变化】 病理变化与猪瘟相似，出血性状和淋巴细胞核崩溃等病变，甚至比猪瘟明显。白猪皮肤稀毛处有很多明显发绀区，呈紫红色，胸、腹腔及心内有较多的黄色积液，偶尔混有血液，心包积水，心外膜、心内膜出血。全身淋巴结充血严重，有水肿，在胃、肝门、肾与肠系膜的淋巴结最严重，如血瘤状。脾外表变小，少数有肿胀、局部充血或梗死。喉头、会厌部有严重出血。肺小叶间质水肿。胆囊壁水肿，浆膜和结膜有出血斑。膀胱黏膜有出血斑。小肠有不同程度的炎症，盲肠和结肠充血、出血或溃疡。

【综合性诊断】

1. 初诊 根据观察猪场、猪舍环境卫生等情况，询问饲养管理人员和猪场兽医免疫接种及发病症状，结合现场观察患病猪群临床表现。现场如果发现尸体剖检的猪出现脾和淋巴结严重出血，形如血肿，结合流行病学情况，可以初步怀疑为非洲猪瘟。

2. 实验室确诊 在实验室诊断中，非洲猪瘟病毒抗原的检测常用红细胞吸附试验、直接免疫荧光试验和琼脂扩散沉淀试验。一般认为，红细胞吸附试验是非洲猪瘟确诊性的鉴别试验，并且是从野外样品分离病毒应用最广泛的方法。用直接免疫荧光试验可在组织抹片和冷冻组织切片，在 1 小时内检出病毒。非洲猪瘟病毒抗体检测常用的是间接免疫荧光试验、酶联免疫吸附试验和免疫印迹测定等。

【防控】

1. 预防 目前尚未研制出一种有效的疫苗来预防该病。灭活苗对猪没有任何保护作用。弱毒疫苗虽然可以保护部分猪对同源毒株的攻击，但这些猪成为带毒猪或可出现慢性病变。由于上述原因，在无本病的地区或国家要极力阻止非洲猪瘟病毒的侵入，在港口和国际机场等场所要严加防范。我国尚未发现本病，要严禁从疫区进口活猪及其产品。加强血清学检查，检出带毒猪，应认识到感染低毒株的猪不会显示病状或病变。确诊为感染本病猪场的猪群必须全部扑杀。凡无本病的国家怀疑发生本病，由于诊断需时较长，可不必等待实验室诊断结果，扑杀被怀疑猪场的全部猪群，并采取适当的兽医卫生措施，防止疫情扩散。消毒剂可使用热氢氧化钠液（80~85℃）喷洒，或用 1.5%甲醛溶液或含有 5%活性氯的消毒剂喷洒，每平方米表面用药液 1 升，并保持 3 小时。

2. 紧急防控措施 我国目前尚无本病发生，但必须保持高度警惕，严禁从有病地区和国家进口猪及其产品。销毁或正确处

置来自感染国家（地区）的船舶、飞机的废弃食物和泔水等。加强口岸检疫，以防本病传入。

一旦发现可疑疫情，应立即上报，并将病料严密包装，迅速送检。同时按《中华人民共和国动物防疫法》规定，采取紧急、强制性的控制和扑灭措施。封锁疫区，控制疫区生猪移动。迅速扑杀疫区所有生猪，无害化处理动物尸体及相关动物产品。对栏舍、场地、用具进行全面清扫及消毒。详细进行流行病学调查，包括上下游地区的疫情调查。对疫区及其周边地区进行严密监测。

十、猪传染性胃肠炎

猪传染性胃肠炎是猪的一种急性肠道传染病。临床特征以呕吐、腹泻和脱水为主。可发生于各种年龄的猪，10 日龄以内的仔猪病死率很高，5 周龄以上的猪病死率很低。

【病原】 猪传染性胃肠炎病原体为冠状病毒科的猪传染性胃肠炎病毒，呈球形、椭圆形和多边形，直径为 80～120 纳米，表面有纤突，长约 12 纳米。只有一个血清型，主要存在于空肠、十二指肠及回肠的黏膜，在鼻腔、气管、肺的黏膜及扁桃体、颌下及肠系膜淋巴结等处也能查出病毒。病毒对日光和热敏感，对胰蛋白酶和猪胆汁有抵抗力，常用的消毒药容易将其杀死。

【流行特点】 本病多发生在冬春寒冷季节，一旦发生，在猪群里迅速传播。常呈地方流行性，在老疫区，则发病率降低，症状较轻。

【临床症状】 潜伏期随感染猪的年龄而有差别，仔猪 12～24 小时，大猪 2～4 天。主要症状是：

1. 哺乳仔猪 先突然发生呕吐，接着发生剧烈水样腹泻。呕吐多发生于哺乳之后。下痢为乳白色或黄绿色，带有小块未消化的凝乳块，有恶臭。在发病末期，由于脱水，粪稍黏稠，体重迅速减轻，体温下降，常于发病后 2～7 天死亡，耐过的小猪，生长缓慢。出生后 5 日以内仔猪的病死率常为 100%。

2. 肥育猪 发病率接近 100%。突然发生水样腹泻、食欲减退、无力、下痢，粪便呈灰色或茶褐色，含有少量未消化的食物。在腹泻初期，偶有呕吐。病程约 1 周。在发病期间，增重明显减慢。

3. 成猪 感染后常不发病。部分猪表现轻度水样腹泻或一时性的软便，对体重无明显影响。

4. 母猪 母猪常与仔猪一起发病。有些哺乳中的母猪发病后，表现高度衰弱、体温升高、泌乳停止、呕吐、食欲不振、严重腹泻。妊娠母猪的症状往往不明显，或仅有轻微的症状。

【病理变化】 主要病变在胃和小肠。哺乳仔猪的胃常膨满，滞留有未消化的凝乳块。3 日龄小猪中，约 50%在胃横隔膜面的憩室部黏膜下有出血斑点、肠膨大，有泡沫状液体和未消化的凝乳块，小肠壁变薄、绒毛萎缩，在肠系膜淋巴管内见不到乳白色乳糜，肠黏膜严重出血。

【诊断】

1. 实验室检查 常用免疫荧光抗体试验。取刚发病的急性期病猪的空肠，制成冰冻切片，用免疫抗体染色，在荧光显微镜下检查，如胞浆内发现亮绿色，即可确诊。此外，酶联免疫吸附试验（ELISA）、微量中和试验、间接血球凝集试验也是本病常用的血清学诊断方法。

2. 鉴别诊断 应与猪流行性腹泻、猪轮状病毒病、仔猪黄痢、仔猪白痢、仔猪红痢、猪副伤寒、猪痢疾鉴别。

【防制措施】

1. 预防 首先，要加强饲养管理，在晚秋至早春之间的寒冷季节，不要引进带毒猪，防止人员、动物和用具传播本病。其次，对怀孕母猪于产前 45 天及 15 天左右，以猪传染性胃肠炎弱毒疫苗经肌肉及鼻内各接种 1 毫升，使其产生足够的免疫力，让

哺乳仔猪通过吃母乳获得抗体，产生被动免疫的效果。或在仔猪出生后，以无病原性的弱毒疫苗口服免疫，每头仔猪口服1毫升，使其产生主动免疫。改变管理方法，实行“全进全出”。再次，应用康复猪的抗凝血或高免血清，每日口服10毫升，连用3天，对新生仔猪有一定的防制效果。

2. 治疗 仔猪采用对症治疗，可减少死亡，促进恢复。同时，要加强饲养管理，保持仔猪舍的温度（最好30℃）和干燥。让仔猪自由饮服口服补液盐（氯化钠3.5克，氯化钾1.5克，碳酸氢钠2.5克，葡萄糖20克，常水1 000毫升）。为防止继发感染，对2周龄以下的仔猪，可适当应用抗生素及其他抗菌药物。如用甲砜霉素注射液肌内注射10~30毫克/千克，每天2次；磺胺脒0.5~4.0克，碱式硝酸铋1~5克，碳酸氢钠（小苏打）1~4克，混合口服。此外，还可用中医中药疗法。如用马齿苋、积雪草、一点红各60克（新鲜全草），水煎服。

十一、猪流行性感冒

猪流行性感冒是由猪流行性感冒病毒引起的一种急性呼吸道传染病。临床特征为突然发病，并迅速蔓延全群，表现为呼吸道炎症。

【病原】 流感病毒分为A、B、C三个型，猪流感病毒属于正黏病毒科中的A型、B型流感病毒属。猪流感病是A型流感病毒引起，除感染猪外也能使人发病。反过来，人的香港流感病毒（H3N2）也能使猪发生流感。该病毒对热和日光的抵抗力不强，一般消毒药能迅速将其杀死。

【流行特点】 不同年龄、性别和品种的猪对猪流感病毒均有易感性。传染源是病猪和带毒猪。病毒存在于呼吸道黏膜，随分泌物排出后，通过飞沫经呼吸道侵入易感猪体内，在呼吸道上皮细胞内迅速繁殖，很快致病，又向外排出病毒，以至于迅速传播，往往在2~3天波及全群。康复猪和隐性感染猪，可长时间带毒，是猪流感病毒的重要宿主，往往是以后发生猪流感的传染源，猪流感呈流行性发生。在常发生本病的猪场可呈散发性。大多发生在天气骤变的晚秋和早春以及寒冷的冬季。一般发病率高，病死率却很低。如继发巴氏杆菌、肺炎链球菌等感染，则使病情加重。

【临床症状】 潜伏期为2~7天。病猪突然发热、精神不振、食欲减退或废绝，常挤卧一起，不愿活动，呼吸困难、咳嗽，眼、鼻有黏液性分泌物，病程很短，一般2~6天可完全恢复。如果并发支气管肺炎、胸膜炎等，则猪群病死率增加。普通感冒与之区别在于前者体温稍高，散发，病程短，发病缓，其他症状无多大差别。

【病理变化】 病变主要在呼吸器官，鼻、喉、气管和支气管黏膜充血，表面有多量泡沫状黏液，有时混有血液。肺部病变轻重不一，有的只在边缘部分有轻度炎症，严重时，病变部呈紫红色。

【诊断】

1. 实验室检查 用灭菌棉拭子采取鼻腔分泌物，放入适量生理盐水中洗涮，加青霉素、链霉素处理，然后接种于10~12日龄鸡胚的羊膜腔和尿囊腔内，在35℃孵育72~96小时后，收集尿囊液和羊膜腔液，进行血凝试验和血凝抑制试验，鉴定其病毒。

2. 鉴别诊断 在临床诊断时，应注意与猪肺疫、猪传染性胸膜肺炎相区别。

【防制措施】

1. 预防 首要的是防止易感猪与感染的动物接触。除康复猪带毒外，某些水禽和火鸡也可能带毒，应防止与这些动物接触。人发生A型流感时，应防止病人与猪接触。其次是要进行严

格的消毒，保持猪舍良好的环境卫生和饲养管理。据报道，目前，国外已制成猪流感病毒佐剂灭活苗，经2次接种后，免疫期可达8个月。

2. 治疗 目前尚无特效治疗药物。可试用复方黄芪多糖注射液和板蓝根冲剂，用量根据猪的体重及药品含量确定。为预防继发感染，重症病猪应服用抗生素或磺胺类药品，同时给予止咳祛痰药。

十二、猪乙型脑炎

猪乙型脑炎病毒（JEV）是最重要的蚊媒病毒，能引起人类的脑炎，引起猪的生殖障碍。

【病原】 JEV属于黄病毒科黄病毒属，JEV分成4类，也可分成5类，不同的基因型基于编码衣壳、prM和E蛋白的核苷酸序列。基因型Ⅰ在整个亚洲分布最广，基因型Ⅰ和Ⅲ与最常见的流行病有关，基因型Ⅱ和Ⅳ发生在东南亚，且与常见的地方性疾病有关，目前JEV的两个主要的免疫型通过动态中和试验、单克隆抗体反应和其他血清学方法而认识。

【流行特点】 本病在热带地区没有明显的季节性，但在其他地区有明显的季节性，主要发生于蚊虫生长繁殖的季节。蚊虫是本病流行的重要传播媒介，其中三带喙库蚊是主要的带毒蚊种，在日本乙型脑炎的自然循环中和传播中起着重要的作用。本病也可以感染人，饲养人员及与猪接触多的人员要做好人员的防护工作。

【临床症状】 母猪和小母猪感染JEV的主要特征：以流产和生产异常为特征的生殖障碍。同窝仔猪有死胎、木乃伊胎，有脑积水和皮下水肿的虚弱仔猪，性成熟的猪没有显示任何明显的临床症状，而是出现一时的厌食和温和的发热反应。生殖障碍在非免疫母猪配种的60～70天之前已经感染。在这个时间后感染对小猪没有明显影响。JEV也和公猪的不育有关。易感公猪的感染导致睾丸水肿、充血，睾丸产生的精液中含有大量异常精子，明显降低了有活力的总精子数。精液也能排毒。这些变化通常是暂时的，大多数公猪能完全恢复。

【病理变化】 在母猪由JEV引起的肉眼可见的或显微病变还未见报道。自然感染公猪的睾丸在鞘膜腔有大量的黏液，在附睾的边缘和鞘膜脏层可看到纤维增厚。微观上可见在附睾、鞘膜和睾丸的间质组织有水肿和炎症变化，输送精子的上皮常常可以看到变性。

死胎和虚弱的新生儿可能看到或看不到大体病变。当出现病变时，它们包括脑积水、皮下水肿、胸膜积水、腹水、浆膜瘀点状出血、淋巴结充血、肝和脾坏死灶及脑膜或脊髓充血。显微病变局限于脑和脊髓。可观察到分散性的非化脓性脑炎和脊髓炎。

【诊断】 JEV引起猪生殖疾病的确诊是基于胎儿、死胎、新生仔猪和青年猪病毒的分离与鉴定，鉴别诊断必须考虑猪细小病毒、猪繁殖与呼吸障碍综合征病毒、伪狂犬病病毒、猪瘟病毒、巨细胞病毒、肠道病毒、Getah病毒、弓形体病和钩端细螺旋体病。在感染母猪和小猪的季节性发生和缺乏临床症状是排除许多疾病的有益标准。

JEV的感染也能通过免疫组织化学方法检测胎儿组织和胎盘的病毒抗原而确定。应用黄病毒特异性单克隆抗体可提高试验的特异性。日本脑炎病毒特异性抗体在流产胎儿、弱胎和仔猪的体液中通过血凝抑制、血清病毒中和试验和ELISA检测到对诊断具有重要作用。

【防制措施】

(1) 加强卫生管理，保持圈舍卫生，将粪便进行生物发热处理或用于生产沼气。做好灭蚊、灭蝇工作。

(2) 免疫接种，每年蚊虫开始活动的前1个月进行免疫

接种。

第二节　常见细菌性疾病的防制

一、猪丹毒

猪丹毒是人兽共患传染病。临床特征是：急性型多呈败血症症状，高热；亚急性型表现在皮肤上出现紫红色疹块；慢性型表现纤维素性关节炎和疣状心内膜炎，是威胁养猪业的一种重要传染病。

【病原】 猪丹毒杆菌为革兰氏阳性菌，呈小杆状或长丝状，不形成芽孢和荚膜；不能运动。分许多血清型，各型的毒力差别很大。猪丹毒杆菌的抵抗力很强，在掩埋的尸体内能活 7 个多月，在土壤内能存活 35 天。但对 2%福尔马林、3%来苏水、1%氢氧化钠、1%漂白粉等消毒剂都很敏感。

【流行特点】 各种年龄猪均易感，但以 3 个月以上的生长猪发病率最高，3 个月以下和 3 年以上的猪很少发病。牛、羊、马、鼠类、家禽及野鸟等也能感染本病，人类可因创伤感染发病。病猪、临床康复猪及健康带菌猪都是传染源。病原体随粪、尿、唾液和鼻分泌物等排出体外，污染土壤、饲料、饮水等，而后经消化道和损伤的皮肤导致感染。带菌猪在不良条件下抵抗力降低时，细菌也可侵入血液，引起自体内源性传染而发病。猪丹毒的流行无明显季节性，但夏季发生较多，冬季、春季只有散发。猪丹毒经常在一定的地方发生，呈地方性流行或散发。

【临床症状】 人工感染的潜伏期为 3~5 天，短的 1 天发病，长的可在 7 天发病。临床症状一般分急性型、亚急性型和慢性型三种。

1. 急性型（败血症型） 见于流行初期。有的病例可能不表现任何症状突然死亡。多数病例症状明显。体温高达42℃以上，恶寒颤抖，食欲减退或有呕吐，常躺卧地上，不愿走动，若强行赶起，站立时背腰拱起，行走时步态僵硬或跛行。结膜充血，眼睛清亮，很少有分泌物。大便干硬，有的后期发生腹泻。发病1~2天后，皮肤上出现大小和形状不一的红斑，以耳、颈、背、腿外侧较多见，开始指压时褪色，指去复原。病程2~4天，病死率达80%~90%。

哺乳仔猪和刚断奶小猪发生猪丹毒时，往往有神经症状，抽搐。病程不超过1天。

2. 亚急性型（疹块型） 败血症症状轻微，其特征是在皮肤上出现疹块。病初表现为食欲减退，精神不振，不愿走动，体温42℃，在胸、腹、背、肩及四肢外侧出现大小不等的疹块，先呈淡红，后变为紫红，以至黑紫色，形状为方形、菱形或圆形，坚实，稍凸起，少则几个，多则数十个，以后中央坏死，形成痂皮。经1~2周恢复。

3. 慢性型 一般由前两型转变而来。常见浆液性纤维素性关节炎、疣状心内膜炎和皮肤坏死。皮肤坏死一般单独发生，而浆液性纤维素性关节炎和疣状心内膜炎往往共存。食欲变化不明显，体温正常，但生长发育不良，逐渐消瘦，全身衰弱。浆液性纤维素性关节炎常发生于腕关节和肘关节，受害关节肿胀，疼痛，僵硬，步态呈跛行。疣状心内膜炎表现为呼吸困难，心跳增速，听诊有心内杂音。强迫快速行走时，易发生突然倒地死亡。皮肤坏死常发生于背、肩、耳及尾部。局部皮肤变黑，硬如皮革，逐渐与新生组织分离，最后脱落，遗留一片无毛瘢痕。

【病理变化】 急性型皮肤上有大小不一和形状不同的红斑或弥漫性红色；淋巴结充血肿大，有小出血点；胃及十二指肠充血、出血；肺瘀血、水肿；脾肿大充血，呈樱桃红色；肾瘀血肿

大，呈暗红色，皮质部有出血点；关节液增加。亚急性型的特征是皮肤上有方形和菱形的红色疹块，内脏的变化比急性型轻。慢性型的房室瓣常有疣状心内膜炎（图5-15）。瓣膜上有灰白色增生物，呈菜花状。其次是关节肿大，在关节腔内有纤维素性渗出物。

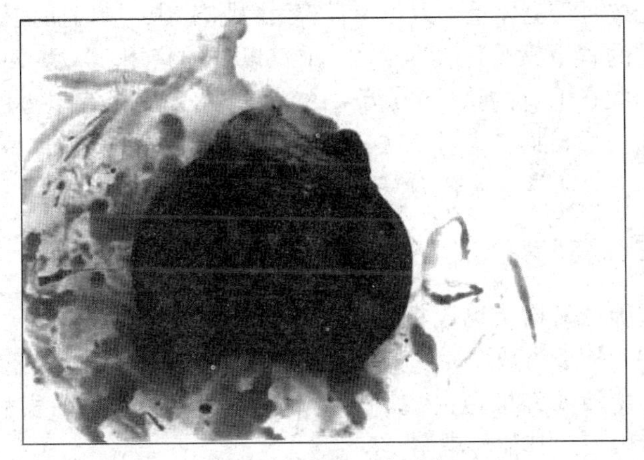

图5-15　疣状心内膜炎

【诊断】

1. 实验室检查　急性型采取肾、脾为病料；亚急性型在生前采取疹块部的渗出液；慢性型采取心内膜组织和患病关节液，制成涂片后，革兰氏染色法染色、镜检，如见有革兰氏阳性（紫色）的细长小杆菌，在排除李氏杆菌后，即可确诊。也可进行免疫荧光试验。

2. 鉴别诊断　应与猪瘟、猪链球菌病、最急性猪肺疫、急性猪副伤寒相鉴别。

【防制措施】

1. 预防　平时要加强饲养管理，保持猪舍用具清洁，定期用消毒药消毒。同时按免疫程序注射猪丹毒菌苗。

发生猪丹毒后，应立即对全群猪测温，病猪隔离治疗，死猪深埋或烧毁。与病猪同群的未发病猪，用青霉素进行药物预防，待疫情扑灭和停药后，进行一次彻底消毒，并注射菌苗，巩固防疫效果。

2. 治疗 发病 24~36 小时内治疗，疗效显著。对急性型最好首先按每千克体重 1 万单位青霉素静脉注射，同时肌内注射常规剂量的青霉素，即体重在 20 千克以下的猪用 20 万~40 万单位，20~50 千克的猪用 40 万~100 万单位，50 千克以上的猪酌情增加。每天肌内注射 2 次，直至体温和食欲恢复正常后 24 小时停药，以防复发或转为慢性。

二、猪肺疫

猪肺疫又称猪巴氏杆菌病、锁喉风，是猪的一种急性传染病，主要特征为败血症，咽喉及其周围组织急性炎性肿胀或表现为肺、胸膜的纤维蛋白渗出性炎症。本病分布很广，发病率不高，常继发于其他传染病。

【病原】 猪肺疫病原体是多杀性巴氏杆菌，呈革兰氏染色阴性，有两端浓染的特性，能形成荚膜，有许多血清型。多杀性巴氏杆菌的抵抗力不强，干燥后 2~3 天死亡，在血液及粪便中能生存 10 天，在腐败的尸体中能生存 1~3 个月，在日光和高温下 10 分钟即死亡，1%火碱及 2%来苏水等能迅速将其杀死。

【流行特点】 大小猪均有易感性，小猪和中猪的发病率较高。病猪和健康带菌猪是传染源，病原体主要存在于病猪的肺脏病灶及各器官，存在于健康猪的呼吸道及肠管中，随分泌物及排泄物排出体外，经呼吸道、消化道及损伤的皮肤而传染。带菌猪受寒、感冒、过劳、饲养管理不当，使抵抗力降低时，可发生自体内源性传染。猪肺疫常为散发，一年四季均可发生，多继发于其他传染病之后。有时也可呈地方性流行。

【临床症状】 潜伏期1~14天，临床上分3个型。

1. 最急性型　又称锁喉风，呈现败血症症状，突然发病死亡。病程稍长的，体温升高到41℃以上，呼吸高度困难，食欲废绝，黏膜蓝紫色，咽喉部肿胀，有热痛，重者可延至耳根及颈部，口鼻流出泡沫，呈犬坐姿势。后期耳根、颈部及下腹部皮肤变成蓝紫色，有时见出血斑点。最后窒息死亡，病程1~2天。

2. 急性型　主要呈现纤维素性胸膜肺炎症状，败血症症状较轻。病初表现为体温升高，发生痉挛性干咳，呼吸困难，有鼻液和脓性眼屎。先便秘后腹泻。后期皮肤有紫斑，最后衰竭而死，病程4~6天。如果不死则转成慢性。

3. 慢性型　多见于流行后期，主要表现为慢性肺炎或慢性胃肠炎症状；持续性的咳嗽，呼吸困难，体温时高时低，精神不振，食欲减退，逐渐消瘦，有时关节肿胀，皮肤湿疹。最后发生腹泻。如果治疗不及时，多经2周以上因衰弱而死亡。

【病理变化】 主要病变在肺脏。

1. 最急性型　全身浆膜、黏膜及皮下组织大量出血，咽喉部及周围组织呈出血性浆液性炎症，喉头气管内充满白色或淡黄色胶冻样分泌物。皮下组织可见大量胶冻样淡黄色的水肿液。全身淋巴结肿大，切面呈一致红色。肺充血水肿，可见红色肝变区(质硬如蜡样)。各实质器官变性。

2. 急性型　败血症变化较轻，以胸腔内病变为主。肺有大小不等的肝变区，切开肝变区，有的呈暗红色，有的呈灰红色，肝变区中央常有干酪样坏死灶，胸腔积有含纤维蛋白凝块的混浊液体。胸膜附有黄白色纤维素，病程较长的，胸膜发生粘连。

3. 慢性型　高度消瘦，肺组织大部分发生肝变，并有大块坏死灶或化脓灶，有的坏死灶周围有结缔组织包裹，胸膜粘连。

【诊断】

1. 实验室检查　采取病变部的肺、肝、脾及胸腔液，制成

涂片，用碱性亚甲蓝液染色后镜检，均见有两端浓染的长椭圆形小杆菌时，即可确诊。如果只在肺脏内见有极少数的巴氏杆菌，而其他脏器没有见到，并且肺脏又无明显病变时，可能是带菌猪，而不能诊断为猪肺疫。有条件时可做细菌分离培养。

2. 鉴别诊断 本病应与急性咽喉型炭疽、气喘病、猪传染性胸膜肺炎等病鉴别。

【防制措施】

1. 预防 预防本病的根本办法是改善饲养管理和生活条件，以消除减弱猪抵抗力的一切外界因素。同时，猪群要按免疫程序注射菌苗。死猪要深埋或烧毁。慢性病猪难以治愈，应立即淘汰。未发病的猪可用药物预防，待疫情稳定后，再用菌苗免疫1次。

2. 治疗 发现病猪及可疑病猪立即隔离治疗。效果最好的抗生素是庆大霉素，其次是氨苄西林、青霉素等。但巴氏杆菌易产生耐药性，因此，抗生素要交叉使用。庆大霉素 1~2 毫克/千克，氨苄西林 4~11 毫克/千克，均为每日 2 次肌内注射，直到体温下降，食欲恢复为止。另外，磺胺嘧啶 1 000 毫克，黄素碱 400 毫克，复方甘草合剂 600 毫克，大黄末 2 000 毫克，调匀为 1 包，体重 10~25 千克的猪服 1~2 包，5~50 千克的猪服2~4 包，50 千克以上 4~6 包，每 4~6 小时服 1 次。

三、猪传染性萎缩性鼻炎

猪传染性萎缩性鼻炎（AR）又称慢性萎缩性鼻炎或萎缩性鼻炎，是由支气管败血波氏杆菌和产毒素多杀性巴氏杆菌引起的猪的一种慢性接触性呼吸道传染病。它以鼻炎、鼻中隔扭曲、鼻甲骨萎缩和病猪生长迟缓为特征，临诊表现为打喷嚏、鼻塞、流鼻涕、鼻出血、颜面部变形或歪斜，常见于 2~5 月龄猪。目前已将这种疾病归类于两种表现形式：非进行性萎缩性鼻炎（NPAR）和进行性萎缩性鼻炎（PAR）。

【病原】 大量研究证明，产毒素多杀性巴氏杆菌（Toxigenic Pasteurella multocida，T+Pm）和支气管败血波氏杆菌（Bordetellcz bronchiseptica，Bb）是引起的猪萎缩性鼻炎的病原。

【流行特点】 各种年龄的猪均易感，但以仔猪最为易感，主要是带菌母猪通过飞沫，经呼吸道传播给仔猪。不同品种的猪，易感性有差异，外种猪易感性高，而国内土种猪发病较少。本病在猪群中流行缓慢，多为散发或呈地方流行性。饲养管理不当和环境卫生较差等，常使发病率升高。本病无季节性，任何年龄的猪都可以感染，仔猪症状明显，大猪较轻，成年猪基本不表现临床症状。病猪和带菌猪是本病的主要传染源，病原体随飞沫，通过接触经呼吸道传播。

【临诊症状】 AR 早期临诊症状，多见于6~8周龄仔猪。表现鼻炎，打喷嚏、流涕和吸气困难。流涕为浆液、黏液脓性渗出物，个别猪因强烈喷嚏而发生鼻衄。病猪常因鼻炎刺激黏膜而表现不安，如摇头、拱地、搔抓或摩擦鼻部直至摩擦出血。发病严重的猪群可见患猪两鼻孔出血不止，形成两条血线。圈栏、地面和墙壁上布满血迹。吸气时鼻孔开张，发出鼾声，严重的张口呼吸。由于鼻泪管阻塞，泪液增多，在眼内眦下皮肤上形成弯月形的湿润区，被尘土沾污后黏结成黑色痕迹，称为“泪斑”。

继鼻炎后常出现鼻甲骨萎缩，致使鼻梁和面部变形，此为 AR 特征性临诊症状。如两侧鼻甲骨病理损伤相同时，外观可见鼻短缩，此时因皮肤和皮下组织正常发育，使鼻盘正后部皮肤形成较深韵皱褶；若一侧鼻甲骨萎缩严重，则使鼻弯向同一侧；鼻甲骨萎缩，额窦不能正常发育，使两眼间宽度变小和头部轮廓变形。病猪体温、精神、食欲及粪便等一般正常，但生长停滞，有的成为僵猪。

鼻甲骨萎缩与猪感染时的周龄、是否发生重复感染及其他应激因素有非常密切的关系。如周龄愈小，感染后出现鼻甲骨萎缩的可能性就愈大愈严重。一次感染后，若无发生新的重复或混合感染，萎缩的鼻甲骨可以再生。有的鼻炎延及筛骨板，则感染可经此而扩散至大脑，发生脑炎。此外，病猪常有肺炎发生，可能是因鼻甲骨结构和功能遭到损坏，异物或继发性细菌侵入肺部造成，也可能是主要病原（Bb 或 T+Prn）直接引发肺炎的结果。因此，鼻甲骨的萎缩促进肺炎的发生，而肺炎又反过来加重鼻甲骨萎缩（图 5-16）。

图 5-16　猪传染性萎缩性鼻炎，嘴向左侧偏斜

【病理变化】 病理变化一般局限于鼻腔和邻近组织，最具有特征性的病理变化是鼻腔的软骨和鼻甲骨的软化和萎缩，特别是下鼻甲骨的下卷曲最为常见。另外也有萎缩限于筛骨和上鼻甲骨的。有的萎缩严重，甚至鼻甲骨消失，而只留下小块黏膜皱褶附在鼻腔的外侧壁上。

鼻腔常有大量的黏液脓性甚至干酪性渗出物，随病程长短和继发性感染的性质而异。急性时（早期）渗出物含有脱落的上

皮碎屑。慢性时（后期），鼻黏膜一般苍白，轻度水肿。鼻窦黏膜中度充血，有时窦内充满黏液性分泌物。病理变化转移到筛骨时，当除去筛骨前面的骨性障碍后，可见大量黏液或脓性渗出物的积聚。

【诊断】 依据频繁喷嚏、吸气困难、鼻黏膜发炎、鼻出血、生长停滞和鼻面部变形易做出现场诊断。有条件者，可用X射线做早期诊断。用鼻腔镜检查也是一种辅助性诊断方法。

1. 病理解剖学诊断 是目前最实用的方法。一般在鼻黏膜、鼻甲骨等处可以发现典型的病理变化。沿两侧第一、二对前臼齿间的连线锯成横断面，观察鼻甲骨的形状和变化。正常的鼻甲骨明显地分为上下两个卷曲。上卷曲呈现两个完全的弯转，而下卷曲的弯转则较少，仅有一个或1/4弯转，有点像钝的鱼钩，鼻中隔正直。当鼻甲骨萎缩时，卷曲变小而钝直，甚至消失。但应注意，如果横切面锯得太前，因下鼻甲骨卷曲的形状不同，可能导致误诊。也可以沿头部正中线纵锯，再用剪刀把下鼻甲骨的侧连接剪断，取下鼻甲骨，从不同的水平做横断面，依据鼻甲骨变化，进行观察和比较做出诊断。这种方法较为费时，但采集病料时不易污染。

2. 微生物学诊断 目前主要是对T+Pm及Bb两种主要致病菌的检查，尤其对T+Pm的检测是诊断AR的关键。鼻腔拭子的细菌培养是常用的方法。先保定好动物，清洗鼻的外部，将带柄的棉拭子（长约30厘米）插入鼻腔，轻轻旋转，把棉拭子取出，放入无菌的PBS中，尽快地进行培养。

T+Pm分离培养可用血液、血清琼脂或胰蛋白大豆琼脂。出现可疑菌落，移植生长后，根据菌落形态、荧光性、菌体形态、染色与生化反应进行鉴定。是否为产毒素菌株可用豚鼠皮肤坏死试验和小鼠致死试验，也可用组织细胞培养病理变化试验、单克隆抗体ELISA或PCR等方法。

Bb 分离培养一般用改良麦康凯琼脂（加 1%葡萄糖，pH 值 7. 2）、5%马血琼脂或胰蛋白哕琼脂等。对可疑菌落可根据其形态、染色、凝集反应与生化反应进行鉴定，再用抗 K 抗原和抗 O 抗原血清做凝集试验来确认 I 相菌。Bb 有抵抗呋喃妥因（最小抑菌浓度大于 200 微克/毫升）的特性，用滤纸法（300 微克/纸片）观察抑菌圈的有无，可以鉴别本菌与其他革兰氏阴性球杆菌。取分离培养物 0. 5 毫升腹腔接种豚鼠，如为本菌可于 24~48 小时内发生腹膜炎而致死。剖检见腹膜出血，肝、脾和部分大肠有黏性渗出物并形成假膜。用培养物感染 3~5 日龄健康猪，经 1 个月临诊观察，再经病理学和病原学检查，结果最为可靠。

3. 血清学诊断　猪感染 T+Pm 和 Bb 后 2~4 周，血清中即出现凝集抗体，至少维持 4 个月，但一般感染仔猪需在 12 周龄后才可检出。有些国家采用试管血清凝集反应诊断本病。

此外，尚可用荧光抗体技术和 PCR 技术进行诊断。已经有双重 PCR 同时检测 T+Pm 和 Bb 的方法，其灵敏度和特异性比其他方法更高。

应注意本病与传染性坏死性鼻炎和骨软病的区别。前者由坏死杆菌所致，主要发生贡外伤后感染，引起软组织及骨组织坏死、腐臭，并形成溃疡或瘘管；骨软病表现头部肿大变形，但无喷嚏和流泪临诊症状，有骨质疏松变化，鼻甲骨不萎缩。

【防制措施】

1. 预防

（1）加强管理。引进猪时做好检疫、隔离工作，本场发现后立即淘汰阳性猪。同时改善环境卫生，降低饲养密度，保持猪舍清洁、通风、干燥、卫生，定期消毒，严格建立卫生防疫制度，消除应激因素，定期对猪舍进行消毒。

（2）免疫接种。支气管败血波氏杆菌和产毒素多杀巴氏杆菌二联灭活苗，后备母猪，配种前免疫 2 次，间隔 21 天；没有

免疫过的初产母猪，妊娠第80天、100天各免疫一次；经产母猪妊娠80天左右免疫；种公猪每年注射2次；仔猪于4周龄及8周龄各免疫一次。

2. 治疗

（1）青霉素，肌内注射，每千克体重2万~3万单位，每天2次。

（2）链霉素，肌内注射，每千克体重10毫克，每天2次。

（3）盐酸土霉素，肌内注射，每千克体重5~10毫克，每天2次，连用2~3天。长效盐酸土霉素，肌内注射，一次量，每千克体重10~20毫克，每天1次，连用2~3次。

（4）泰乐菌素，肌内注射，每千克体重5~13毫克，每天2次，连用7天。

（5）硫酸卡那霉素注射液，肌内注射，一次量，每千克体重10~15毫克，每天2次，连用3~5天。

另外，还可用磺胺类药物等治疗。

四、猪链球菌病

猪链球菌病是一种人兽共患传染病。猪常发生化脓性淋巴结炎、败血症、脑膜脑炎及关节炎。败血症型和脑膜脑炎型的病死率较高，对养猪业的发展有较大的威胁。

【病原】 猪链球菌病的病原体为多种溶血性链球菌。它呈链状排列，为革兰氏阳性球菌。不形成芽孢，有的可形成荚膜。需氧或兼性厌氧，多数无鞭毛。本菌抵抗力不强，对干燥、湿热均较敏感，常用消毒药都易将其杀死。

【流行特点】 链球菌广泛分布于自然界。人和多种动物都有易感性，猪的易感性较高。各种年龄的猪均可感染，但败血症型和脑膜脑炎型多见于仔猪；化脓性淋巴结炎型多见于中猪。病猪、临床康复猪和健康猪均可带菌，当它们互相接触时，可通过口、鼻、皮肤伤口传染，一般呈地方流行性。

【临床症状】 本病临床上可分为四型。

1. 败血症型 初期常呈最急性流行，往往头晚未见任何症状，次晨已死亡；或者停食，体温 41.5~42.0℃，精神委顿，腹下有紫红斑，也往往死亡。急性病例，常见精神沉郁，体温41℃左右，呈稽留热，食欲减退或废绝，眼结膜潮红，流泪，有浆液性鼻液，呼吸浅表而快。有些病猪在患病后期，耳尖、四肢下端、腹下有紫红色或出血性红斑，有跛行，病程 2~4 天。

2. 脑膜脑炎型 病初体温升高，不食，便秘，有浆液性或黏液性鼻液。继而出现运动失调，转圈，空嚼，磨牙，仰卧，直至后躯麻痹，侧卧于地，四肢作游泳状划动等神经症状，甚至昏迷不醒。部分猪出现多发性关节炎，病程 1~2 天。

3. 关节炎型 由前两型转来，或者原发性关节炎症状。表现一肢或几肢关节肿胀，疼痛，有跛行，甚至不能起立。病程 2~3 周（图 5-17）。

值得注意的是，上述 3 型很少单独发生，常常混合存在或相伴发生。

4. 化脓性淋巴结炎（淋巴结脓肿）型 多见于颌下淋巴结、咽部和颈部淋巴结肿胀，坚硬，热痛明显，影响采食、咀嚼、吞咽和呼吸。有的咳嗽、流鼻液。至化脓成熟，肿胀中央变软，皮肤坏死，自行破溃流脓，之后全身症状好转，局部逐渐痊愈。病程一般为 3~5 周。

【病理变化】 败血症型死后剖检，呈现败血症变化，各器官充血、出血明显，心包液增量，脾肿大，各浆膜有浆液性炎症变化等（图 5-18）。脑膜脑炎型死后剖检，脑膜充血、出血，脑脊髓液混浊、增量，有多量的白细胞，脑实质有化脓性脑炎变化等。关节炎型死后剖检，关节囊内有黄色胶冻样液体或纤维素性脓性物质。

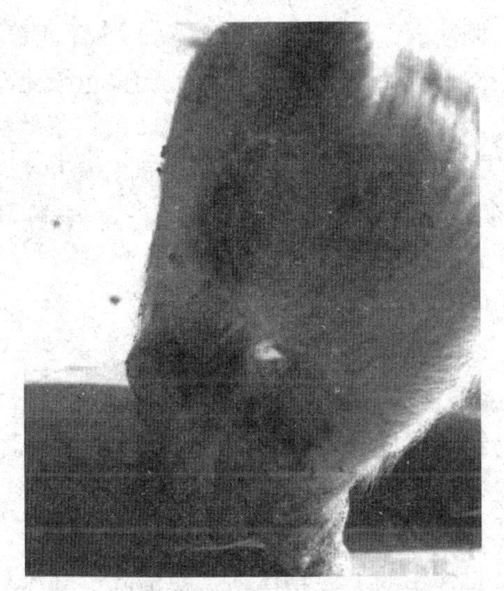

图 5-17　后肢跗关节肿胀

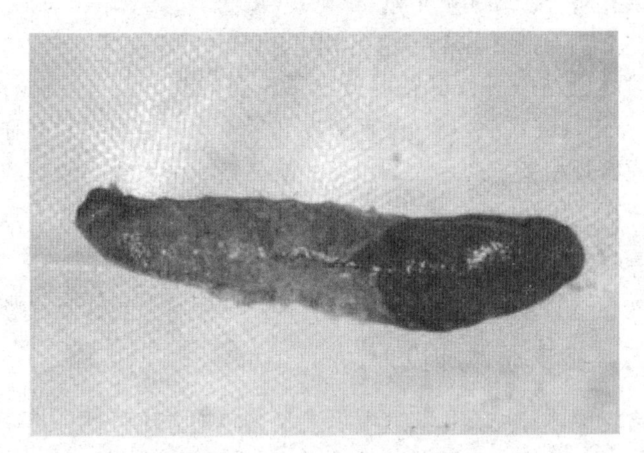

图 5-18　脾脏被纤维素性渗出物包裹

【诊断】

1. 实验室检查　根据不同的病型采取相应的病料，如脓肿、化脓灶、肝、脾、肾、血液、关节囊液、脑脊髓液及脑组织等，制成涂片，用碱性亚甲蓝染色液和革兰氏染色液染色，显微镜检查，见到单个、成对、短链或呈长链的球菌，革兰氏染色呈紫色（阳性），可以确认为本病。也可进行细菌分离培养鉴定。

2. 鉴别诊断 败血症型猪链球菌病易与急性猪丹毒、猪瘟相混淆，应注意区别。

【防制措施】

1. 预防 应及时采取以下措施：

（1）清除传染源。病猪隔离治疗，带菌母猪尽可能淘汰。被污染的用具和环境用3%来苏水液或1/300的菌毒敌彻底消毒。急宰猪或宰后发现可疑病变的猪屠体，经高温处理后方可食用。

（2）除去感染因素。猪圈和饲槽上的钉头、铁片、碎玻璃、尖石头等能引起外伤的尖锐物体，一律清除。新生仔猪，应立即无菌结扎脐带，并用碘酊消毒。

2. 治疗 按不同病型进行相应治疗。

对淋巴结脓肿，待脓肿成熟后，及时切开，排除脓汁，用3%过氧化氢或0.1%高锰酸钾液冲洗后，涂以碘酊。对败血症型及脑膜脑炎型，早期要大剂量使用抗生素或磺胺类药物。青霉素40万~100万单位/（头次），每天肌内注射2~4次；庆大霉素1~2毫克/千克体重，每日肌内注射2次；环丙沙星2.5~10.0毫克/千克体重，每12小时注射1次，连用3天，疗效明显。

五、猪支原体肺炎

猪支原体肺炎又称猪气喘病，又名猪地方流行性肺炎，是猪的一种慢性肺病。主要临床症状是咳嗽和气喘。本病分布很广，我国许多地区都有发生。

【病原】 猪气喘病病原体是猪肺炎霉形体，具有多形性的特点，常见的形态为球状、杆状、丝状及环状。猪肺炎霉形体的

大小不一，对姬姆萨或瑞特氏染色液着色不良，革兰氏阴性。猪肺炎霉形体对外界环境的抵抗力不强，在室温条件下 36 小时即失去致病力，在低温或冻干条件下可保存较长时间。一般消毒药都可迅速将其杀死。

【流行特点】 大小猪均有易感性。其中哺乳仔猪及幼猪最易发病，其次是妊娠后期及哺乳母猪。成年猪多呈隐性感染。主要传染源是病猪和隐性感染猪，病原体长期存在于病猪的呼吸道及其分泌物中，随咳嗽和喘气排出体外后，通过接触经呼吸道而使易感猪感染。因此，猪舍潮湿，通风不良，猪群拥挤，最易使猪感染发病。

本病的发生没有明显的季节性，但以冬春季节较多见。新疫区常呈暴发性流行，症状重，发病率和病死率均较高，多呈急性经过。老疫区多呈慢性经过，症状不明显，病死率很低，当气候骤变、阴湿寒冷、饲养管理和卫生条件不良时，可使病情加重，病死率增高。如有巴氏杆菌、肺炎双球菌、支气管败血波氏杆菌等继发感染，可造成较大的损失。

【临床症状】 潜伏期 10~16 天。主要症状为咳嗽和气喘。病初为短声连咳，在早晨出圈后受到冷空气的刺激，或经驱赶运动和喂料的前后最容易听到，同时流少量清鼻液，病重时流灰白色黏性或脓性鼻液。在病的中期出现气喘症状，呼吸每分钟达 60~80 次，呈明显的腹式呼吸，此时咳嗽少而低沉。体温一般正常，食欲无明显变化。后期则气喘加重，甚至张口喘气，同时精神不振，猪体消瘦，不愿走动。这些症状可随饲养管理和生活条件的变化而减轻或加重，病程可拖延数月，病死率一般不高。

隐性型病猪没有明显症状，有时发生轻咳，全身状况良好，生长发育几乎正常，但 X 线检查或剖检时，可见到气喘病病灶。

【病理变化】 病变局限于肺和胸腔内的淋巴结。病变由肺的心叶开始，逐渐扩展到尖叶、中间叶及膈叶的前下部。病变部与健康组织的界限明显，两侧肺叶病变分布对称，呈灰红色或灰黄色、灰白色，硬度增加，外观似肉样，俗称“胰样”或“虾肉样”变，切面组织致密，可从小支气管挤出灰白色、混浊、黏稠的液体，支气管淋巴结和纵隔淋巴结肿大，切面黄白色，淋巴组织呈弥漫性增生。急性病例，有明显的肺气肿病变。

【诊断】

1. 实验室诊断 对早期的病猪和隐性病猪进行X线检查，可以达到早期诊断的目的，常用于区分病猪和健康猪，以培育健康猪群。目前，临床上应用较多的是凝集试验和琼脂扩散试验，主要用于猪群检疫。

2. 鉴别诊断 本病应与猪流行性感冒、猪肺疫、猪传染性胸膜肺炎、猪肺丝虫病和蛔虫病相鉴别。

【防制措施】

1. 预防 应采取综合性防疫措施，以控制本病发生和流行。从外地购入种猪时，应做1~2次X线透视检查，或做血清学试验，并经隔离观察3个月，确认健康时，方能并入健康猪群。关过病猪的猪圈，应空圈7天，进行严格消毒后，才可放进健康猪。

发生本病后，应对猪群进行X线透视检查或血清学试验。病猪隔离治疗，就地淘汰。未发病猪可用药物预防。同时要加强消毒和防疫接种工作。

目前，有2种弱毒菌苗：一种是猪气喘病冻干兔化弱毒菌苗，攻毒保护率79%，免疫期8个月；另一种是猪气喘病168株弱毒菌苗，攻毒保护率84%，免疫期6个月。2种菌苗只适于疫场（区）使用，都必须注入肺内才能产生免疫效果，但是免疫力产生的时间缓慢，约在60天以后产生较强的免疫力。

2. 治疗 治疗方法很多，多数只有临床治愈，不易根除病原。而且疗效与病情轻重、猪的抵抗力、饲养管理条件、气候等因素有密切关系。

（1）盐酸土霉素。每日 30~40 毫克/千克体重，用灭菌蒸馏水或 0.25%普鲁卡因或 4%硼砂溶液稀释后肌内注射，每天 1 次，连用 5~7 天为 1 个疗程。重症可延长 1 个疗程。

（2）硫酸卡那霉素。用量 20~30 毫克/千克体重，每天肌内注射 1 次，5 天为 1 个疗程。也可气管内注射，与土霉素碱油剂交替使用，可以提高疗效。

（3）泰乐菌素。用量 10 毫克/千克体重，肌内注射，每天 1 次，连用 3 天为 1 个疗程。

（4）林可霉素。每吨饲料 0.2 千克或金霉素每吨饲料 0.05~0.2 千克，连喂 3 周。

六、副猪嗜血杆菌病

副猪嗜血杆菌病是由副猪嗜血杆菌引起的猪的多发性浆膜炎和关节炎，主要临诊症状为发热、咳嗽、呼吸困难、消瘦、跛行、共济失调和被毛粗乱等。剖检病理变化表现为胸膜炎、肺炎、心包炎、腹膜炎、关节炎和脑膜炎等。此外，副猪嗜血杆菌还可引起败血症，并且可能留下后遗症，即母猪流产、公猪慢性跛行。

【流行病学】 本病具有明显的季节性，主要发生在气候剧变的寒冷季节，仔猪，尤其是断乳后 10 天左右的仔猪最敏感多发。病猪和带菌猪是主要的传染源，呼吸道是主要的传播途径，也可经消化道感染，常与其他疾病混合感染，加速疾病的发生。

【临诊症状】 临诊症状取决于炎性损伤的部位，在高度健康的猪群，发病很快，接触病原后几天内就发病。临诊症状包括发热、食欲减退、厌食、反应迟钝、呼吸困难、咳嗽、疼痛（尖叫）、关节肿胀、跛行、颤抖、共济失调、可视黏膜发绀、侧卧、消瘦和被毛凌乱，随之可能死亡。急性感染后可能留下后遗症，即母猪流产、公猪慢性跛行。即使应用抗生素治疗感染母猪，分娩时也可能引发严重疾病，哺乳母猪的慢性跛行可能引起母性行为极端弱化。

【病理变化】 眼观病变主要是在单个或多个浆膜面，可见浆液性和化脓性纤维蛋白渗出物，包括腹膜、心包膜和胸膜，损伤也可能涉及脑和关节表面，尤其是腕关节和跗关节。在显微镜下观察渗出物，可见纤维蛋白、中性粒细胞和较少量的巨噬细胞。副猪嗜血杆菌也可能引起急性败血症，在不出现典型的浆膜炎时就呈现发绀、皮下水肿和肺水肿，乃至死亡。此外，副猪嗜血杆菌还可能引起筋膜炎、肌炎以及化脓性鼻炎等。

【诊断】 根据流行病学调查、临诊症状和病理变化，结合对病畜的治疗效果，可对本病做出初步诊断，确诊有赖于细菌学检查。但细菌分离培养往往很难成功，因为副猪嗜血杆菌十分娇嫩。因此在诊断时不仅要对有严重临诊症状和病理变化的猪进行尸体剖检，还要对处于疾病急性期的猪在应用抗生素之前采集病料进行细菌的分离鉴定。根据副猪嗜血杆菌 16S rRNA 序列设计引物对原代培养的细菌进行 PCR 可以快速而准确地诊断出副猪嗜血杆菌病。另外，还可通过琼脂扩散试验、补体结合试验和间接血凝试验等血清学方法进行确诊。

鉴别诊断应注意与其他败血性细菌感染相区别，能引起败血性感染的细菌有链球菌、巴氏杆菌、胸膜肺炎放线杆菌、猪丹毒丝菌、猪放线杆菌、猪霍乱沙门杆菌及大肠埃希菌等。另外，3~10 周龄猪的支原体多发性浆膜炎和关节炎也往往出现与副猪嗜血杆菌感染相似的损伤。

【防制措施】

1. 预防

（1）由于各种菌株的致病力和血清型不同，不可能有一种灭活疫苗同时对所有的致病菌株产生交叉免疫力。

（2）加强管理为主，做好圈舍的防寒保暖、通风换气、清洗消毒工作，保持清洁卫生，供给全价优质的饲料，提高机体抵

抗力。

2. 治疗

(1) 泰乐菌素注射液，肌内注射，每千克体重 5~13 毫克，每天 2 次，连用 7 天。

(2) 氟苯尼考注射液，肌内注射，每千克体重 20 毫克，48 小时 1 次，连用 2 次。

(3) 泰乐菌素+磺胺二甲嘧啶预混剂，混饲，每 1 000 千克饲料 100 克，连用 5~7 日。

(4) 硫酸庆大小诺霉素注射液，肌内注射，一次量，每千克体重 1~2 毫克，每日 2 次。

七、猪布鲁杆菌病

该病分布于世界各地，或者说只要有猪存在的地方就有该病的发生。在中国南部该病主要由 3 亚型引起，在新加坡该病主要由 1 亚型引起。

【病原】 猪布鲁杆菌 1 和 3 亚型的宿主是猪，这两个亚型在世界上广泛分布。猪布鲁杆菌是唯一一种能引起多系统功能障碍的布鲁杆菌，并且能在猪上引起繁殖障碍。

【流行病学】 本病无明显的季节性。易感动物较多，如牛、猪、山羊、绵羊等，后备猪易感。病猪和带菌猪是主要的传染源，病原菌随精液、乳汁、流产胎儿、胎衣、子宫阴道分泌物等排出体外，主要经消化道感染，也可在配种时通过皮肤、黏膜感染。

【临床症状】 不同种群感染布鲁杆菌后，其临床症状差别很大。大多数种群感染布鲁杆菌后不表现任何症状。猪布鲁杆菌病的典型症状是流产、不孕、睾丸炎、瘫痪和跛行。感染猪表现出间歇热。表现临床症状时间很短，死亡率很低。

流产可以发生在妊娠的任何时候，主要同感染时间有关。引发的流产率很高。感染布鲁杆菌猪流产最早的报道发生在妊娠 17

天。早期的流产通常被忽视，而只有大批的妊娠后流产才容易引起注意。早期流产阴道的分泌物较少，也是未能引起注意的原因之一。妊娠 35 或 40 天后再感染布鲁杆菌，则会在妊娠晚期流产。

少部分母猪在流产后阴道会有异常分泌物，而这可能持续到 30 月之久。然而，大多数都仅持续 30 天左右。临床上，异常的阴道分泌物多出现在妊娠前就有子宫内感染时发生，大多数的母猪都会自愈。

母猪在流产、分娩或哺育后感染仅会持续很短的一段时间，在经过 2~3 个发情期后，其生殖能力就会恢复。

生殖器感染在公猪中更常见。一些感染的公猪很难自愈。在一些雄性生殖腺内的病理学改变比在母猪子宫中引起的更广泛。受到感染的公猪可能引起不育症。两个睾丸及生殖腺受到感染，而使得精液中含有布鲁杆菌。

在吃奶和断奶仔猪中如有感染，则易出现瘫痪和跛行，而各个年龄段的猪感染后均可能出现瘫痪和跛行症状。

【病理特点】 感染布鲁杆菌病猪的宏观病理变化差别很大，包括器官脓肿及黏膜脱落等。一般来说，组织病理学改变主要包括性腺内有大量白细胞渗出、子宫内膜等组织的细胞增生。胎盘组织会出现化脓性炎症，从而导致化脓性、坏死性胎盘炎。组织病理学变化主要是上皮细胞坏死和纤维组织的弥漫性增生。

对患有布鲁杆菌病猪的肝脏进行组织病理学观察，菌血症期间在显微镜下可见到空泡样损伤。

猪布鲁杆菌感染有时也会引起骨骼的损伤。椎骨和长骨最容易受到侵害。这些损伤的部位通常临近软骨组织，也形成中心是巨噬细胞和白细胞，外周有纤维囊包裹的病变。而肾脏、脾脏、脑、卵巢、肾上腺、肺和其他受到感染的组织则容易出现慢性化脓性炎症。

【诊断】 最准确和特异的诊断方法是直接分离培养布鲁杆

菌。实践已经证明利用病死畜的淋巴结分离细菌的方法确诊比血清学诊断要有效得多。

检查受到感染猪体内是否含有猪布鲁杆菌抗原的方法也已经比较成熟，如利用荧光抗体检测：技术（FA）也可以进行诊断。近来一些新兴的检测方法也可望用于布鲁杆菌的诊断，如PCR方法等也有望用于有些特定的样品。

利用检测抗体的血清学方法是目前最常规的用于检测猪布鲁杆菌病的方法，但检测结果可信度差。

【防制措施】

1. 预防

（1）加强管理，定期检疫。对5月龄以上的猪进行检疫，经免疫的猪，1~2.5年后再进行检疫，疫区每年检疫2次。

（2）严格消毒，进行无害化处理。制定严格的消毒制度，对流产的胎儿、胎衣、粪便及被污染的垫草等杂物要进行深埋或生物热发酵处理。对检疫为阳性的猪立即屠宰，做无害化处理。

（3）免疫预防。接种猪二号弱毒菌苗，任何年龄的猪都能接种，严格按照说明书使用。种公猪不免疫，每半年检疫1次，阳性猪立即淘汰。

（4）隔离封锁。发现本病，立即隔离封锁，严禁人员流动，严格消毒，扑杀病猪，做无害化处理。待全场无临床症状出现后进行检疫，发现阳性猪实行淘汰，3~6个月检疫2次，2次全部为阴性的猪群可认为已根除本病。

2. 治疗　无特效药，可用青霉素。

八、猪副伤寒

猪副伤寒又称猪沙门杆菌病，由于它主要侵害2~4月龄仔猪，也称仔猪副伤寒，是一种较常见的传染病。临床上分为急性和慢性两型。急性型呈败血症变化；慢性型在大肠发生弥漫性纤维素性坏死性肠炎变化，表现慢性下痢，有时发生卡他性或干酪性肺炎。

【病原】 猪副伤寒病原体是猪霍乱沙门杆菌和猪伤寒沙门杆菌，属革兰氏阴性杆菌，不产生芽孢和荚膜，大部分菌有鞭毛，能运动。此类菌常存在于病猪的各脏器及粪便中，对外界环境的抵抗力较强，在粪便中可存活1~2个月，在垫草上可存活8~20周，在冻土中可以过冬，在10%~19%食盐腌肉中能生存75天以上。但对消毒药的抵抗力不强，用3%来苏水、福尔马林等能将其杀死。

【流行特点】 本病主要发生于密集饲养的断奶后的仔猪，成年猪及哺乳仔猪很少发生。其传染方式有两种：一种是由于病猪及带菌猪排出的病原体污染了饲料、饮水及土壤等，健康猪吃了这些被污染的食物而感染发病；另一种是病原体存在于健康猪体内，但不表现症状，当饲养管理不当、寒冷潮湿、气候突变、断乳过早，或有其他传染病或寄生虫病侵袭，使猪的体质减弱，抵抗力降低时，病原体即乘机繁殖，毒力增强而致病。本病呈散发，若有恶劣因素的严重刺激，也可呈地方流行。

【临床症状】 潜伏期3~30天。临床上分为急性型和慢性型。

1. 急性型（败血型） 多见于断奶后不久的仔猪。病猪体温升高（41~42℃）、食欲减退、精神沉郁、病初便秘、以后下痢，粪便恶臭，有时带血，常有腹部疼痛症状，弓背尖叫。耳部、腹部及四肢皮肤呈深红色，后期呈青紫色。最后病猪呼吸困难、体温下降、偶尔咳嗽、痉挛，一般经4~10天死亡。

2. 慢性型（结肠炎型） 此型最为常见，多发生于3月龄左右猪，临床表现与肠型猪瘟相似。体温稍高、精神不振、食欲减退、反复下痢、粪便呈灰白色、淡黄色或暗绿色，形同粥状，有恶臭，有时带血和坏死组织碎片，以后逐渐脱水消瘦，皮肤上

出现弥漫性湿疹。有些病猪发生咳嗽，病程 2～3 周或更长，最后衰竭死亡。

【病理变化】

1. 急性型　主要是败血症变化，耳及腹部皮肤有紫斑。淋巴结出现浆液性和充血出血性肿胀；心内膜、膀胱、咽喉及胃黏膜出血；脾肿大，呈橡皮样暗紫色；肝肿大，有针尖大至粟粒大灰白色坏死灶；胆囊黏膜坏死；盲肠、结肠黏膜充血、肿胀，肠壁淋巴小结肿大；肺水肿，充血。

2. 慢性型　主要病变在盲肠和大结肠。肠壁淋巴小结先肿胀隆起，以后发生坏死和溃疡，表面被覆有灰黄色或淡绿色麸皮样物质，以后许多小病灶逐渐扩大融合在一起，形成弥漫性坏死，肠壁增厚。肝、脾及肠系膜淋巴结肿大，常见到针尖大至粟粒大的灰白色坏死灶，这是猪副伤寒的特征性病变。肺偶尔可见卡他性或干酪样肺炎病变（图 5-19、图 4-20）。

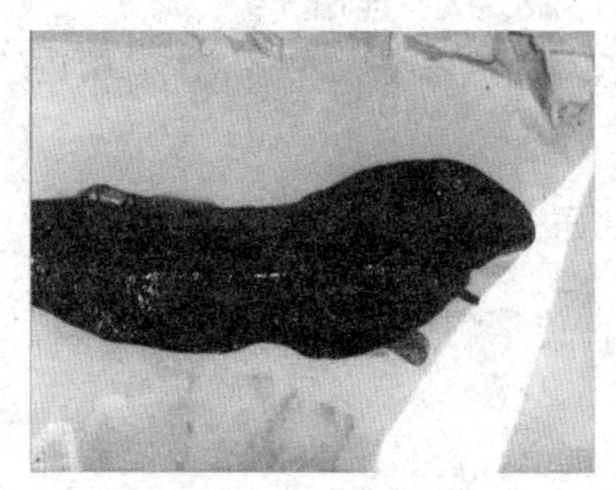

图 5-19　脾脏肿大

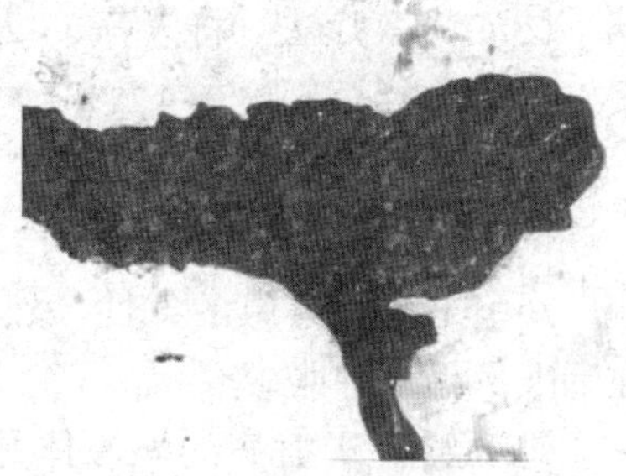

图 5-20　大肠黏膜表面有糠麸样的伪膜

【诊断】

1. 实验室诊断　对急性型病例诊断有困难时，可采取肝、脾等病料做细菌分离培养鉴定。也可做免疫荧光试验。

2. 鉴别诊断　本病应与猪瘟、猪痢疾相区别。

【防制措施】

1. 预防 加强饲养管理，初生仔猪应争取早吃初乳。断奶分群时，不要突然改变环境，猪群尽量分小一些，在断奶前后（1月龄以上）应口服或肌内注射仔猪副伤寒弱毒冻干菌苗等预防。

发病后，将病猪隔离治疗，被污染的猪舍应彻底消毒。病愈猪多数带菌，应予以淘汰。病死的猪不能食用，以防食物中毒。未发病的猪可用药物预防，在每吨饲料中加入金霉素0.1千克，有一定的预防作用。

2. 治疗

（1）抗生素疗法。常用的是盐酸恩诺沙星、卡那霉素等抗生素，用量按说明。

（2）磺胺类疗法。磺胺增效合剂疗效较好。磺胺甲基异噁唑20~40毫克/千克体重，加甲氧苄啶，用量4~8毫克/千克体重，混合后分2次内服，连用1周。或用复方新诺明，用量70毫克/千克体重，首次加倍，每日内服2次，连用3~7天。

（3）大蒜疗法。将大蒜5~25克捣成蒜泥，或制成大蒜酊内服，1日3次，连服3~4天。

九、猪炭疽

炭疽是人兽共患的急性、烈性传染病。猪炭疽多为咽喉型，在咽喉部显著肿胀。

【病原】 炭疽病的病原体是炭疽杆菌。该菌为革兰氏阳性的大杆菌，在体内的细菌能在菌体周围形成很厚的荚膜；在体外细菌能在菌体中央形成芽孢，它是唯一有致病性的需氧芽孢杆菌。芽孢具有很强的抵抗力，在土壤中能存活数十年，在皮毛和水中能存活4~5年。煮沸需15~25分钟才能杀死芽孢。消毒药物中以碘溶液、过氧乙酸、高锰酸钾及漂白粉对芽孢的杀死力较强，所以临床上常用20%漂白粉、0.1%碘溶液、0.5%过氧乙酸

作为消毒剂。

【流行特点】 各种家畜及人均有不同程度的易感性，猪的易感性较低。病畜的排泄物及尸体污染的土壤中，长期存在着炭疽芽孢，当猪食入含大量炭疽芽孢的食物（如被炭疽污染的骨粉等）或吃了感染炭疽的动物尸体时，即可感染发病。本病多发生于夏季，呈散发或地方性流行。

【临床症状】 潜伏期一般为2~6天。根据侵害部位分以下几型。

1. 咽喉型 主要侵害咽喉及胸部淋巴结。开始咽喉部显著肿胀，渐渐蔓延至头、颈，甚至胸下与前肢内侧。体温升高，呼吸困难，精神沉郁，不吃食，咳嗽，呕吐。一般在胸部水肿出现后24小时内死亡。

2. 肠型 主要侵害肠黏膜及其附近的淋巴结。临床表现为不食、呕吐、血痢、体温升高，最后死亡。

3. 败血型 病猪体温升高，不吃食，行动摇摆，呼吸困难，全身痉挛，嘶叫，可视黏膜蓝紫，1~2天死亡。

【病理变化】 咽喉型病变部呈粉红色至深红色，病灶与健康部分界限明显，淋巴结周围有浆液性或浆液出血性浸润。转为慢性时，呈出血性坏死性淋巴结炎变化，病灶切面致密，发硬发脆，呈一致的砖红色，并有散在坏死灶。肠型主要病变为肠管呈暗红色，肿胀，有时有坏死或溃疡，肠系膜淋巴结潮红肿胀。败血型病理剖检时，血液凝固不良、天然孔出血，血液呈黑红色的煤焦油样，咽喉、颈部、胸前部的皮下组织有黄色胶样浸润，各脏器出血明显，实质器官变性，脾脏肿大，呈黑红色。

炭疽病畜一般不做病理解剖检查，防止尸体内的炭疽杆菌暴露在空气中，形成炭疽芽孢，变成永久的疫源地。

【诊断】

1. 实验室检查 先从耳尖采血涂片染色镜检。对咽喉部肿胀的病例，可用煮沸消毒的注射器穿刺病变部，抽取病料，涂片染色镜检。采完病料后，用具应立即煮沸消毒。染色方法可用姬姆萨染色法或瑞特染色法，也可用碱性亚甲蓝染色液染色，镜检时应多看一些视野，若发现具有荚膜、单个、成双或成短链的粗大杆菌，即可确诊。也可进行环状沉淀试验和免疫荧光试验。

2. 类症鉴别 咽喉部肿胀的炭疽病例与最急性猪肺疫相似，但最急性猪肺疫有明显的急性肺水肿症状，口鼻流泡沫样分泌物，呼吸特别困难，从肿胀部抽取病料涂片，用碱性亚甲蓝染色液染色镜检，可见到两端浓染的巴氏杆菌。

【防制措施】

1. 预防 炭疽是一种烈性传染病，不仅危害家畜，也威胁人类健康。因此，平时应加强对猪炭疽的屠宰检验。发生本病后，要封锁疫点，病死猪和被污染的垫料等一律烧毁，被污染的水泥地用20%漂白粉或0.1%碘溶液等消毒，若为土地，则应铲除表土15厘米，被污染的饲料和饮水均需更换，猪场内未发病猪和猪场周围的猪一律用炭疽芽孢苗注射。弱毒炭疽芽孢苗，每只猪皮下注射0.5毫升；第二号炭疽芽孢苗，每只猪皮下注射1毫升。最后1只病猪死亡或治愈后15天，再未发现新病猪时，经彻底消毒后可以解除封锁。

2. 治疗 临床上确诊后再行治疗时已经太晚，难以收到预期效果，所以第1个病例都会死亡，从第2个病例起，应尽早隔离治疗，用青霉素40万~100万单位静脉注射，每日3~4次，连续5天，可以收到一定效果。如有抗炭疽血清同时应用，效果更佳。此外，土霉素等也有较好的疗效。

十、猪密螺旋体痢疾

猪密螺旋体痢疾又称猪痢疾或猪血痢，是一种危害严重的猪肠道传染病。其特征为大肠黏膜发生卡他性出血性炎，进而发展

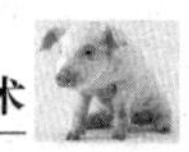

为纤维素性坏死性炎。主要症状为黏液性或黏液出血性下痢。

【病原】 猪痢疾的原发性病原体为猪痢疾密螺旋体，大肠内固有的厌氧菌能协助螺旋体定居，使病变趋于严重化。猪痢疾密螺旋体有4~6个弯曲，两端尖锐，呈螺旋状，长6~8微米，有运动力，革兰氏染色阴性，能产生溶血素和有毒性的脂多糖。猪痢疾密螺旋体对外界环境有较强的抵抗力，在25℃粪内能存活7天，在4℃土壤中能存活18天。对消毒药的抵抗力不强，一般的消毒药能迅速将其杀死。

【流行特点】 本病只发生于猪，最常见于断奶后正在生长发育的猪，仔猪和成猪较少发病。病猪、临床康复猪和无症状的带菌猪是主要传染源，经粪便排菌，病原体污染环境和饲料，饮水后，经消化道感染。易感猪与临床康复70天以内的猪同群时，仍可感染发病。在隔离病猪群与健康猪群之间，可通过饲养员的衣、鞋等污染而传播。此外，小鼠和犬感染后也可排菌。

本病的发生无季节性，传播缓慢，流行期长，可长期危害猪群。各种应激因素，如阴雨潮湿，猪舍积粪，气候多变，拥挤，饥饿，运输及饲料变更等，均可促进本病发生和流行。因此，本病一旦传入猪群，很难肃清。在大面积流行时，断乳后的生长发育猪的发病率可高达90%，经过合理治疗，病死率较低，一般为5%~25%。

【临床症状】 潜伏期长短不一，一般为7~14天。本病的主要症状是轻重程度不等的腹泻。在污染的猪场，几乎每天都有新病例出现。病程长短不一，偶尔可见最急性病例，病程仅数小时，或无腹泻症状而突然死亡。大多数呈急性型，初期排出黄色至灰色的软便。病猪精神沉郁，食欲减退，体温升高（40.0~40.5℃）。当持续下痢时，可见粪便中混有黏液、血液及纤维素碎片，使粪便呈油脂样或胶冻状，呈棕色、红色或黑红色，病猪弓背吊腹，脱水，消瘦，虚弱而死亡或转为慢性型，病程1~2

周。慢性病猪表现时轻时重的黏液出血性下痢，粪呈黑色（称黑痢）。病猪生长发育受阻，高度消瘦。部分康复猪经一定时间还可复发，病程在2周以上。

【病理变化】 病死猪解剖病变主要在大肠（结肠、盲肠），而小肠没有病变。急性期病猪的大肠壁和大肠系膜充血、水肿，当病情进一步发展时，大肠壁水肿减轻，而黏膜炎症逐渐加重，由黏液性出血性炎症发展至出血性纤维素性炎症，表层黏膜坏死，形成黏液纤维蛋白伪膜。病变分布部位不定，可能分布于整个大肠部分或仅侵害部分肠段。病的后期，病变区扩大，呈广泛分布。

【诊断】

1. 实验室诊断 常用镜检法。取新鲜粪便（最好为带血丝的黏液）少许，或取大肠黏膜直接抹片，在空气中自然干燥后经火焰固定，以草酸结晶紫液、姬姆萨染色液或复红染色液染色3~5分钟，水洗阴干后，在显微镜下观察，可看到猪痢疾密螺旋体。最可靠的方法是采取大肠病变部一段，两端结扎，送实验室进行病原体的分离培养和鉴定。

对猪群检疫，常用凝集试验，也可用酶联免疫吸附试验或间接血凝试验。猪感染后2~3周出现凝集抗体，4~7周达高峰，可维持12~13周。

2. 鉴别诊断 本病应与猪副伤寒、传染性胃肠炎、流行性腹泻、仔猪红痢、仔猪白痢、仔猪黄痢等病鉴别。

【防制措施】

1. 预防 本病尚无菌苗。在饲料中添加上述药物，可控制本病发生，减少死亡，起到短期的预防作用。彻底消灭本病主要是采取综合性防制措施。禁止从疫区引进种猪；必须引进种猪时，要隔离检疫1个月；在无本病的地区或猪场，一旦发现本病，最好全群淘汰，对猪场彻底清扫和消毒，并空圈2~3个月，经严格检

疫后再引进新猪。这样重建的猪群可能根除本病。当病猪数量多、流行面广时，可用微量凝集试验或其他方法进行检疫，对感染猪群实行药物治疗，无病猪群实行药物预防，经常性地彻底消毒，及时清除粪便，改进饲养管理，以控制本病的发生。

据报道，有的病猪场采取下列净化措施，收到了良好的效果。每千克饲料加 1 000 毫升血痢净（主含痢菌净），连喂 30 天；不吃料的乳猪灌服 0.5%痢菌净溶液，每千克体重 0.25 毫升，每天 1 次。每周用消毒灵对猪舍和环境消毒 1 次。每月灭鼠 1 次。封锁 3 个月。

2. 治疗 药物治疗有较好的效果，但停药 2~3 周后，又可复发，较难根治。

（1）痢菌净。治疗量，口服每千克体重 5 毫克，每天 2 次，连用 3~5 天。预防量，每吨饲料 0.05 千克，可连续使用。

（2）二甲硝基咪唑。治疗用 250 毫克/升水溶液饮用，连续 5 天。预防量每吨饲料加 0.1 千克。

（3）异丙硝哒唑。治疗用 50 毫克/升水溶液，饮用 7 天。预防量为每吨饲料加 0.05 千克。

（4）维吉尼霉素。治疗量为每吨饲料加 0.1 千克，连用 14 天。预防量减半。

（5）硫酸新霉素。治疗量为每吨饲料加 0.3 千克，连用 3~5 天。

十一、猪附红细胞体病

猪附红细胞体病是猪及多种家畜共患的传染病，人也感染。临床特征是呈现急性黄疸、贫血和发热。

【病原】 猪附红细胞体病的病原体是猪附红细胞体，属立克次体目，寄生于红细胞，也可游离在血浆中。附红细胞体对干燥和化学药品的抵抗力很低，但耐低温，在 5℃下能保存 15 天，在加15%甘油的血液中，于-79℃条件下可保存80天。

【流行特点】 不同年龄和品种的猪均易感，仔猪的发病率和病死率较高，其传播途径尚不清楚。由于附红细胞体寄生于血液内，又多发生于夏季，因此，认为本病的传播与吸血昆虫有关。另外，注射针头、手术器械、交配等也可能传播本病。饲养管理不良、气候恶劣等应激因素或有其他疾病，可使隐性感染猪发病，症状加重。

【临床症状】 患猪主要表现为皮肤、黏膜苍白，黄疸，后期有些病猪皮肤呈红色（以耳尖和腹下多见），体温升高，精神沉郁，食欲减退。

母猪的症状分为急性和慢性两种：急性感染的症状为持续高热（40.0~41.7℃），厌食，偶有乳房和阴唇水肿，产仔后奶量少，缺乏母性行为，产后第3天起逐渐自愈；慢性感染母猪呈现衰弱，黏膜苍白及黄疸，不发情或屡配不孕，如有继发感染或营养不良，可使症状加重，甚至死亡。

【病理变化】 本病主要病理变化为贫血及黄疸。皮下脂肪黄染、血液稀薄、全身性黄疸。肝肿大变性，呈黄棕色，胆囊充盈，胆汁呈胶冻样。脾肿大变软。淋巴结水肿，有时胸腔、腹腔及心包积液。肠系膜淋巴结潮红、肿大，黄染（图5-21、图5-22）。

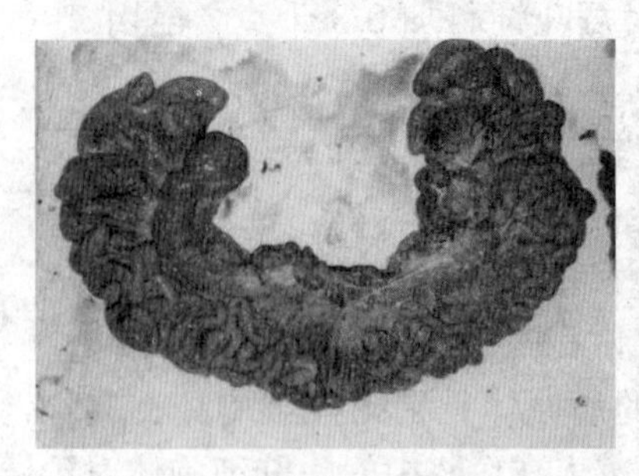

图5-21 肠系膜淋巴结潮红、肿大、黄染

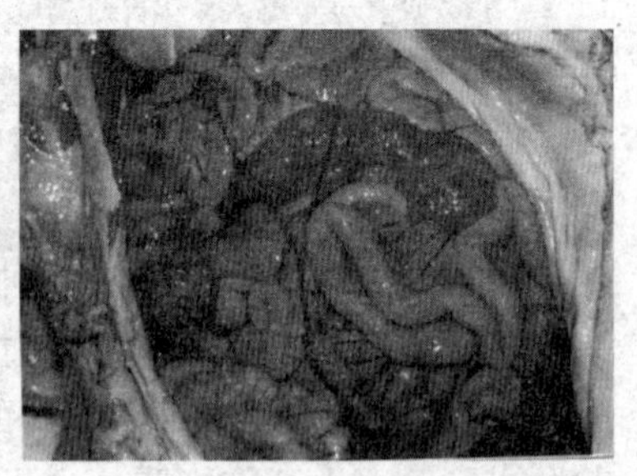

图5-22 肠系膜弥漫性黄染

【诊断】 实验室诊断：在发热期采取耳尖血，用姬姆萨染色法染色后，显微镜检查可见在红细胞内寄生的病原体，其形态为圆盘状、球状，呈蓝色。一个红细胞内寄生一个或数个不等。红细胞多发生变形呈星芒状等不规则形。

【防制措施】

1. 预防 应消除一切应激因素，治疗继发感染，提高疗效，控制本病的发生。

2. 治疗 目前，比较有效的药物有贝尼尔、新胂凡纳明、土霉素等。

（1）附红灭 0.05~0.1 毫升/千克体重，肌内注射。

（2）新胂凡纳明 10~15 毫克/千克体重，静脉注射，在 2~24 小时内，病原体可从血液中消失，在 3 天内症状也可消除。由于副作用较大，目前较少应用。

（3）铁制剂。对呈阳性反应的、初生不久的贫血仔猪，1~2 日龄注射铁制剂 200 毫克，至 2 周龄再注射同剂量铁制剂 1 次。

十二、猪水肿病

猪水肿病是由病原性大肠杆菌产生的毒素而引起的疾病。其临床特征是突然发病，头部肿胀，运动失调，惊厥和麻痹。多发生于刚断奶的仔猪，发病率虽低，死亡率却高。

【病原】 猪水肿病病原体大肠杆菌是一种革兰氏阴性的短杆菌，有鞭毛，无芽孢，易在普通琼脂上生长，形成凸起、光滑、湿润的乳白色菌落。本菌对碳水化合物发酵能力强，在麦康凯琼脂上形成红色菌落，在 SS 琼脂上多数不生长，少数形成深红色菌落。

【流行特点】 常见于肥胖的刚断奶不久的仔猪，肥育猪或 10 日龄以下的仔猪很少见。在气候骤变、饲料单一的情况下，容易诱发本病。一般呈散发，有时呈地方流行性发生。

【临床症状】 突然发病，不食，眼睑、头部、颈部水肿，严重的可引起全身水肿，指压水肿部位有压痕。发病初期有神经症状，表现为兴奋、转圈、痉挛或惊厥，运动失调，粪尿减少，有的下痢，体温不高，后期后躯麻痹，经过1~2天死亡。

【病理变化】 主要病理变化为水肿。切开水肿部位，常有大量透明或微带黄色液体流出，胃大弯部水肿最明显，大肠和肠系膜高度水肿，呈白色透明胶冻样。体表淋巴结和肠系膜淋巴结肿大。胸腔和腹腔积液。脊髓、大脑皮层及脑干部也有非炎性水肿。

【诊断】 根据临床症状和病理变化，结合流行情况可做出诊断。

1. 综合诊断 病猪眼睑水肿，叫声嘶哑，共济失调，渐进性麻痹，胃贲门、胃大弯及结肠系膜胶样水肿，淋巴结肿胀等特点，可做出诊断。

2. 鉴别诊断 本病应注意与伪狂犬病、李氏杆菌病、巴氏杆菌病、链球菌病及贫血性水肿、缺硒性水肿等病相区别。

【防制措施】

1. 预防 应加强仔猪断奶前后的饲养管理，防止饲料单一化，补充富含无机盐类和维生素的饲料，断奶时不要突然改变饲养条件。在哺乳母猪饲料中添加硒和维生素能显著降低猪水肿病的发病率。发现病猪时，可在饲料内添加适量的抗菌药物，如土霉素，用量5~20毫克/千克，也可添加磺胺类药物及大蒜。大蒜的用量为：每日每头仔猪0.01千克左右，连用3天。

2. 治疗 出现症状后再治疗一般难以治愈。应在发现第一个病例后，立即对同窝仔猪进行预防性治疗。对病猪可试用以下处方：卡那霉素（25毫克/毫升）2毫升、5%碳酸氢钠30毫升、25%葡萄糖液40毫升，混合后1次静脉注射，每天2次；同时，肌内注射维生素C（100毫克）2毫升，每天2次。也可用乙酰

环丙沙星、恩诺沙星治疗，用法用量按说明书。

十三、仔猪黄痢、白痢

仔猪黄痢是初生仔猪 3 日龄发生的一种急性、致死性传染病，以排黄色稀粪为其临床特征的疾病。仔猪白痢是 2~3 周龄仔猪发生的以排灰白色、浆糊样稀粪为特征的疾病，发病率和病死率均很高。

【病原】 仔猪黄痢、仔猪白痢的病原体为致病性大肠杆菌，是养猪场常见的传染病。

【流行特点】 仔猪黄痢主要发生于 3 日龄左右的乳猪，7 日龄以上的乳猪发病极少。仔猪白痢往往发生于 2~3 周龄。一年四季均可发生，环境卫生的好坏与本病的发生有直接关系，母猪携带致病性大肠杆菌也是发生本病的重要因素。

【临床症状】 最急性型，看不到明显症状，往往突然死亡。病程稍长，排黄色、白色稀粪，含有凝乳小片，肛门松弛，捕捉时从肛门冒出稀粪（图 5-23）。病猪精神不振，不吃奶，很快消瘦、脱水，最后衰竭而死。

【病理变化】 颈部、腹部皮下常有水肿，肠内有多量黄色液状内容物和气体，肠黏膜有急性卡他性炎症，肠腔扩张。肠壁很薄，肠黏膜呈红色，病变以十二指肠最为严重，空肠和回肠次之，结肠较轻。肠系膜淋巴结有弥漫性小出血点。肝、肾有小的坏死灶。

【诊断】 根据其流行情况和症状，一般可做出诊断。

1. 实验室检查　采取小肠前段的内容物，送实验室进行细菌分离培养和鉴定。

2. 鉴别诊断　本病应与猪传染性胃肠炎、猪流行性腹泻、猪痢疾等相鉴别。

图 5-23 粪便呈灰白或黄白色，浆状、糊状

【防制措施】

1. 预防 改善母猪的饲料质量，保持环境卫生和产房温度。产仔圈舍用火焰喷灯彻底消毒。母猪临产前，对产房彻底清扫、冲洗、消毒，垫上干净垫草。临产当天把母猪乳头、乳房和胸腹部洗净，并用0.1%高锰酸钾液消毒，而后挤掉头几滴奶，再放入仔猪哺乳，争取初生仔猪尽早哺喂初乳，使仔猪迅速获得母源抗体，增强抵抗力。在分娩后头 3 天要每天清扫产房 2~3 次，保持清洁干燥。同时按程序进行预防注射疫苗。

2. 治疗 一旦发病，应对全群进行紧急预防性治疗。

（1）抗生素和磺胺药物疗法。庆大霉素每次 4~11 毫克/千克体重，每天 2 次，口服；4~7 毫克/千克体重，每天 1 次，肌内注射。环丙沙星，2.5~10.0 毫克/千克体重，每天 2 次，肌内注射。大观霉素，25 毫克/千克体重，1 日 2 次，口服。磺胺脒 500 毫克加甲氧苄啶 100 毫克，研末，每次 5~10 毫克/千克体重，每天 2 次。上述药物均需连用 3 天以上。

（2）微生态制剂疗法。促菌生、乳康生和调痢生三者都有

调整肠道内菌群平衡预防和治疗仔猪黄痢、仔猪白痢的作用。促菌生于仔猪吃奶前2~3小时，喂3亿活菌，以后每日1次，连服3次。与药用酵母同时喂服，可提高疗效。乳康生于仔猪出生后每天早晚各服1次，连服2天，以后每隔1周服用1次，可服6周，每头仔猪每次服500毫克（1片）。调痢生100~150毫克/千克，每天1次，连用3天。但要注意：在服用微生态制剂期间，禁止服用抗菌药物。

第三节　常见猪寄生虫病的防制

一、猪弓形体病

【流行病学】 本病秋末、冬季发病率高。病畜和带虫动物是主要的感染源，它们的粪便、尿液、唾液、乳汁、痰、腹腔液、淋巴结、眼分泌物、肉、蛋、胎盘、流产分泌物及流产胎儿体内和急性期血液内都有滋养体，许多昆虫、蚯蚓和吸血昆虫都可能成为感染源。本病的传播途径较多，可经过消化道、呼吸道、眼结膜和皮肤感染，母体可经胎盘感染。

【临床症状】 精神不振，厌食，食欲废绝，发烧（40.5~42℃），呈稽留热。呼吸困难，常呈腹式呼吸或犬坐式呼吸。便血或下痢，消瘦。咳嗽、呕吐，鼻腔流出水样或黏液样鼻液。皮肤有紫红色斑，间或有小点出血，耳部发绀，体表淋巴，尤其是腹股沟淋巴结明显肿大。后躯摇晃，卧地不起，共济失调，视力减退、失明，怀孕母猪可发生流产，产死胎、弱仔。

【病理变化】 皮肤呈弥漫性紫红色或可见大的出血结痂斑点。肺脏肿大，呈暗红色，间质增宽，表面带有光泽，有针尖至粟粒大的出血点和灰白色病灶，切面流出多量粉色混浊带泡沫的液体。肝脏肿大、硬，有针尖大至黄豆大的大小不一的灰白色或灰黄色坏死灶，并有针尖大出血点。胆囊黏膜表面有轻度出血和小的坏死灶。全身淋巴结肿大，切面外翻，多数有粟粒大的灰白色或灰黄色坏死灶及大小不等的出血点。心肌肿胀，脂肪变性，有粟粒大灰白色坏死灶。脾脏肿大不一，有的高度肿大呈镰刀形，被膜下有丘状出血点及灰白色小坏死灶，切面呈暗红色，白髓不清，小梁较明显，见有粟粒大灰白色坏死灶。肾脏黄褐色，除去被膜后表面有针尖大出血点和粟粒大灰白色坏死灶，切面增厚，皮髓质界限不清，也有灰白色坏死灶。胃黏膜稍肿胀，潮红充血，尤以胃底部较明显，并有针尖样出血点或条状出血。肠黏膜充血、潮红、肿胀，并有出血点和出血斑。有的病例在盲肠和结肠有少数散在的大小不一的浅平的溃疡灶。膀胱黏膜有小出血点。胸腔、腹腔及心包有积水（图 5-24、图 5-25、图 5-26）。

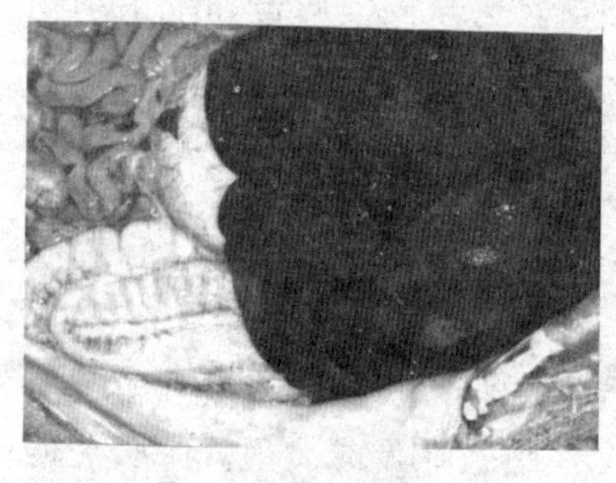

图 5-24 肝脏有坏死灶

图 5-25 肾脏呈黄褐色，有坏死灶

【防制措施】

1. 预防

（1）猪场严禁养猫，做好防猫灭鼠工作。

（2）对病猪的排泄物及流产胎儿、胎衣要做无害化处理，被污染的场地要严格消毒。

（3）严禁饲喂屠宰下脚料和生喂泔水，要做好人的防护。

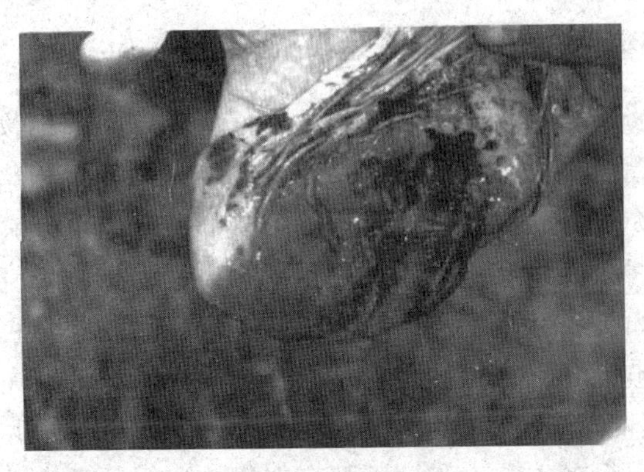

图 5-26　胃溃疡

2. 治疗　及早发现，早期治疗。用药较晚则效果不理想。

（1）磺胺嘧啶，片剂，口服初次量 0. 14 ~ 0. 2 克/千克体重，维持量 0. 07 ~ 0. 1 克/千克体重，每天 2 次。针剂，静脉或肌内注射，0. 07 ~ 0. 1 克/千克体重，每天 2 次，连用 3 ~ 4 天。

（2）磺胺嘧啶+甲氧苄啶：肌内注射，前者 0. 07 克/千克体重，后者 0. 014 克/千克体重，每天 2 次，连用 3 ~ 5 天。

（3）磺胺嘧啶+二甲氧苄啶（敌菌净）：肌内注射，前者 0. 07 克/千克体重，后者 6 毫克/千克体重，每天 2 次，连用3 ~ 5 天。

（4）磺胺间甲氧嘧啶（磺胺-6-甲氧嘧啶）：内服，首次量 0. 05 ~ 0. 1 克/千克体重，维持量 0. 025 ~ 0. 05 克/千克体重，每天 2 次，连用 3 ~ 5 天。

（5）增效磺胺-5-甲氧嘧啶注射液：内含 10%磺胺-5-甲氧嘧啶和 2%甲氧苄啶，用量每 10 千克体重不超过 2 毫升，每天 1 次，连用 3 ~ 5 天。

二、猪棘球蚴病

棘球蚴病是由寄生于狗、猫、狼、狐狸等肉食动物小肠内的带科棘球属的细粒棘球绦虫的幼虫——棘球蚴寄生于猪，也寄生于牛羊和人等肝、肺及其他脏器而引起的一种绦虫蚴病。

本病对人畜危害极大，可严重影响患畜的生长发育，甚至造成死亡。而且寄生有棘球蚴的肝、肺及其他脏器按卫生检疫规定，均应被废弃，加以销毁，从而造成很大的经济损失。

【流行病学】 本病流行广泛，呈全球性分布，世界上许多国家，国内很多省、市和地区都有本病的流行，其中绵羊的感染率最高，猪也常有发生。

细粒棘球绦虫卵在外界环境中可以长期生存，在0℃时能生存116天之久，高温50℃时1小时死亡，对化学物质也有相当的抵抗力，阳光直射易使之致死。

猪感染棘球蚴病主要是吞食狗和猫粪便中的细粒棘球绦虫卵而感染棘球蚴病。人们有时用寄生有棘球蚴的牛、羊、猪的肝、肺等组织器官的肉喂狗、喂猫或处理不当被狗、猫食入，而感染细粒棘球绦虫病。反过来，寄生有细粒棘球绦虫的狗、猫到处活动而把虫卵散布到各处，特别是在猪的圈舍内养狗和猫，或是饲养人员把狗、猫带到猪舍，都大大增加了虫卵污染环境、饲料、饮水及猪场的机会，加之有的猪放牧或散放，自然也就增加了猪与虫卵接触和食入虫卵的机会而感染棘球蚴病。

【临床症状】 轻微感染和感染初期不出现临床症状。严重感染，如寄生于肺，可表现慢性呼吸困难和咳嗽。如肝脏感染严重，叩诊时浊音区扩大，触诊病畜浊音区表现疼痛，当肝脏容积增大时，腹右侧膨大，由于肝脏受害，患畜营养失调，表现消瘦，营养不良等。

猪感染棘球蚴病时，不如绵羊和牛敏感，表现体温升高，下

痢，明显咳嗽，呼吸困难，甚至死亡。猪在临床上常无明显的症状，有时在肝区及腹部有疼痛表现，患猪有不安痛苦的鸣叫声。

【病理变化】 猪的棘球蚴主要见于肝，其次见于肺，少见于其他脏器。肝表面凸凹不平，有时可明显看到棘球蚴显露表面，切开液体流出，将液体沉淀后在显微镜下可见到许多生发囊和原头蚴（不育囊例外），有时肉眼也能见到液体中的子囊，甚至孙囊。另外也可见到已钙化的棘球蚴或化脓灶。

【诊断】

（1）可根据临床表现，结合流行病学分析，做出初步诊断。

（2）免疫学诊断。可采用变态反应进行诊断。取新鲜棘球蚴囊液无菌过滤后，颈部皮内注射 0.1~0.2 毫升，5~10 分钟观察，如有直径 0.5~2 厘米的肿胀红斑为阳性。此法一般有 70% 的准确性，也有可能和其他绦虫蚴病发生交叉反应。

（3）尸体剖检或屠宰时，检查有无棘球蚴寄生。

【防制措施】

1. 预防

（1）禁止狗、猫进入猪圈舍和到处活动，管好狗、猫粪便，防止污染牧草、饲料和饮水。

（2）对狗、猫要定期驱虫，每年至少 4 次，驱虫药物有以下 2 种。① 氢溴槟榔碱：狗 1.5~2 毫克/千克体重，猫 2.5~4 毫克/千克体重，口服。② 氯硝柳胺（灭绦灵）：狗 400~600 毫克/千克体重，口服。

（3）屠宰牛、羊、猪，发现肝、肺及其他组织器官有棘球蚴寄生时，要进行销毁处理，严禁喂狗、喂猫。

（4）要圈养，不放牧，不散放。

2. 治疗 目前尚无有效药物，人患棘球蚴病时可进行手术摘除。

三、猪钩端螺旋体病

钩端螺旋体病也称细螺旋体病，是由致病性钩端螺旋体引起的一种人兽共患的自然疫源性传染病。猪是波摩那型钩端螺旋体的常在宿主，至少有12种不同的血清型钩端螺旋体可感染猪，最为流行的是犬型、黄疸出血型、澳洲型、波摩那型以及tarassovi型。我国从猪体内获得18个血清群，70个血清型，以波摩那型为主，分布于全国各地；其次是犬型。猪钩端螺旋体病可传染人，通常被称为养猪者病。

【流行病学】 本病有明显的季节性，7~10月雨量较大，气候温暖时多发。几乎所有的温血动物都可以感染，年龄越小发病越严重。鼠类是储存宿主，家畜中猪、水牛、牛和鸭子的感染率较高，人也可以感染。带菌的鼠类和带菌的家畜是主要的传染源，病原体主要从尿中排出，家畜和人可以互相感染。病原体主要通过皮肤、黏膜和消化道感染，也可以通过精液及吸血昆虫传播。饲养管理不善，可造成本病的发生与流行。

【临床症状】 潜伏期2~7天。

1. 急性 黄疸常见于育肥猪，发热，结膜红肿，不吃，皮肤干燥。皮肤黏膜高度苍白、发黄，耳部、头部、外生殖器的皮肤及口腔黏膜坏死，尿发黄、血尿。

2. 亚急性和慢性 多见于保育期仔猪。病猪表现为发热，采食量降低，眼结膜潮红、浮肿、发黄、苍白。全身水肿，皮肤瘙痒、发黄。尿发黄（呈浓茶色或发红），便秘、腹泻，生长缓慢。

母猪患病表现为采食量减少，低热，腹泻，怀孕母猪流产，产死胎、木乃伊胎、弱仔。

【病理变化】 皮下组织、浆膜和黏膜黄染。肝肿大，呈土黄色、棕黄色，胆囊肿大，胆汁充盈。肾脏肿大出血，有散在的

灰白色坏死灶。膀胱内有浓茶样的尿液，黏膜出血。心包内有黄色积液，心肌出血。皮肤坏死。

【诊断】 本病的临床症状和病理变化常常不典型，只能作为诊断时的参考，而确诊则需要实验室检查。实验室检查的方法是：在病猪的发热期采取血液，在无热期采取尿液或脑脊髓液，死后采取肾和肝，送实验室进行暗视野活体检查和染色检查，若发现纤细呈螺旋状，两端弯曲成钩状的病原体即可确诊。为了在组织切片上找出病原体，可采用 Levaditi 组织块镀银染色法，镜检钩体呈黑色线状，有时找不到典型的钩体而只能看到弯曲排列的颗粒，此为钩体崩解的形象。有条件时，也可采血清进行凝集溶解试验、间接荧光抗体法和补体结合试验，或做 DNA 探针技术和聚合酶链反应等。

【防制措施】

1. 预防 搞好公共卫生，做好灭鼠工作，防止水源和田间污染，搞好猪舍卫生，对病猪及带菌猪实行严格控制。做好人的防护工作，发现患病者及时治疗。

2. 治疗 大剂量青、链霉素有一定的疗效。

四、猪旋毛虫病

旋毛虫病是由毛形科的旋毛形线虫成虫寄生于小肠、幼虫寄生于横纹肌引起的一种人畜共患的寄生虫病。

【流行病学】 猪采食了未经煮熟的含有旋毛虫的肉（包括猪肉和鼠肉等）和被污染的粪便，包囊消化后，幼虫逸出，在小肠内发育为成虫，雌雄交配，雌虫钻入肠黏膜淋巴间隙产出幼虫，随血液循环到达肌肉，进入肌纤维内，逐渐卷曲形成包囊。

旋毛虫的宿主很多，包括肉食兽、杂食兽、鼠类等，人也可以感染，主要是通过吃了未经煮熟的含有旋毛虫的肉感染。

【临床症状】 严重感染时，腹泻、腹痛、呕吐、发烧、采食量减少，眼睑和四肢水肿，肌肉发痒、疼痛、痉挛。

【病理变化】 胃肠道黏膜充血、出血、肿胀。

【诊断】

1. 虫体检查

(1) 压片镜检：从膈肌脚取小块肉样，切成24小块，似麦粒大小，压片镜检，可见包囊或未形成包囊的幼虫。包囊内有1~3个螺旋状卷曲的幼虫。包囊较猪囊尾蚴的小。与肉孢子虫包囊相比，肉孢子虫包囊内有大量的香蕉形缓殖子。

(2) 动物接种：将肉样经口感染健康小白鼠，2天内扑杀。小肠内有成虫，雄虫较雌虫小，虫体细小，前端细长，占虫体的2/3，后端粗短，尾部有耳状交配叶1对，无交合刺，雌虫阴门位于食道部中央。

2. 免疫学检查 包括间接红细胞凝集试验、间接荧光抗体试验、酶联免疫吸附试验等。

【防制措施】

1. 预防 一要加强管理，不喂未经煮熟的泔水，做好灭鼠工作。二要加强屠宰检疫，不吃半生不熟的肉类，改变吃生肉的习惯，保护人类健康。

2. 治疗 丙硫咪唑，混料0.03%浓度（0.3克/千克饲料）混饲，连喂10天。噻苯咪唑，口服，每千克体重50毫克，连用5~10天。

五、猪囊尾蚴病

猪囊尾蚴病又称猪囊虫病，是由带科带属的有钩绦虫的幼虫猪囊尾蚴寄生于人、猪体内而引起的一种绦虫蚴病。猪囊虫大多寄生于猪的横纹肌内，脑、眼和其他脏器也常有寄生。猪囊虫病是人畜共患的寄生虫病。

【流行病学】 本病无明显的季节性。猪是有钩绦虫的中间

宿主，人是有钩绦虫的终末宿主，也是中间宿主。猪在放养条件下，有连茅圈、人随地大便情况时，猪吃了有钩绦虫病人粪便中的孕卵节片或虫卵，在胃肠液的作用下，卵中孵出六钩蚴，钻入肠壁小血管或淋巴管，随血液流到猪体各部，多寄生于猪的肌肉和内脏中，经2~3个月发育为具有感染能力的囊尾蚴。而人又吃了没有煮熟的带有活的囊尾蚴的猪肉而感染有钩绦虫病。还有人吃了被绦虫卵污染的食物和水，或病人呕吐把节片返到胃里，外膜及卵膜被消化放出六钩蚴而感染囊虫病。

【临床症状】 临床症状因寄生部位和受损的器官不同而异。囊尾蚴寄生于面部肌肉，表现为头肿大；寄生于眼部，表现为视力减退，甚至失明，盲目行走；寄生于四肢肌肉，表现为身体前、后躯肿大异常，中部较细，四肢不灵活，行动困难，喜欢躺卧；寄生于大脑，表现为神经症状，发生急性脑炎而突然死亡；寄生于膈肌、肋间肌、心、肺及咽、喉、舌部等肌肉时，可出现呼吸困难，声音嘶哑和吞咽困难，生长缓慢，贫血。

【病理变化】 肌肉内有米粒大小的白色囊虫，肌肉苍白水肿，切面外翻、凹凸不平；在脑、眼、心、肝、脾、肺等部，甚至淋巴结和脂肪内也可找到虫体。后期可发现钙化灶。

【诊断】 采用触摸舌头的方法，用手触摸舌面、舌下和舌根，看有无黄豆大小的结节存在，如有可以作为一个诊断指标。

实验室检验方法有炭凝集试验、酶标免疫吸附试验、间接血球凝集法、皮肤变态反应、卡红平板凝集试验和环状沉淀反应等。

【防制措施】

1. 预防 本病的防制原则是“预防为主”，做好人的卫生工作，把住病从口入关。对人的绦虫病要进行彻底的普查和治疗；管好人的粪便，有条件的进行无害化处理，杀灭虫卵；管好猪，不要让猪接触人的粪便。

2. 治疗

（1）驱除人体有钩绦虫的药物。槟榔，口服50~100克。氯硝柳胺片，咀嚼，3克，早晨一次空腹服用。

（2）治疗猪囊尾蚴的药物。吡喹酮，混饲，一次量，每千克体重10~30毫克。丙硫咪唑，混饲，一次量，每千克体重10~20毫克。

（3）治疗人囊尾蚴的药物及用法。吡喹酮，每日20毫克/千克体重，分2次口服，连服6天。

六、猪蛔虫病

猪蛔虫病是由猪蛔虫寄生于猪的小肠引起的一种常见寄生虫病，在全国各地广泛流行，主要危害3~6月龄的幼猪，能使幼猪生长发育不良，严重者常形成僵猪，甚至引起死亡，成年猪多半为带虫者。

【病原】 猪蛔虫寄生于猪小肠中，为黄白色或粉红色的大型线虫，体表光滑，雄虫长40~280毫米，尾端向腹面弯曲，雌虫长200~400毫米，尾端尖直。雌虫产出大量的虫卵，虫卵随粪便排出体外后，在适宜的温度、湿度和充足氧气的环境中发育为含幼虫的感染性虫卵。猪吞食了感染性虫卵而被感染。在小肠内幼虫逸出，钻入肠壁毛细血管，经门静脉到达肝脏后，经后腔静脉回流到左心，通过肺动脉毛细血管进入肺泡。幼虫在肺脏中停留发育，蜕皮生长后，随支气管黏液一起到达咽部并进入口腔后再次被咽下，在小肠内发育为成虫。从吞食感染性虫卵到发育为成虫，需2.0~2.5个月。猪蛔虫在宿主体内的寄生期限为7~10个月。

【流行病学】 本病无季节性，任何季节都可发生。病猪是传染源，猪蛔虫无中间宿主，虫卵随粪便排出体外，在适宜的环境中发育为含有第二期幼虫的感染性虫卵，猪采食了被污染的饲

料、饮水等，虫卵进入消化道，孵出幼虫，钻入肠壁血管，随血液经肝脏、心脏到达肺脏，进入肺泡、支气管，经咳嗽到达咽部，再被吞咽到消化道，发育为成虫，整个发育过程需 60 ~ 75 天。一条雌虫一天可产 10 万 ~ 20 万个虫卵，虫卵对外界的抵抗力很强，常用消毒液不能将其杀死。

【临床症状】　大量幼虫移行至肺脏时，引起蛔虫性肺炎，表现为咳嗽、呼吸增快、体温升高至 40℃左右、食欲减退、卧地不起及嗜酸性粒细胞增多。成虫寄生小肠时，使仔猪生长缓慢、被毛粗乱，是形成僵猪的重要原因。大量寄生时，可引起肠堵塞、肠破裂。有时蛔虫进入胆管，造成堵塞，引起黄疸症状。少数病例呈现荨麻疹、兴奋、磨牙、痉挛、角弓反张等神经症状（图 5-27）。

图 5-27　猪蛔虫病，小肠内有虫体

【病理变化】　病初解剖可见有肺炎的变化，肺表面可见出血点和暗红色斑点，肺内可见大量猪蛔虫幼虫。有的表现组织出血、坏死，形成云雾状的蛔虫斑。肠内可见肠黏膜卡他出血和溃疡。

【诊断】　对 2 个月以上的仔猪可采用直接涂片法或饱和盐水浮集法，检出粪便中的猪蛔虫卵来确诊。猪蛔虫卵，大小为

(60~70) 微米×(40~60) 微米，黄褐色或淡黄色，短椭圆形，卵壳厚，最外层为凸凹不平的蛋白膜，新排出的虫卵含1个未分裂的胚细胞。对2个月龄以内的仔猪，有肺炎病变时，可用贝尔曼法分离肺组织中的幼虫做出判断。

确定猪蛔虫是否为致死原因时，须根据剖检时的虫体数量、病变程度，结合生前症状和流行病学资料以及有无其他原发性或继发性疾病做出综合判断。一般情况下每1 000毫克粪便含有1 000个虫卵时，即可确诊为蛔虫病。

【防制措施】

1. 预防

(1) 定期驱虫。根据虫体生长发育的特点制订合理的驱虫计划，种公猪每年春秋各驱虫一次，母猪在产前驱虫，仔猪断奶时驱虫一次，以后每2个月驱虫一次，直到出栏。应用驱虫药驱虫后，粪便不能任意处理，必须经堆积发酵后方可使用，避免造成再度污染。

(2) 加强营养。根据不同猪的营养需要，供给充足的营养物质，提高猪体的抵抗力。

2. 治疗

(1) 伊维菌素预混剂，混饲，每1 000千克饲料添加2克(以伊维菌素计)，连用7天。伊维菌素注射液，皮下注射，每千克体重0.3毫克。

(2) 阿维菌素透皮剂，浇注或涂擦，一次量，每千克体重0.1毫升，由肩部向后，沿背中线浇注。

(3) 盐酸左旋咪唑片，内服，每千克体重7.5毫克。盐酸左旋咪唑注射液，肌内注射或皮下注射，每千克体重7.5毫克。磷酸左旋咪唑片，内服，每千克体重8毫克。磷酸左旋咪唑注射液，肌内注射或皮下注射，每千克体重8毫克。

(4) 敌百虫，内服，一次量，每千克体重80~100毫克，总

量不超过7克，混入饲料中喂服。

（5）芬苯达唑片、芬苯达唑粉，内服，一次量，每千克体重7.5毫克。

（6）丙硫咪唑，内服，每千克体重5~20毫克，拌料饲喂。

七、猪绦虫病

猪绦虫病是一种对幼猪危害较大的人畜共患的寄生虫病。

【病原】 猪绦虫病的病原体为克氏假裸头绦虫（曾误称盛氏许壳绦虫）。寄生于猪的小肠内，也可寄生于人体内。虫体呈乳白色，扁平带状，全长100~150厘米，由2 000个左右节片组成，节片的宽均大于长，最大宽度约为1厘米。已证实我国克氏假裸头绦虫的中间宿主为食粪性甲虫——褐蜉金龟，它在泥土结构猪圈和畜禽粪堆中广泛存在。通过人工感染试验证实，粮食害虫——赤拟谷盗也可作为它的中间宿主。

【流行特点】 猪绦虫病在我国分布很广，陕西、江苏、福建、云南、吉林等10多省市都发现有本病的存在。

【临床症状】 病猪呈现毛焦、消瘦、生长发育迟缓，严重的可引起肠道梗阻。

【病理变化】 死后可根据剖检小肠内找到的虫体而确诊。

【诊断】 生前诊断可根据粪检发现孕节或虫卵来确诊。虫卵为棕色、圆形，大小为（82.0~82.5）微米×（72~76）微米，内含明显的六钩蚴。

【防制措施】

1. 定期驱虫 可选用吡喹酮，剂量为20~40毫克/千克体重。也可用硫双二氯酚，剂量为80~100毫克/千克体重。

2. 粪便发酵杀虫 猪粪必须及时清除，并堆肥发酵杀死虫卵后再作肥料。

八、猪疥螨病

猪疥螨病俗称疥癣、癞，是一种接触性传染的寄生虫病。

【病原】 疥螨（穿孔疥虫）寄生在猪皮肤深层由虫体挖凿的隧道内。

虫体很小，肉眼不易看见，大小为0.2~0.5毫米，呈淡黄色龟状，背面隆起，腹面扁平，腹面有4对短粗的圆锥形肢；虫体前端有一钝圆形口器。疥螨的口器为咀嚼型，在宿主表皮挖凿隧道，以皮肤组织和渗出的淋巴液为食，在隧道内发育和繁殖。疥螨全部发育过程都在宿主体内度过，包括卵、幼虫、若虫、成虫4个阶段，离开宿主体后，一般仅能存活3周左右。

【流行特点】 各种年龄、品种的猪均可感染本病。主要是由于病猪与健康猪的直接接触，或通过被螨及其卵污染的圈舍、垫草和饲养管理用具间接接触等而引起感染。幼猪有挤压成堆躺卧的习惯，这是造成本病迅速传播的重要原因。此外，猪舍阴暗、潮湿、环境不卫生及营养不良等均可促进本病的发生和发展。秋冬季节，特别是阴雨天气本病蔓延最快。

【临床症状】 幼猪多发。病初从眼周、颊部和耳根开始，以后蔓延到背部、体侧和股内侧。主要临床表现为剧烈瘙痒，病猪到处摩擦或以肢蹄搔擦患部，甚至将患部擦破出血，以致患部脱毛、结痂，皮肤肥厚，形成皱褶和龟裂。

【诊断】 在患部与健康部交界处采集病料，用手术刀刮取痂皮，直到稍微出血。症状不明显时，可检查耳内侧皮肤刮取物中有无虫体。将刮到的病料装入试管内，加入10%氢氧化钠（或氢氧化钾）溶液，煮沸，待毛、痂皮等固体物大部分被溶解后，静置20分钟，由管底吸取沉渣，滴在载玻片上，用低倍显微镜检查，有时能发现疥螨的幼虫、若虫和虫卵。疥螨幼虫为3对肢，若虫为4对肢。疥螨卵呈椭圆形，黄色，较大（155微米

×84 微米)，卵壳很薄，初产卵未完全发育、后期卵透过卵壳可见到已发育的幼虫，由于患猪常啃咬患部，有时在用水洗沉淀法做粪便检查时，可发现疥螨虫卵。

【防制措施】

1. 预防

（1）不从疫区引入猪群。引进猪时应隔离观察，确诊无病时方可入圈。同时，要搞好猪舍卫生工作，经常保持清洁、干燥、通风。

（2）一旦发现病猪，应立即隔离治疗。在治疗病猪的同时，应用杀螨药彻底消毒猪舍和用具，将治疗后的病猪安置到已消毒过的猪舍内饲养。为了使药物能充分接触虫体，最好用肥皂水或来苏水彻底洗刷患部，清除硬痂和污物后再涂药。由于大多数治螨药物对螨卵的杀灭作用差，因此，需治疗 2~3 次，每次间隔 5 天，以杀死新孵出的幼虫。

2. 治疗

（1）烟叶或烟梗 1 份，加水 20 份，浸泡 24 小时，再煮 1 小时后涂擦患部。

（2）50 毫克/升溴氰菊酯溶液间隔 10 天喷淋 2 次，每头猪每次用 3 升药液。

（3）500 毫克/升双甲脒溶液药浴或喷雾，10 天后，再进行 1 次。

（4）阿维菌素或伊维菌素每千克体重颈部皮下注射 300 微克。

九、猪后圆线虫病（肺线虫病）

【病原】 野猪后圆线虫（长刺后圆线虫）、复阴后圆线虫和萨氏后圆线虫。寄生于支气管和细支气管内。

【流行特点与症状】 蚯蚓为中间宿主，在猪体内 1 个月发育为成虫。虫卵和1期幼虫对外界抵抗力较强，感染性幼虫可在蚯蚓体内长期保持感染性。夏季感染，多发于6~12月龄的散养猪，对子猪危害严重。

1. 支气管肺炎 表现为阵发性咳嗽，呼吸困难，尤其在气候骤冷、剧烈运动和采食时更剧烈。患猪食欲减退，营养不良，消瘦，贫血，生长发育受阻或停滞甚至减重，形成“僵猪”，常最终陷入恶病质而死亡率很高。

2. 局灶性肺气肿 与实变相间，隔叶腹面边缘有楔状肺气肿区；支气管和气管内含大量黏液和虫体。支气管扩张，管壁增厚，虫体堵塞。

饱和硫酸镁漂浮法或沉淀法查到粪、痰液和鼻液中的虫卵或剖检病变和查到气管、支气管内虫体可确诊。

【治疗】

1. 左咪唑 8~10毫克/千克体重，配成5%水溶液，肌内注射，驱虫率99%~100%。

2. 抗蠕敏 35~40/千克体重，驱虫率近100%。

【预防】

1. 驱虫 治疗性；预防性。

2. 清理 经常清除猪粪，堆积发酵，杀灭虫卵。

3. 场地要求 防蚯蚓入猪场；猪舍和运动场用坚实地面，并注意排水和干燥；定期撒石灰等消毒。

第四节 常见普通病的防制

一、胃肠炎

胃肠炎是指胃肠黏膜表层和深层组织的重剧炎症。以体温升

高、剧烈腹泻及全身症状重剧为特征。

【发病原因】 无论是原发性的还是继发性的胃肠炎，其病因都与消化不良的病因类似，只是作用更为剧烈，持续时间更长。主要由于喂给腐烂变质、发霉、不清洁、冰冻饲料，或误食有毒植物及酸、碱、砷等化学药物而发病。消化不良的经过中，由于治疗失时或用药不当等，而使胃肠壁遭受强烈刺激，胃肠血液循环和屏障功能紊乱，细菌大量繁殖，细菌毒素被吸收等，也可发展成胃肠炎。

【临床症状】 病初精神萎靡，多呈现消化不良的症状，以后逐渐或迅速呈现胃肠炎的症状。食欲废绝，饮欲增加，鼻盘干燥，可视黏膜初暗红带黄色，以后则变为青紫。口腔干燥，气味恶臭，舌面皱缩，被覆多量黄腻或白色舌苔。体温升高，脉搏加快，呼吸增数，呕吐，腹痛。少见便秘，多数腹泻，粪便恶臭，混有黏液、血丝或气泡，重症时肛门失禁，呈现里急后重现象。出血性胃肠炎，可视黏膜苍白，粪便变黑呈柏油状。

【防制措施】

1. 预防 加强饲养管理，不喂变质和有刺激性的饲料，定时定量喂食。猪圈保持清洁干燥。发现消化不良，及早治疗，以防加重转为胃肠炎。

2. 治疗 首先应除去病因，抑菌消炎，配合强心、补液、解毒及清理胃肠。可内服氨卡西林、小檗碱或庆大霉素。单纯性胃肠炎用磺胺脒 5~10 克、碳酸氢钠 20~30 千克，混合，1 次内服，每天 2 次；若久痢不止时，则用鞣酸蛋白、碱式硝酸铋各 0.05~0.06 千克，每天服 2 次。对严重胃肠炎，以氨卡西林 0.5~1.0 克，加于 5%葡萄糖液 500~1 000 毫升中，静脉注射，每天 1~2 次，同时，应用 0.1%高锰酸钾液 300~500 毫升内服或灌肠，效果良好。临床上常用 5%葡萄糖生理盐水 500 毫升，10%维生素 C 注射液 5 毫升，40%乌洛托品液 10 毫升，混合后 1 次静脉注射；或用复方氯化钠液 500 毫升，25%葡萄糖液 200 毫升，20%安钠咖液 10 毫升，5%氯化钙液 50 毫升，混合后 1 次静脉注射（仔猪酌减药量）。

试验证明：白头翁根 0.035 千克，黄檗 0.07 千克，加适量水煎后灌服；或用紫皮大蒜 1 头，捣碎后加白酒 50 毫升内服，也有较好的治疗效果。

当病情缓解后可用健胃剂，仔猪可用胃蛋白酶、乳酶生各 0.01 千克、安钠咖粉 0.02 千克，混合后分 3 次内服，同时配用多酶片、酵母片等药物。大猪则用健胃散 0.02 千克，人工盐 0.02 千克，每天分 3 次内服。

二、感冒

感冒是由于寒冷作用所引起的，以上呼吸道黏膜炎症、体温突然升高、咳嗽、羞明流泪和流鼻液为主要临床特征的急性、全身性疾病。本病无传染性，一年四季均可发生，但风寒型多见于秋冬两季，风热型多见于春夏。仔猪更易发生。

【发病原因】 本病主要发病原因是突然遭受寒冷袭击，如冬季畜舍防寒不良，又遇寒流侵袭，或大汗后遭受雨淋，贼风吹袭等，可使畜体抵抗力降低，特别是上呼吸道黏膜的防御机能减退，致使呼吸道内的常在菌得以大量繁殖而引起本病。

【临床症状】 患猪表现为精神沉郁，食欲减退或废绝，全身战栗，体温升高达 40℃以上，畏寒怕冷，喜钻草堆。低头弓腰，毛乍尾垂，鼻盘干燥，眼睛发红，羞明流泪。鼻流清涕，频发咳嗽，呼吸不畅，呼吸音增强，脉搏加快。口色稍红，舌苔薄白或黄腻。

本病应与流行性感冒相区别，流行性感冒是由猪流感病毒引起的一种急性热性传染病，一旦暴发，传播迅速，大批流行，病情严重。而本病仅呈散发性，病程短。

【防制措施】

1. 预防　加强饲养管理，防止猪只突然受寒，避免将其放置于潮湿阴冷和有贼风处，特别是在大出汗后，应防止风吹雨淋。气温骤变时，及时采取防寒措施。

2. 治疗　主要是解热、镇痛、防止继发感染。

（1）解热镇痛，防止继发感染。内服扑热息痛，每次1~2克，或内服阿司匹林、氨基比林2~5克。或用30%安乃近注射液、安痛定等5~10毫升进行肌内注射，每天1~2次。在解热镇痛的基础上，应用氨苄西林500毫克，肌内注射，每天2次，连用2~3天。排粪迟滞时，可应用缓泻剂。

（2）中药疗法。应用中草药治疗感冒效果好。风寒型感冒的治疗原则为辛温解表，疏散风寒，应用“荆防败毒散”加减。风热型感冒的治疗原则为辛凉解表，发散风热，方用“银翘散”加减或“桑菊银翘散”加减。

三、亚硝酸盐中毒

亚硝酸盐中毒是由于菜类等青绿饲料的储存、调制方法不当时，在适宜的温度和酸碱度的条件下，在微生物的作用下，大量的硝酸盐可还原成剧毒的亚硝酸盐，猪采食这类饲料后而引起中毒。本病常于猪吃饱后不久发生，故有饱潲病之称。

【发病原因】　因食用储存和加工不当，含有较多硝酸盐的白菜、菠菜、甜菜、野菜等青绿多汁饲料，而使猪群发生中毒。

亚硝酸盐毒性很大，主要是血液毒。当亚硝酸盐经过胃肠黏膜吸收进入血液后，能使血液中的氧化血红蛋白变为变性血红蛋白（高铁血红蛋白），使血液失去携氧的能力，而引起全身缺氧，导致呼吸中枢麻痹，严重者30分钟左右即可窒息而死。亚硝酸盐在体内可透过内屏障及胎盘组织，引起妊娠母猪发生早产、弱胎及死胎。

【临床症状】 病猪突然发病，一般在采食后10～30分钟，最迟2小时出现症状。病猪突然不安，呼吸困难，继而精神萎靡，呆立不动，四肢无力，行走打晃，起卧不安，犬坐姿势，流涎、口吐白沫或呕吐，皮肤、耳尖、嘴唇及鼻盘等部开始苍白，以后呈青紫色，穿刺耳静脉或剪断尾尖流出酱油状血液，凝固不良。体温一般低于正常值（35～37℃），四肢和耳尖冰凉，脉搏细数，很快四肢麻痹，全身抽搐，嘶叫，伸舌，最后窒息而死。若病猪2小时内不死者，则可逐渐恢复。

【病理变化】 剖解后，因死亡快，内脏多无显著变化，主要特征是血液呈酱油状、紫黑色而凝固不良。胃底、幽门部和十二指肠黏膜充血、出血。病程稍长者，胃黏膜脱落或溃疡，气管及支气管有血样泡沫，肺有出血或气肿，心外膜常有点状出血。肝、肾呈蓝紫色，淋巴结轻度充血。

【实验室检查】 取胃肠内容物或残余饲料的液汁1滴，滴在滤纸上，加10%联苯胺液1～2滴，再加10%冰醋酸液1～2滴，如有亚硝酸盐存在，滤纸即变为红棕色，否则颜色不变。

也可将待检饲料放在试管内，加10%高锰酸钾溶液1～2滴，搅匀后，再加10%硫酸1～2滴，充分摇动，如有亚硝酸盐，则高锰酸钾变为无色，否则不褪色。

【防制措施】

1. 预防 改善饲养管理，不喂存放不当的青绿多汁饲料，防止亚硝酸盐中毒。

2. 治疗 发现亚硝酸盐中毒，应迅速抢救，目前，特效解毒药为亚甲蓝和甲苯胺蓝。同时配合应用维生素C和高渗葡萄糖溶液，效果较好。

（1）对严重病例，要尽快剪耳、断尾放血；静脉或肌内注射1%亚甲蓝溶液，用量为1毫升/千克体重；或注射甲苯胺蓝，用量为5毫克/千克体重；内服或注射大剂量维生素C，用量为

10~20 毫克/千克体重，以及静脉注射 10%~25%葡萄糖液 300~500 毫升。

（2）对症状较轻者，仅需安静休息，投服适量的糖水或牛奶等即可。

（3）对症治疗：对呼吸困难、喘息不止的患畜，可注射山梗菜碱、尼可刹米等呼吸兴奋剂；对心脏衰弱者可注射安钠咖、强尔心等；对严重溶血者，放血后输液并口服或静脉滴注肾上腺皮质激素，同时内服碳酸氢钠等药物，使尿液碱化，以防血红蛋白在肾小管内凝集。

四、霉饲料中毒

霉饲料中毒就是猪采食了发霉的饲料而引起的中毒性疾病。以神经症状为特征。

【发病原因】 自然环境中，含有许多霉菌，常寄生于含淀粉的饲料上，如果温度（28℃左右）和相对湿度（80%~100%）适宜，就会大量生长繁殖，有些霉菌在生长繁殖过程中，能产生有毒物质。目前，已知的霉菌毒素有上百种，最常见的有黄曲霉毒素、镰刀菌毒素和赤霉菌毒素等。这些霉菌毒素都可引起猪中毒。仔猪及妊娠母猪尤为敏感。

发霉饲料中毒的病例，临床上常难以肯定为何种霉菌毒素中毒，往往是几种霉菌毒素协同作用的结果。

【临床症状】 仔猪和妊娠母猪对发霉饲料较为敏感。中毒仔猪常呈急性发作，出现中枢神经症状，如头弯向一侧、头顶墙壁，数天内死亡。大猪病程较长，一般体温正常，初期食欲减退，后期废食，腹痛，下痢或便秘，粪便中混黏液或血液，被毛粗乱，迅速消瘦，生长迟缓。白猪的嘴、耳、四肢内侧和腹部皮肤出现红斑，妊娠母猪常引起流产及死胎等。

【病理变化】 剖解见：肝实质变性，颜色变淡黄，显著肿大，质地变脆；淋巴结水肿。病程较长者，皮下组织黄染，胸腹膜、肾、胃肠道出血。急性病例最突出的变化是胆囊黏膜下层严重水肿。

【防制措施】

1. 预防 防止饲料发霉变质，严禁用发霉饲料喂猪。

2. 治疗 目前尚无特效药物。发病后应立即停喂发霉饲料，同时进行对症治疗。急性中毒，用0.1%高锰酸钾溶液、温生理盐水或2%碳酸氢钠液进行灌肠、洗胃，然后内服盐类泻剂，如硫酸钠0.03~0.05千克，水1升，1次内服。静脉注射5%葡萄糖生理盐水300~500毫升，40%乌洛托品20毫升，同时皮下注射20%安钠咖5~10毫升。

五、酒糟中毒

酒糟中毒是由于酒糟储存方法不当或放置过久，发生腐败霉烂，产生大量有机酸（醋酸、乳酸、酪酸）、杂醇油（正丙醇、异丁醇、异戊醇）及乙醇等有毒物质，易引起猪中毒。

【发病原因】 突然给猪饲喂大量的酒糟，或对酒糟保管不当，被猪大量偷吃或长期单一饲喂酒糟，而缺乏其他饲料的适当搭配及饲喂严重霉败变质的酒糟，其有毒物质、霉菌、乙醇可直接刺激肠胃并被吸收而发生中毒。

【临床症状】 患猪发病初期，表现精神沉郁，食欲减退，粪便干燥，以后发生下痢，体温升高。严重时出现腹痛症状，呼吸促迫，心跳疾速。外表常有皮疹，卧地不起。

【病理变化】 剖解见：胃肠黏膜充血和出血，直肠出血、水肿；肠系膜淋巴结充血；肺充血和水肿；肝、肾肿胀，质地变脆，心脏有出血斑。

【防制措施】

1. 预防 必须以新鲜的酒糟喂猪，且酒糟的喂量不宜过多，

一般应与其他饲料搭配饲喂，酒糟的比例以不超过日粮的1/3为宜，用不完的酒糟要妥善储存，可将其紧压在饲料缸内，以隔绝空气；如堆放保存，则不宜过厚，并避免日晒，以防霉败变质。发霉酸败的酒糟严禁喂猪。

2. 治疗　对中毒的猪，应立即停喂酒糟，以1%碳酸氢钠液1 000~2 000毫升内服或灌肠。同时内服硫酸钠30克，植物油150毫升，加适量水混合后内服，并静脉注射5%葡萄糖生理盐水500毫升，加10%氯化钙液20~40毫升。严重病例应注意维护心、肺功能，可肌内注射10%~20%安钠咖5~10毫升。发生皮疹或皮炎的猪，用2%明矾水或1%高锰酸钾液冲洗，剧痒时可用5%石灰水冲洗，或以3%石炭酸乙醇涂擦。

六、食盐中毒

猪食盐中毒后，可引起消化道、脑组织水肿、变性，乃至坏死，并伴有脑膜和脑实质的嗜酸性粒细胞浸润。以突出的神经症状和一定的消化紊乱为其临床特征。

【发病原因】　采食了含食盐过高的饲料，都可引起猪的食盐中毒，特别是仔猪更为敏感，食盐中毒的实质是钠离子中毒。因此，给猪只投予过量的乳酸钠、碳酸钠、丙酸钠、硫酸钠等都可发生中毒。据报道：食盐中毒量为1~2.2毫克/千克体重，成年中等个体猪的致死量为0.125~0.25千克。这些数值的变动范围很大，主要受饲料中无机盐组成、饮水量等因素的左右。全价饲料，特别是日粮中钙、镁等无机盐充足时，可降低猪对食盐的敏感性，反之，敏感性显著增高。例如，仔猪的食盐致死量通常为4.5毫克/千克体重。钙、镁不足时，致死量缩减少0.5~2克/千克体重；钙、镁充足时，增大到9~13克。饮水充足与否，对食盐中毒的发生具有决定性作用。当猪食入含10%~13%食盐的饲料而不限制饮水时，则不发生中毒；相反，即使饲料仅含

2.5%的食盐，但不给充足饮水，亦可引起中毒。因此说，食盐中毒的确切原因是食盐过量饲喂，而饮水供应不足所致。

【临床症状】 患病初期，病猪呈现食欲减退或废绝、精神沉郁、黏膜潮红、便秘或下痢、口渴和皮肤瘙痒等症状。继之出现呕吐和明显的神经症状，病猪兴奋不安，频频点头，张口咬牙，口吐白沫，四肢痉挛，肌肉震颤，来回转圈或前冲、后退，听觉、视觉障碍，刺激无反应，不避障碍，头顶墙壁。严重的呈癫痫样痉挛，每间隔一定时间发作1次。发作时，依次出现鼻盘抽缩或扭曲，头颈高抬或向一侧歪斜，脊柱上弯或侧弯，呈后弓反张或侧弓反张姿势，以致整个身躯后退而呈犬坐姿势，甚至仰翻倒地。每次发作持续2~3分钟，甚至连续发作，心跳加快（140~200次/分钟），呼吸困难。最后四肢瘫痪，卧地不起，一般1~6小时死亡。

慢性中毒者，即慢性钠潴留期间，有便秘、口渴和皮肤瘙痒等前驱症状。一旦暴发，则表现上述的神经症状。实验室检查：血清钠显著增高，达到180~190毫摩/升（正常为135~145毫摩/升），且血液中嗜酸性粒细胞显著减少。为进一步确诊，还可采取死亡猪的肝、脑等组织作氯化钠含量测定，如果肝和脑中的钠含量超过150毫摩/升，脑、肝、肌肉中的氯化物含量分别超过180毫摩/升、250毫摩/升、70毫摩/升，即可确认为食盐中毒。

【防制措施】

1. 预防 严禁用含盐量过高的饲料喂猪，日粮含盐量不应超过0.5%。同时，要供给足够的饮水。

2. 治疗 食盐中毒无特效治疗药物，主要是促进食盐排除及对症治疗。

（1）发现中毒后应立即停喂含食盐的饲料及饮水，改喂稀糊状饲料。口渴时多次少量给予饮水，切忌突然大量给水或任意

自由饮水，以免胃肠内水分吸收过速，使血钠水平迅速下降，加重脑水肿，而使病情突然恶化。

（2）急性中毒时，用1%硫酸铜50~100毫升内服催吐后，内服黏浆剂及油类泻剂80毫升，使胃肠内未吸收的食盐泻下和保护胃肠黏膜。也可在催吐后内服白糖0.15~0.2千克。

（3）对症治疗：为恢复体内离子平衡，可静脉注射10%葡萄糖酸钙50~100毫升；为缓解脑水肿，降低颅内压，可静脉注射25%山梨醇液或50%高渗葡萄糖液50~100毫升；为缓解兴奋和痉挛发作，可静脉注射25%硫酸镁注射液20~40毫升，或2.5%盐酸氯丙嗪2~5毫升静脉或肌内注射；心脏衰弱时，可皮下注射安钠咖等。

七、仔猪贫血

仔猪贫血是指半月至1月龄哺乳仔猪所发生的一种营养性贫血。主要原因是缺铁，多发生于寒冷的冬末、春初季节的舍饲仔猪，特别是猪舍为木板或水泥地面而又不采取补铁措施的猪场内，常大批发生，造成严重的损失。

【发病原因】 本病主要是由于铁的需要量供应不足所致。半个月至1个月的哺乳仔猪生长发育很快，随着体重增加，全血量也相应增加，如果铁供应不足，就要影响血红蛋白的合成而发生贫血，因此，本病又称为缺铁性贫血。正常情况下，仔猪也有一个生理性贫血期，若铁的供应及时而充足，则仔猪易于度过此期。放牧的母猪及仔猪可以从青草及土壤中得到一定量的铁，而长期在水泥、木板地面的猪舍内饲养的仔猪，由于不能与土壤接触，失去了对铁的摄取来源，则难以度过生理性贫血期，因而发生严重的缺铁性贫血。本病冬春季节发生于2~4周龄仔猪，且多群发。

【临床症状】 患猪表现为精神沉郁、离群伏卧、食欲减退、营养不良、被毛逆立、体温不高。可视黏膜呈淡蔷薇色，轻度黄染。严重者黏膜苍白，光照耳壳呈灰白色，几乎见不到明显的血管，针刺也很少出血，呼吸、脉搏均增加，可听到心内杂音，稍加运动，则心悸亢进，喘息不止。有的仔猪，外观很肥胖，生长发育也较快，可在奔跑中突然死亡，剖检见典型贫血变化。

【病理变化】 病理剖解可见：皮肤及黏膜显著苍白，有时轻度黄染，病程长的病猪多呈消瘦，胸腹腔积有浆液性及纤维蛋白性液体。实质脏器脂肪变性，血液稀薄，肌肉色淡，心脏扩张，胃肠和肺常有炎性病变。血液检查：血液色淡而稀薄，不易凝固。红细胞数减少至 3×10^{13}，血红蛋白量降低，每升血液可低至 40 克以下。血片观察：红细胞着色浅，中央淡染区明显扩大，红细胞大小不均，而以小的居多，出现一定数量的梨形、半月形、镰刀形等异形红细胞。

【防制措施】

1. 预防 主要加强哺乳母猪的饲养管理，多喂富含蛋白质、无机盐和维生素的饲料。最好让仔猪随同母猪到舍外活动或放牧，也可在猪舍内放置土盘，装添红土或深层干燥泥土，任仔猪自由拱食。

北方如无保温设备，应尽量避免母猪在寒冷季节产仔。在水泥地面的猪舍内长期舍饲仔猪时，必须从仔猪生后 3~5 日龄即开始补加铁剂。补铁方法是将上述铁铜合剂洒在粒料或土盘内，或涂于母猪乳头上，或逐头按量灌服。对育种用的仔猪，可于生后 8 日龄肌内注射右旋糖酐铁 2 毫升（每毫升含铁 50 毫克），或铁钴注射液 2 毫升，预防效果确实可靠。

2. 治疗 有效的方法是补铁。常用的处方有：

（1）硫酸亚铁 2. 5 克，硫酸铜 1 克，水 1 000 毫升，配成水溶液。每千克体重 0. 25 毫升，用汤匙灌服，每天 1 次，连服 7~10 天。

（2）硫酸亚铁0.1千克、硫酸铜2.11千克，磨成细末后混于5千克细砂中，撒在猪舍内，任仔猪自由舔食。

（3）焦磷酸铁，每天内服30毫克，连服1~2周。还原铁对胃肠几乎无刺激性，可1次内服500~1 000毫克，1周1次。如能结合补给氯化钴每次50毫克或维生素B_{12}，每次0.3~0.4毫克配合应用叶酸5~10毫克，则效果更好。

（4）注射铁制剂，如右旋糖苷铁钴注射液（葡聚糖铁钴注射液）、复方卡铁注射液和山梨醇铁等。实践证明，铁钴注射液或右旋糖酐铁2毫升肌内深部注射，通常1次即愈。必要时隔7天再半量注射1次。

八、硒缺乏症

硒缺乏症是由于饲料中硒含量不足所引起的营养代谢障碍综合征，主要以骨骼肌、心肌及肝脏变质性病变为基本特征。猪主要病型有仔猪白肌病、仔猪肝坏死和桑葚心等。一年四季都可发生，以仔猪发病为主，多见于冬末春初。

【发病原因】　本病发生的主要原因是饲料中硒的含量不足。我国由东北斜向西南走向的狭窄地带，包括黑龙江、河北、山东、山西、陕西、贵州、四川等10多个省、自治区，普遍低硒，以黑龙江省、四川省最严重。因土壤内硒含量低，直接影响农作物的硒含量。植物性饲料的适宜含硒量为0.1毫克/千克，当土壤含硒量低于0.5毫克/千克，植物性饲料含硒量低于0.05毫克/千克时，便可引起动物发病。此外，酸性土壤也可阻碍硒的利用，而使农作物含硒量减少。

【临床症状】

1. 仔猪白肌病　一般多发生于出生后20日左右的仔猪，成猪少发。患病仔猪一般营养良好，身体健壮而突然发病，体温一般无变化，食欲减退，精神不振，呼吸促迫，常突然死亡。病程稍长者，可见后肢强硬，弓背。行走摇晃，肌肉发抖，步幅短而呈痛苦状，有时两前肢跪地移动，后躯麻痹。部分仔猪出现转圈运动或头向侧转。最后呼吸困难，心脏衰弱而死亡。死后剖检变化：骨骼肌和心肌有特征性变化，骨骼肌特别是后躯臀部和股部肌肉色淡，呈灰白色条纹，膈肌呈放射状条纹。切面粗糙不平，有坏死灶。心包积水，心肌色淡，尤以左心肌变性最为明显。

2. 仔猪肝坏死 急性病例多见于营养良好、生长迅速的仔猪，以3~15周龄猪多发，常突然发病死亡。慢性病例的病程3~7天或更长，出现水肿不食，呕吐，腹泻与便秘交替，运动障碍，抽搐，尖叫，呼吸困难，心跳加快。有的病猪呈现黄疸，个别病猪在耳、头、背部出现坏疽，体温一般不高。死后剖检，皮下组织和内脏黄染，急性病例的肝脏呈紫黑色，肿大1~2倍，质脆易碎，呈豆腐渣样。慢性病例的肝脏表面凹凸不平，正常肝小叶和坏死肝小叶混合存在，体积缩小，质地变硬。

3. 猪桑葚心 病猪常无先兆病状而突然死亡。有的病猪精神沉郁，黏膜发绀，躺卧，强迫运动常立即死亡。体温无变化，心跳加快，心律失常。粪便一般正常。有的病猪，两腿间的皮肤可出现形态和大小不一的紫色斑点，甚至全身出现斑点。死后剖检变化：尸体营养良好，各体腔均充满大量液体，并含纤维蛋白块。肝脏增大呈斑驳状，切面呈槟榔样红黄相间。心外膜及心内膜常呈线状出血，沿肌纤维方向扩散。肺水肿，肺间质增宽，呈胶冻状。

【防制措施】

1. 预防 猪对硒的需要量不能低于日粮的0.1毫克/千克，允许量为0.25毫克/千克，不得超过5~8毫克/千克。维生素E的需要量是：4.5~14.0千克的仔猪以及怀孕母猪和泌乳母猪为每千克饲料22国际单位；一般猪14~54千克体重时每千克饲料加维生素E 11国际单位。平时应注意饲料搭配和有关添加剂的

应用，满足猪对硒和维生素 E 的需要。麸皮、豆类、苜蓿和青绿饲料含较多的硒和维生素 E，要适当选择饲喂。

缺硒地区的妊娠母猪，产前 15～25 天内及仔猪生后第 2 天起，每 30 天肌内注射 0.1%亚硒酸钠液 1 次，母猪 3～5 毫升，仔猪 1 毫升；也可在母猪产前 10～15 天喂给适量的硒和维生素 E 制剂，均有一定的预防效果。

2. 治疗　患病仔猪，肌内注射亚硒酸钠维生素 E 注射液 1～3 毫升（每毫升含硒 1 毫克，维生素 E 50 国际单位）。也可用 0.1%亚硒酸钠溶液皮下或肌内注射，每次 2～4 毫升，隔 20 天再注射 1 次。配合应用维生素 E 50～100 毫克肌内注射，效果更佳。成年猪 10～15 毫升，肌内注射。

九、流产

【发病原因】　本病的病因较为复杂，除引起胎动的各种机械原因外，某些传染病和寄生虫病，胃肠、心、肺、肾等系统的内科病的重危期，生殖器官疾病，以及内服大量泻剂、利尿剂、麻醉剂和其他可引起子宫收缩的药品等，都可引起流产。

【临床症状】　突然发生流产，流产前一般没有特征性症状。有的在流产前几天有精神倦怠，阵痛起卧，阴门流出羊水，努责等症状。

如果胎儿受损伤发生在怀孕初期，流产可能为隐性（即胎儿被吸收、不排出体外）；如果发生在后期，因受损伤程度不同，胎儿多在受损伤后数小时至数天排出。

【防制措施】　加强对怀孕母猪的饲养管理，排除和消除一切能够引起流产发生的因素。一旦流产发生，应认真分析发病原因，及时采取预防和治疗措施。如果发现妊娠母猪胎动明显，有引起流产可能时，应及时注射黄体酮。

十、母猪产后瘫痪

母猪产后瘫痪是产后母猪突然发生的一种严重的急性神经障碍性疾病。

【发病原因】 本病的病因目前还不十分清楚。一般认为是由于血糖、血钙骤然减少（母猪产后甲状旁腺机能障碍，失去调节血钙浓度作用，胰腺活动增强，致使血糖过少，特别是产后大量泌乳，血糖、血钙随乳汁流失），产后血压降低等原因而使大脑皮层发生机能障碍。

【临床症状】 本病多发生于产后 2~5 天。患畜精神极度萎靡，一切反射变弱，甚至消失。食欲显著减少或废绝，粪便干硬且少，以后则停止排粪、排尿。轻者站立困难，重者不能站立，呈昏睡状态。乳汁少或无乳，有时病猪伏卧，不让仔猪吮乳。病程 1~2 天，有时达 3~4 天。

【防制措施】 首先，应投给缓泻剂（如硫酸钠或硫酸镁），或用温肥皂水灌肠，清除直肠内蓄粪，同时静脉注射 10%葡萄糖酸钙注射液 50~150 毫升。其次，用草把或粗布摩擦病猪皮肤，以促进血液循环和神经功能的恢复。增垫柔软的褥草，经常翻动病猪，防止发生压疮。

十一、母猪乳房炎

正常母猪乳房的外形呈漏斗状突起，前部及中部乳房较后部乳房发育好些，这和动脉血液的供应有关。乳房发育不良时呈喷火口状凹陷，这种乳房不但产乳量少，排乳困难，而且常引起乳房炎。

【发病原因】 本病多半是由链球菌、葡萄球菌、大肠杆菌或绿脓杆菌等病原微生物侵入而引起，其感染途径主要是通过仔猪咬破的乳管伤口。此外，猪舍门栏尖锐、地面不平或过于粗

糙，使乳房经常受到挤压、摩擦，或乳房受到外伤时也可引起乳房炎。母猪患子宫内膜炎时，常可并发此病。

【临床症状】 患病乳房可见潮红、肿胀，触之有热感。由于乳房疼痛，母猪怕痛而拒绝仔猪吮乳。

黏液性乳房炎时，乳汁最初较稀薄，以后变为乳清样，仔细观察时可看到乳中含絮状物，炎症发展成脓性时，可排出淡黄色或黄色脓汁。如脓汁排不出时，可形成脓肿，拖延日久往往自行破溃而排出带有臭味的脓汁。

在发生脓性或坏疽性乳房炎，尤其是波及几个乳房时，母猪可能会出现全身症状，如体温升高、食欲减退、喜卧、不愿起立等。

【防制措施】

1. 预防 母猪在分娩前及断乳前 3~5 天，应减少精料及多汁饲料，以减轻乳腺的分泌作用，同时应防止给予大量发酵饲料。猪舍要保持清洁干燥，冬季产仔时应多垫柔软干草。

2. 治疗 首先应隔离仔猪。对症状较轻的乳房炎，可挤出患病乳房内的乳汁，局部涂以消炎软膏（如 10%鱼石脂软膏、10%樟脑软膏或碘软膏）。如乳房基部封闭，用0.25%~0.50%盐酸普鲁卡因溶液 50~100 毫升，加入 10 万~20 万单位青霉素，在乳房实质与腹壁之间的空隙，用注射针头平行刺入后注入。如乳头管通透性较好，可用乳导管向乳池腔内注入青霉素 5 万~10 万单位，或再加入链霉素 5 万~10 万单位，一起溶于 0.25%~0.50%盐酸普鲁卡因溶液生理盐水或蒸馏水中，1 次注入。

对乳房发生脓肿的病猪，应尽早由上向下纵行切开，排出脓汁，然后用3%过氧化氢溶液或0.1%高锰酸钾溶液冲洗。脓肿较深时，可用注射器先抽出其内容物，最后向腔内注入青霉素 10 万~20 万单位。病猪有全身症状时，可用青霉素、磺胺类药物治疗。青霉素每次肌内注射 40 万~80 万单位，每天 2 次。内服磺胺嘧啶，初次剂量按每千克体重200毫克，维持剂量按每千克体重100毫克，间隔8~12小时1次，另外可同时内服乌洛托品2~5毫克，以促使病程缩短。

十二、疝

疝是腹部的内脏从自然孔道或病理性破裂孔脱至皮下或其他腔、孔的一种常见病。根据发生的部位，一般分为脐疝、腹股沟阴囊疝、腹壁疝几种。

（一）脐疝

【发病原因】 脐疝多发生于幼龄猪，常因为脐孔闭锁不全或完全没有闭锁，再加上腹腔内压增高（如奔跑、捕捉、按压时）而使腹腔脏器进入皮下。

【临床症状】 在脐部出现核桃大或鸡蛋大，有的甚至达拳头大的半圆形肿胀；柔软，热痛不明显，有时可触到脐带孔，在肿胀处听诊可听到肠蠕动音。当肠管嵌闭在脐孔中时，肿胀硬固，有热痛，病猪腹痛不安，有时呕吐。

【防制措施】 如幼龄猪脱出肠管较少，还纳腹腔后，局部用绷带压迫，脐孔可能闭锁而治愈。脐孔较大或发生肠嵌闭时，须进行疝孔闭锁术。

（二）腹壁疝

【发病原因】 由于外界的钝性暴力，如冲撞、踢打等作用于软腹壁，使皮下的肌肉、腹膜等破裂，造成肠管脱入皮下形成腹壁疝。

【临床症状】 受伤后在腹壁上突然发生球形或椭圆形大小不等的柔软肿胀，小的如拳，大的如小儿头。肿胀界限清楚，热痛较轻，用力按压时随着其内容物还纳入腹腔而使肿胀变小，触诊可发现腹壁肌肉的破裂口（疝孔）。

【防制措施】 改善饲养管理，防止创伤发生。如果发生腹

壁疝，以手术疗法为好。

（三）腹股沟阴囊疝

【发病原因】 公猪的腹股沟阴囊疝有遗传性，若腹股沟管内口过大，就可发生疝，常在出生时发生（先天性腹股沟阴囊疝），也可在几个月后发生。后天性腹股沟阴囊疝主要是腹压增高所引起。

【临床症状】 猪的腹股沟阴囊疝症状明显，一侧或两侧阴囊增大，捕捉以及凡能使腹压增大的因素均可加重症状，触诊时硬度不一，可摸到疝的内容物（多半为小肠），也可以摸到睾丸，如将两后肢提举，常可使增大的阴囊缩小而达到自然整复的目的。少数猪可变为嵌闭性疝，此时多数肠管已与囊壁发生广泛性粘连。

【防制措施】 猪的阴囊疝可在局部麻醉下手术，切开皮肤分离浅层与深层的筋膜，而后将总鞘膜剥离出来，从鞘膜囊的顶端沿纵轴捻转，此时疝内容物逐渐回入腹腔。猪的嵌闭性疝往往有肠粘连、肠臌气，所以在钝性剥离时要求动作轻巧，稍有疏忽就有剥破的可能，在剥离时用浸以温灭菌生理盐水的纱布慢慢地分离，对肠管轻轻压迫，以减少对肠管的刺激，并可减少剥破肠管的危险。在确认还纳全部内容物后，在总鞘膜和精索上打一个去势结，然后切断，将断端缝合到腹股沟环上，若腹股沟环仍很宽大，则必须再做几针结节缝合，皮肤和筋膜分别做结节缝合。术后不宜喂得过早、过饱，要适当控制运动。仔猪的阴囊疝采用皮外闭锁缝合。

十三、直肠脱及脱肛

直肠脱是直肠后段全层脱出于肛门之外；脱肛是直肠后段的黏膜脱出于肛门之外。

【发病原因】 主要原因是便秘和反复腹泻造成的肛门括约

肌松弛。

【临床症状】 2~4 月龄的猪发病较多。病初仅在排便后有小段直肠黏膜外翻，但仍能恢复，如果反复便秘或下痢、不断努责，则脱出的黏膜或肠段长时间不能恢复，引起水肿，最后黏膜坏死、结痂，病猪逐渐衰弱，表现为精神不振、食欲减退、排粪困难。

【防制措施】 必须认真改善饲养管理，特别是对幼龄猪，注意增喂青绿饲料，饮水要充足，运动要适当，保持圈舍干燥。经常检查粪便情况，做到早发现、早治疗。

发病初期，脱出体外的直肠段很短，应用 1%明矾水或用 0.5%高锰酸钾溶液洗净脱出的肠管及肛门周围，再提起猪的后腿，慢慢送回腹腔。脱出时间较长，水肿严重，甚至部分黏膜坏死时，可用 0.1%高锰酸钾溶液冲洗干净，慎重剪除坏死的黏膜，但注意不要损伤肠管肌层，然后轻轻整复，并在肛门左右上下分四点注射 95%乙醇，每点 2~3 毫升。还可针穿刺水肿黏膜后，用纱布包扎，挤出水肿液，再按压整复，之后在肛门周围做荷包口状缝合，缝合后打结应松些，使猪能顺利排粪。为了防止剧烈努责造成肠管再度脱出，可于交巢穴注射 1%盐酸普鲁卡因液 5~10 毫升。若直肠脱出部分已坏死糜烂，不能整复时，则可采取截除手术。

参考文献

[1] 宣长和等．猪病学［M］.2 版．北京：中国农业大学出版社，2010.

[2] 焦福林，贺东昌．猪病类症鉴别与防制［M］. 太原：山西科学技术出版社，2009.

[3] 王福传，张爱莲．图说猪病防制新技术［M］. 北京：中国农业科学技术出版社，2012.

[4] 闫益波．轻松学猪病防制［M］. 北京：中国农业科学技术出版社，2015.

[5] 杨鸣琦．兽医病理生理学［M］. 北京：科学出版社，2010.

[6] 王雯慧．兽医病理学［M］. 北京：科学出版社，2012.